Dieter H. Wirtz

DAS
ZIGARREN
HANDBUCH

BRAND名牌志
VOL.34

雪茄圣经（第二版）

鉴赏购买指南

400种雪茄品牌，包括全部哈瓦那在内，从白金雪茄到普通雪茄，全部展示
90个雪茄规格，均实物原大呈现，详细标注尺寸大小、品吸时长

（德）迪特·H.维尔茨／著

冒晨晨／译

江西科学技术出版社

目录

在雪茄中体验最纯粹的享受

近些年来，世界上很多人开始了解、接触到雪茄。市面上的雪茄品牌和系列也在不断地增加，多得连那些在自己的零售店里给顾客提供建议的专业人士也数不过来。几乎每天都会创造出一个新的雪茄系列，但几乎每天也都会有一个既有品牌或某个规格的雪茄被撤出市场，不再销售，或者更准确地说，不再生产。这绝不是因为质量问题或需求问题，而是因为生产这些雪茄的某些烟草不够用了。

因此说，雪茄市场是一个持续波动的市场，它在第二天就可能会与我们今天所期望的截然不同。一本如本书一样的书籍必须考虑到这种情况，但对杂志而言情况却不同。在这个背景下，为什么"勇敢面对缺陷"的雪茄手册既恰当又必要，就可以理解了——因为它的时效性。本书介绍了极少数量低价位的雪茄以及非100%烟叶制成的雪茄。

《雪茄圣经》不是一本百科全书，但也不仅仅是一本手册。它的研究范围主要集中于高价位以及顶着"白金雪茄"头衔的雪茄，这对资深的雪茄爱好者来说非常有必要。另外，书中所介绍的还包括那些著名的品牌，以及那些成为传说的雪茄，因为它们散发着一种真正的魅力。

当然本书对所有的哈瓦那雪茄都进行了介绍，连那些很难买到的也没有被遗漏。对于"雪茄之乡"古巴，只是要求人们关注，这种要求同时也符合这个岛国在烟叶和雪茄发展史中的意义。

雪茄的历史在本书中扮演的绝不是一个无足轻重的角色，雪茄是一个具有文化史意义的商品。早在哥伦布发现美洲的数百年前，雪茄就已经是特定情况下的宗教仪式用品，是当地人文化和宗教生活的固定组成部分。雪茄，最初象征着和平，使用烟斗（抽雪茄）的典礼在北美印第安人间是一种意义重大的行为。抽烟叶从现实意义上给战争画上了句号，抽雪茄的典礼就相当于在一份协议或一个条约上"签名"。按照当时的情况，这完全是一个严肃的仪式，而在这个仪式里品吸雪茄是次要的。

如今，雪茄扮演着截然相反的角色——纯粹的享乐品。晚上，结束了白天劳累的工作后，点燃一支雪茄，尽管知道即将到来的是惬意享受，但也明白品吸雪茄所要求的专注。雪茄不像香烟那样，直接"顺便"抽一口就可以了。当然这也是两种烟草产品间最本质的区别。抽香烟很容易上瘾，但一天抽一到两支雪茄更多的却是享受，而不是烟瘾。于是这里就形成一个回归：品吸雪茄这种高雅的行为如今还有很多仪式——每个雪茄爱好者都可以证明这一点。

本书的组成，第一部分是关于雪茄的品种、生产和品吸的信息，这可以帮助读者更容易了解雪茄世界，特别介绍了正确的品吸方式，这对于初学者来说非常有必要。第二部分和第三部分则按照字母顺序介绍雪茄的规格、品牌和厂家。

在本书的最后一部分附有约 400 个品牌和系列的表格清单，表格中注解了雪茄各品牌或各系列的来源，各自的烟叶组合以及各雪茄品种的强度。这样，很多品牌便也得到了"话语权"，虽然书中没有用文字深入讲解这些品牌，但是通过这个方式弥补了上述的缺陷。

另外，书中图片所展示的每一支雪茄，均标注了参考价格。需要说明的是，之所以采用美元这一货币单位，是因为对雪茄而言，美元的价格相对稳定，不会有太大幅度的浮动。

最后，我还想祝愿所有阅读这本《雪茄圣经》的人从中获得乐趣，尤其是在使用过程中以及与"棕色的金子"[1]交流的过程中能有所收获。

Dieter H.Wirtz
迪特·H.维尔茨

---

[1] 代指雪茄。——译者注

关于雪茄

"棕色金子" 的过去和现在

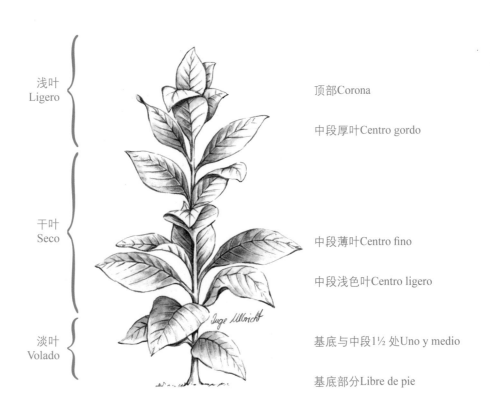

浅叶
Ligero

干叶
Seco

淡叶
Volado

顶部Corona

中段厚叶Centro gordo

中段薄叶Centro fino

中段浅色叶Centro ligero

基底与中段1½ 处Uno y medio

基底部分Libre de pie

从 种子到雪茄：历经170多道工序

几乎所有生产高级雪茄的国家，从雪茄的种植到制造过程几乎都是一样的，或者至少也是十分相似的。因此，以一个国家为例便足以表明在这个昂贵的过程中，需要多少工作步骤。

当一支哈瓦那雪茄找到进入雪茄盒的路时，它已经经历了一个漫长的过程。作为作物，它生长在田地上，由许多烟农（Vegueros）照料着，经受风吹雨打；收获之后，它变成干叶片，经过多次发酵、卷制、翻转，最终与其他烟叶一起被卷烟师 (Torcedor) 卷成雪茄。在这个过程中它已经过许多人的手，直到被认为值得作为哈瓦那雪茄进入雪茄盒中。

在把烟草苗种到土里之前，首先必须将土地打理好。使用拖拉机会给土地造成很大的破坏，烟农只用动物来犁地，这样就可以尽可能细致地照顾到每层土地，因此烟农们通常用一头或两头牛拉着犁耕地。土地的准备工作一般是在七月和八月进行。因为烟草的根很嫩，为了保证烟草苗长得更苗壮，土地必须要很松软。因此烟农需要反复犁好多次地，这样田里的野草也会变成大地中的天然养料。

对于养料要补充一句。均衡的养分对之后烟叶的生长极其重要——当然对后来的雪茄也

传统的耕作方式。

一样。在种植烟叶中，氯、钾、钙、镁、磷和氮是最重要的养料，它们之间的比例要很均衡。如果钙含量超标，烟叶不仅颜色浅，还会腐烂卷曲，这样就影响了烟草的生长。用这样的烟叶加工成雪茄后，品吸过程中的燃烧表现很难尽如人意。

烟农八月底九月初播种烟草种子。在45天的时候，烟草秧苗便会长到15厘米~20厘米，这时烟农会将秧苗移植到别处。移植成功之后，一般会需要45天~50天时间，烟草才会完全成熟。

在这段时间里，烟农面临着巨大的压力，他们必须密集地照看烟草，定期进行检查。首先要经常剔除烟草芽和侧枝，促进其生长。除此之外，还要拔除杂草，预防虫害。防虫十分必要，只要染上虫害，就可能对烟草产生巨大的伤害，而且虫害蔓延的速度十分迅速，这会直接导致烟草减产。例如，1980年对古巴来说便是致命的一年，当时几乎所有的烟草都染上了霜霉病，烟草产量锐减。古巴的雪茄产业花了好几年的时间才从这个灾难中恢复过来。

其中，有一种烟草害虫却有一个听起来无害的名字——烟草甲虫。人们经过反复思量在西班牙语中将这种烟草甲虫（拉丁语 Lasioderma）命名为 Perforador del Tabaco。因此，只能说，名字只是一个符号。烟草甲虫十分令人讨厌，它会在每片被它逮到的烟草叶上严格地"打孔"。烟草甲虫把卵排在烟叶上，幼虫在20多天后长成蠕虫，蠕虫在烟叶上不停地

烟草秧苗整齐地排列在遮阳布遮挡下的阴凉里。

咬出极小的洞和通道，为它将来自立门户做准备。当烟草甲虫变成成虫飞走之后，一片千疮百孔的烟叶就那样显眼地留在原地，再也不能称之为烟叶了。

在种植烟叶的过程中令人害怕的还有霜霉病。古巴特地研发出一个杂交品种——哈瓦那2000，目的是使其具有抗霜霉病的能力。关于这种烟草的质量，各国的卷烟店（Tabaquero）有着截然不同的体会。

这个新品种烟草不仅在抗霜霉病性上到达了一个非常引人入胜的领域，对卷烟店来说，这还在香气和强度上扩大了烟草家族。这个新

烟农站在高高的木桩上拉紧纱布，保护烟草免受过多的阳光照射。

品种很快出现在多米尼加共和国、厄瓜多尔、洪都拉斯、墨西哥、尼加拉瓜等其他地方。这种烟草大部分产自古巴，一小部分产自康涅狄格州。虽然新品种烟草没有使用古巴烟草种子，但质量特性跟古巴烟草几乎一样。更确切地说，杂交的最终产物大多比嫁接的烟草强。

回到烟草的照料问题上。烟草一长到足够高度，烟农们就会摘下花朵，这样可以使烟草的生长力集中在烟叶上，烟叶由此获得最后一道强劲的"推力"，使自己完全伸展开。如果这个方法对所有植物都适用，那么在这里必须将时间倒回一些，来说明两个不同的"照料程序"。

首先是Corojo植株1。它构成了重要的包叶。为了以后外表均匀、平坦、柔滑，它们不能暴露在阳光的直射下。因此，烟农们在播种后不久便要用纱网遮盖烟草田。与此相反，Criollo植株2必须特意暴露在阳光下。通过这个方式烟农们可以获得更多种的烟草味道。多种口味的烟草对目前哈瓦那品牌必需的不同烟叶组合来说，绝对是很有必要的。虽然除了上述两种烟叶外还有很多其他烟叶，但了解这两种就足够了。

移植50天后，便可以收获烟草了，每片叶子都要用手摘下来。Corojo植株上有8~9对叶子，它们各自的成熟周期不同，因此只能慢慢地将已经成熟的叶片采摘下来。而每对叶子的成熟周期间隔6天~7天，一株Corojo植株收获完需要约40天时间。烟农们在这种植株上要区别以下烟叶（从下往上）：基底部分（Libre de pie）、基底与中段1½处（Uno y medio）、中段浅色叶（Centro ligero）、中段薄叶（Centro fino）、中段厚叶（Centro gordo）、顶部（Corona）。

Criollo植株有6~7对叶子，分为浅叶（Ligero）、干叶（Seco）、淡叶（Volado）、捆绑叶（Capote）。位于植株底部的叶片香气最少，因为它们一直笼罩在阴影下。上部的叶片充分接受阳光的照射，香气浓郁。

Corojo植株与Criollo植株的烟叶在收获

1、2 是指利用不同的方法种植的雪茄植株。——编者注

烟叶收获之后，烟农用牛车将烟叶送往干燥室。

后都被贮存在烟叶干燥室，这样它们可以在空气中自然风干。风干是一个昂贵的过程，因为固定在长木杆（Cujes）的烟叶会持续处在监控之下，通过改变木杆挂放的位置，来保证温度和湿度的均衡——烟叶开始在接近地面的位置，然后会越来越高。这个风干阶段持续约 50 天。在这段时间内，烟叶先变黄，然后因为自然氧化，呈现出许多哈瓦那雪茄特有的颜色——金黄色。这时，第一次发酵便可以开始了。

烟农先将烟叶捆扎成束，在发酵房里，将它们堆成约有 60 多厘米高的垛（Burros）。

第一次发酵将会持续 30 天。在这个过程中烟农持续监控着烟叶垛。如果一捆烟叶的温度超过 35 摄氏度，就要将它解开，直至彻底冷却下来才再次将它们捆起来。这个步骤是必不可少的，这样烟叶的树脂含量才能大幅度降低——烟叶因此变得柔软，后期才可以更好地进行加工。当然，烟叶也在这个过程成形成一个均匀的颜色。

在第二次发酵开始前，首先要将烟叶沾湿，防止烟叶变色。之后，从用于茄芯和卷叶的 Criollo 烟叶上剔除主叶茎，然后将 Corojo 烟叶（也就是包叶）放置。接着根据烟叶的大小、颜色、性质和品种进行分类。

在第二次发酵阶段，烟叶被再次捆成束，堆成垛，这次可比上次大多了。烟叶的湿度，再加上烟草垛的大小，更容易引发一次更强烈的发酵。烟草发生的化学变化，使烟叶的香味更浓，烟叶中的杂质更少。这个阶段中，烟叶的温度不能超过 42 摄氏度。

这是烟叶干燥室中的场景，烟叶挂得越高，颜色就会越深。

在发酵过程中控制烟叶温度。

之后，烟叶便可以休息了。人们将烟叶放置在通风架上，让其散发尽残余的湿气。当休息结束后，烟叶又被打包起来，这次装成预制的捆包，英语中称为 Tercios。这些垛是用大棕榈的树皮制成的，这是传统。

这些烟草打包贮存在货仓里，等待雪茄工厂的召唤。它们在仓库里停留几个月是常有的事，甚至可能会持续几年。但这一点儿也不会影响烟草的质量。相反，烟叶经过了这样一个存放过程，会散发出更加浓郁的烟叶香气，这是烟农们的经验之谈。

烟草打包到达雪茄工厂后，人们会再次对各种烟叶做分别处理。烟叶的包叶很敏感，需要特别关注。最终它们应当柔软，散发出绸缎一样的光芒。要想达到这样的效果，需要一个特别的加湿过程，而且只能在凉爽的早晨进行。甩动烟叶，夜里悬挂阴干，去除多余的水分。

剩余的湿度会均匀地分布在整片烟叶上。

之后的一个早晨是属于女工（Despilladoras）的，抽离烟叶茎的女工们将包叶对折，抽走主叶茎。接下来是分级师（Rezagadoras）的工作，他们负责按照颜色、大小和结构来对烟叶进行分类。分好类的包叶，便可以进行后续加工了。

加工厂对后四种烟叶的处理，与包叶的处理方式是完全不同的。与包叶相反，它们不需要加湿，但贮存时间对它们来说却是至关重要的。捆绑叶和淡叶的贮存时间约需要一年，干叶需要的时间更长一点，而浅叶至少需要两年才能最终成熟，充分散发其香气。

这个过程由混合师负责监督。最终由经验丰富的烟叶混合师（Tabacaleros）决定一种烟叶的单个叶片何时才能进入混合部。

如果人们安排一个经验丰富的混合师来监

仓库中堆放着的捆包好的烟草，烟草在这里得到更加充分的休息。

督烟叶的成熟进程，那么，对于茄芯的混合，人们需要的则是一个守口如瓶的人——哈瓦那品牌茄芯混合的配方需要绝对保密。不过有一个共识是公开的：如果一个茄芯里干叶和淡叶多于浅叶，制成雪茄的口味会比较温和，而当浅叶比例较高时，便会口味很冲、劲道十足。完成上述"充满神秘的"工作后，为生产 50 根雪茄制定的混合比例便会交到卷烟师手上。

茄芯做好之后，卷烟师的工作便正式开始了。对于这项工作，他只需要几样很简单的工具：一张桌子，一把锋利的刀（Chaveta），切割台，一瓶植物胶和一张长方形木板（Tabla）。卷烟师首先将茄芯裹在卷叶里，包成柱状（Bonche）。然后用烟刀将包叶裁剪成需要的大小，以便之后慢慢将它卷成柱状。之后卷烟师拿起一小块包叶，做成了雪茄顶部的茄帽。最后他借助切割台，将燃烧端按照预先规定的大小割开，一支雪茄便初步做好了。

在哈瓦那雪茄进入雪茄盒并得到最后的平静前，它必须还要再经过几个步骤。这些步骤主要用于控制和塑造后期外形。它们中的一些，会被送到试抽者（Tasador）那里，试抽者从一捆雪茄中取出一支检验它的质量——这只能通过品吸才能进行。接着，他会把这捆雪茄送到检查员（Controllador）那里。检查员通过观察每根雪茄的形状、长度、周长和重量来决定它们是不是符合出厂标准。如果试抽者发现质量问题或检查员发现雪茄超过了规定的界限，那么这批问题雪茄便不能出厂了。

合格的雪茄则会被送往空调房，在这个放着用香柏木制成的高架子的房间里，雪茄们至少要待上三周，有时也会待上好几个月。房间

卷烟师的卷烟台。

卷烟师正在将茄芯卷入卷叶。

内的温度保持在 16~18 摄氏度之间，相对空气湿度则在 65%~70% 之间。这样的环境才有利于雪茄释放出生产过程中再次吸收的湿度，从而保证品吸过程中的纯正口感。

在每支哈瓦那雪茄进入丰富多彩的雪茄盒前，还要按照颜色上的细微差别和商标纸圈，对单支雪茄进行分类。等到雪茄盒贴上质保印章，它终于可以踏上旅途了，前往某一个遥远国家，在那里，它会被一个雪茄爱好者买下，并被他抽掉。如果他不是一个仅仅沉浸于表层消费的人，那他可能会心怀某种尊敬点燃雪茄——从种子变成雪茄，一共需要大约 170 道工序。

许多人参与了这些工序，烟草工人以及烟草专家——在西班牙语国家这意味着烟草工业中所有的工人。在这当中，烟农的工作最为劳累，他们负责播种、培育和照料烟草以及收获烟叶。

在烟草成为雪茄的过程中，卷烟师起了一个十分特殊的作用。卷烟师面对的是在他之前的所有人的努力——照料烟草的烟农和那些处理烟叶的人们，而最后是由他将烟叶卷成雪茄。

尽管所有其他烟草工人和烟草专家的工作也很重要，但卷烟师与雪茄厂的总调配师（Ligador）的工作却是长长的工作链中最重要的环节。如果卷烟师的工作成果很差，那么之前所有烟草工人的辛苦便毫无意义。

这也解释了为什么卷烟师的训练时间是所有烟草工人中最长的。虽然各个工厂会稍有不同，但平均也需要一年多的时间，成为卷烟师的道路在训练之后才能开始，因为经过一年的经验，卷烟师才能获得准确无误的能力，这个

压装箱内的烟卷，这是卷制雪茄的中间步骤。

烟卷被卷入包叶中。

能力会让他即便面对困难的型号，也能完美地生产出来。

人们经常有这样的疑问，一个经验丰富的卷烟师一天可生产多少雪茄？这当然取决于雪茄规格的大小，更多还是取决于雪茄规格本身。例如卷制一支科罗娜（Corona）雪茄就比一支金字塔雪茄（Pyramide）或一支双尖鱼雷雪茄（Torpedo）简单些。但如果质量不行，即使交货量高也没什么用。一般来说，一个好的卷烟师每天大约可卷制 120~150 支类似科罗娜那种规格、质量一流的雪茄。

卷烟师卷制雪茄的地方，被称为作坊（Galera），这个表达起源于 19 世纪 30 年代。19 世纪 30 年代末，对古巴雪茄的需求持续上涨——不久后哈瓦那雪茄便开始热销。当时的劳动力很缺乏，但拥有大量作坊的作坊主拒绝使用奴隶，因此很多罪犯被招来从事这个工作。因为一些地牢看起来像船舱，所以如今卷烟师的工作室还是像船舱一样，他们就在那里勉强维持贫穷的生活。

在如今的古巴作坊里工作是一件很舒服的事情。工作环境有了很大的改善，而且为了给工人解闷，朗诵者（Lector）出现了，从他的功能上来讲不仅仅古巴有朗诵者，他从这个拉丁词最真实的意义上发挥着作用，也就是作为一个读书的人，准确地说是一个朗诵书本的人。在卷烟师工作时，朗诵者会朗读当代作家的文学作品，包括古巴和世界作家的，此外还给他

朗诵者还有对卷烟师们枯燥单一的工作进行缓解的作用。

们读古巴共产党的党报《格拉玛报》上的最新新闻，而西方热门歌曲也会出现在这里。早在几十年前，古巴的第一座工厂就用扩音器完全或部分取代朗诵者，工人们听的是从扩音器里传出来的细弱无力的新闻广播和音乐，慢慢地其他工厂也开始效仿。即使是这样，委任朗诵者的传统还在继续，至于朗诵者何时会结束使命，还有待观察。

从前，那是在 1850 年，朗诵者第一次踏进帕塔加斯工厂的作坊里，走向讲台那么高的台子，拖了一把椅子，开始朗读。不久之后，每个工厂里便都出现了一个朗诵者，这样一天一天过去，卷烟师变得"博学"起来。无论如

19

何，世界文学史上大家耳熟能详的著名作家奥诺雷·德·巴尔扎克、查尔斯·狄更斯、亚历山大·仲马——大仲马和小仲马，新时代的欧内斯特·海明威的作品过去曾（现在也）对听众的继续教育做出了巨大贡献。

如今古巴属于世界上文盲比例最低的国家之一，教育和知识被传播给社会上的所有成员，直到卡斯特罗夺权时，这个方面的情况看起来与其他国家相比也有惊人的不同。在这个背景下，卷烟师在工人中扮演了一个特别的角色，卷烟师们成为"无产阶级中的知识分子"，因为他们拥有一个向他们传达部分世界文学的朗诵者。

工厂里的女卷烟师。

雪茄的历史和故事
曾救活刚出生的毕加索

第一支雪茄形成并被享用的确切时间已无处可查，但有一点可以确定，在哥伦布发现新大陆之前，玛雅人和阿兹特克人已经认识了雪茄——Ciquar——玛雅人这样称呼如今人们所熟知的雪茄的"祖先"。另外可以确定的是，最老的吸入烟草烟雾的方法就是抽雪茄。抽雪茄最主要的人群是哥伦布发现新大陆前的教士们，他们认为，通过雪茄使自己处于恍惚状态，这样更贴近他们的上帝——还可以与彼岸建立联系。对于雪茄的来源，玛雅人有如下解释："雪茄是诸神发明的，为了给自己带来烟草味道的特殊享受。每次打雷闪电时，诸神点起火，给自己点燃一支雪茄。"

"Ciquar"不久后发展出了"Cigar"，之后又有了"Cigarre"。在这个演变过程中，雪茄传播得非常远——那时欧洲人用以下词语来翻译这个概念："可以点燃的物体，味道很好，很香。"但是在雪茄被欧洲接受之前，还发生了很多有趣的事情。

那是在1298年和1299年间，一个威尼斯旅客同时也是探险家成为热那亚的俘虏，他向狱友口授了他在中亚和中国北部令人兴奋的旅行（1271年~1275年），以及供职于蒙古统治者忽必烈（1275年~1292年）时获得的体会和经历。凭借这些夸张的陈述，马可·波罗（1254年~1324年）唤起了欧洲大陆对亚洲的兴趣，而这间接最终导致了美洲（以及烟草）的发现。

意大利航海家克里斯托弗·哥伦布受西班牙委托，于1492年10月12日进行了第一次探险航行，在巴哈马群岛的一个岛屿前抛锚停泊。他在瓜纳哈尼岛前着陆，将其称为"圣萨尔瓦多岛"，并发现了南北美洲，虽然这些都是无意之举。15天后，在10月27日那天，他驾驶"圣玛利亚"号、"平特"号和"宁雅"号，驶抵古巴岛（当时土著们将那里最大的岛称为古巴岛，即今天的希巴腊港口的水域）。哥伦布认为他到达了Zipangu——那个传说中的日本，距离马可·波罗描绘的大可汗帝国不远的地方。但他到的不是日本，而是Colba，如今的古巴。

这支横跨大西洋的船队派遣了两名水手——罗德里戈·德·杰雷兹和路易斯·德·托勒斯，上岸查探岛屿。他们在岛上遇到了土著，并发现了一个有趣的现象，土著用干燥了的叶子制成罕见的棒子，点燃棒子的一端，在另一端吸入棒子燃烧所产生的烟雾。罗德里戈·德·杰雷兹和路易斯·德·托勒斯因此成为第一批熟悉品吸烟草和雪茄的欧洲人——即使在最深远的意义上也是。

欧洲第一个生产雪茄的地方是塞维利亚。1676年，安达卢西亚大学城成为这种雪茄的诞生地，这点我们至今还能从它的形式和外形上辨别出来。半个多世纪后，西班牙认识到鉴于人们对雪茄的痴迷，国家通过征收烟草税可以使丰盈国库的工作进行得更容易更顺利，于是在1973年，塞维利亚建立了皇家雪茄工厂。

又过了半个世纪，才出现了一家德国雪茄工厂。这家成立于1788年，总部在汉堡的雪茄公司的老板是商人海因里希·施洛特曼，之前他曾在当时公认的"雪茄中心"塞维利亚学习过雪茄手艺。公司创建后不久，"施洛特曼"牌雪茄便享誉国内外，深受欢迎。

如果要用简短的故事来阐述雪茄的历史，您会找到很多例子，但是后来所有关于雪茄及其功效故事的真实性大多是难以肯定的。下边这个故事也是如此。但如果它是真的，它必定发生在1881年10月25日南部西班牙港口城市马拉加（Malaga）……

下面是一个男孩和雪茄的故事。这本来应该是一个普通的故事，当人们告知医生孕妇第一次阵痛，医生便赶到了孕妇家里。傍晚阵痛又来了，虽然强烈，但又不那么强烈，所以人们还是担心。又过了一会儿，孩子才出生，只是一动不动，即使医生轻轻拍打他的小屁股他也没动。一个死婴？医生不愿意相信，他点燃一根雪茄，深深地吸了几口，最后他把一口烟含在嘴里，然后将烟雾吐在婴儿脸上。没过一会儿，奇迹发生了，房间里响起了响亮的哭声，那个男婴的哭声。

从烟草传到欧洲之后，人们就议论它有治愈效果，它在这里发挥作用了吗？之后那就是天堂的礼物，因为男孩成为20世纪最伟大的艺术家之一。如果故事这样发生了，那么几天后男孩一定会被命名为帕布罗，他就是帕布罗·毕加索，1881年10月25日出生在西班牙马拉加的世界著名画家毕加索。

相反，雪茄在何塞·马蒂（1853~1895）的生命中扮演的特殊角色是有证明的。这个投身于将家乡从西班牙的统治下解放出来，激烈地拒绝古巴合并入美国的古巴作家，呼吁他的同胞们与不公平作斗争。为了使寄给战友以及从战友那里收到的机密信息能真正保密，何塞·马蒂想出了特别的方法：他把机密信息卷在雪茄里！

这是一幅描述哥伦布发现新大陆的插图（1493年），图中是正在抽雪茄的印第安土著居民。

在挖掘诸如墨西哥境内的神庙旧城奇琴伊察（Chichen Itza）的废墟时，考古队公布了一些玛雅人与雪茄的故事。在哥伦布发现新大陆之前的玛雅祭司在宗教仪式上长时间吸入烟草，直到他们陷入恍惚。他们误以为这样便能更加贴近上帝。

包装和内容：从茄芯到茄盒，完美的雪茄缺一不可

雪茄烟盒

它们以所有可能的形式展示自己，大大小小的雪茄烟盒：长方形、正方形、金字塔形，一些还带有小抽屉，其中一些抽屉涂了漆，另一些没有，有时盒子里还装了一体化的加湿器。还有一些丰富多彩的容器。它们产自古巴，如果盒子上贴了讲述上世纪产生的雪茄品牌的石版画，那这些画多数采用的是浪漫、美化的主题，以引起人们的注意。

映入眼帘的首先是盖子表面的封面（Cubiertas）。当观察者打开烟盒时，另外两张

"蒙特克里斯托"（Montecristo）的橱柜形烟盒。

石版画就展现在他的面前。Vistas 指的是贴在盖子内侧的图画，而 Bofetons 指的是烟盒背面、遮盖在雪茄上的图画。这样当人们拿起印刷纸，往前掀开的时候，就能看到雪茄。

石版画上的主题常常色彩缤纷，有时会聚集八至九个颜色于一体。这种主题画是直到石版印刷术出现之后才成为可能的。石版印刷术是德国人阿罗斯·塞纳菲尔德（Alois Senefelder）发明的，它是一套为每个颜色生产一个对应的、处理过的石板的印刷方法。石版印刷术的原则，是以在印刷的位置使用含油脂的物质和水为基础，众所周知水是不含油脂的。

上个世纪中期，这些五光十色的石版画流行起来。这个时候继续发展的石版印刷术使无尽地复制上述主题成为可能，而很多印刷工人在俾斯麦推行反社会主义非常法的过程中逃离了德国，定居在了美洲，当然也包括古巴。于是，"哈瓦那印刷工厂"——当时哈瓦那最领先的印刷工厂，不久之后就可以为写得满满的印刷订货簿而高兴。而每个雪茄工厂也不得不为他们的每个雪茄品牌购买那些 Cubiertas，Vistas 和 Bofetons，这些石版画越花哨，越受欢迎。

人们喜欢嘲笑那些看起来很庸俗的盖子内的图画，把它们当作拙劣的绘画完全扔在一边，也有人想在庸俗中再次发现它的美——但不管怎样，这些石版画充当了当时风行的审美观的证人。这再次使它在文化史上获得深远的意义。

茄芯

茄芯是每支雪茄的核心，决定了雪茄的味道和品吸过程中散发香气的各个层次。不过雪茄一定要在雪茄爱好者一看到它漂亮的"脸"时，便被迷住，所以人们总是格外注意包叶。也因为如此，茄芯没有得到足够的重视。

但最终决定一支雪茄品质的还是茄芯，至少三分之二的味道是由它决定的。在这个背景下，为什么很多雪茄制造者把茄芯的混合方法当作国家机密一样保护起来，也就不难理解了。

茄芯使用了来自何处的何种烟叶是公开的，但烟草的混合比例却从来没有透露过。茄芯的混合就像一首乐曲。一个音阶上的音符和生产雪茄的烟草一样，是已知的。但决定一段音乐听起来是否和谐，关键点却是音符的排列。一首优美的乐曲就是通过各个音符在整首曲子中的效果来体现其过人之处的。

在混合一支顶级雪茄的茄芯时也类似，每种烟草都是特殊的音符，只有经过组合协调才能产生那种和谐，它也才能在品吸时发挥作用，给品吸者带来完美的味觉体验。

选用短茄芯还是长茄芯并不重要，虽然这会对小雪茄影响比较大一点。但雪茄的口味根本在于真正优质的烟叶和按照正确的比例排列的方法。每个雪茄大师都深谙这一点，因此他们也有自己特别的秘密，在最合适的情况下将这些秘密传授给他的接班人。

整齐排列的"拉·奥罗拉"（La Aurora）雪茄。

卷叶

卷叶，是茄芯和包叶的"中间人"，也是不可忽视的。

如果说过去的几年里它在最开始给茄芯一定的支持并完善了烟卷——在这个过程中它的味道必须是中性的，那么如今它会在茄芯的组合乃至整支雪茄中发挥更大的作用。因此卷叶的质量是必须的——几乎雪茄烟叶的所有典型种植区域都在使用它。

包叶

正如这个名字表达的那样，这里指的是覆盖，准确地说是包盖茄芯和卷叶的烟叶。它包裹住烟卷，可以说是烟卷外的烟卷，茄芯和卷叶组成的半成品也被叫作烟卷。包叶应当呈螺旋状从点燃端缠绕至端部，尽管它可以影响雪茄的味道，但这种影响常常被高估了。

对包叶（西班牙语为Capa）来说，更为重要的是外形、结构、浓度和纯度，有点像树木的年轮一样，因为最终经过颜色分类师（Escogedors）、雪茄商人和雪茄爱好者挑剔的目光的是包叶。

作为雪茄的"脸"，包叶在结构和颜色上要高度均匀，因为不会有哪个雪茄爱好者会习惯抽一支外表让人没信心的雪茄——这也会影响到人们对茄芯和卷叶的信心。因此，隐藏起来的烟卷应该保持与包叶同样的水准。但如果优质的包叶无法与茄芯和卷叶完美地融合在一起，那么优秀的包叶是无法挽救雪茄的。对于一个品牌的雪茄来说，如果包叶必须充当掩盖其糟糕本质——一根差烟卷——的假象，那也意味着品牌的衰亡。

但如果一个包叶质量不好，那即便最好的烟卷也无济于事。这也就是说，好烟卷必须通过好的包叶来获得符合要求的形象。

好包叶不仅拥有相应的外表，还首先要有一流的味道和香气。雪茄的香气大半都蕴藏在包叶中，而包叶的传导性也要好，这样才能充分释放出卷叶和茄芯中的香气。除此以外，包叶一方面应当柔韧、轻薄，这样才能紧紧地包裹住烟卷，另一方面浓度足够强烈，方便继续加工。之后，在抽雪茄时，这些特性——主要是较低的浓度——对燃烧表现产生积极作用。

正如世上没有"最好的雪茄"一样，世上也没有"最好的包叶"。但优质的包叶还是存在的，古巴生长了优质的包叶（Capas），康涅狄格河河谷、洪都拉斯、墨西哥、尼加拉瓜、巴西利亚、厄瓜多尔、印度尼西亚、喀麦隆都盛产优质的包叶，多米尼加共和国不久前也加入了这个行列。

使用包叶时，就像之前表明的那样，包叶与卷叶和茄芯的协调程度十分重要。例如在多米尼加共和国，烟卷经常是由本地生长的烟草构成的，然后搭配上康涅狄格荫植包叶或者是生长在厄瓜多尔的包叶。这样的组合不可能是最差的，伊斯帕尼奥拉岛的西部盛产的许多白金雪茄就采用那样的烟叶排列。当然关键点也是正确的混合——这里是正确的"三角关系"。

与包叶有关的一个重要篇章是颜色。真正拥有敏锐洞察力的当代人应当已经识别了140多种包叶颜色，虽然这听上去很夸张，因为这是颜色分类师区别开来的颜色层次的两倍。他们日复一日地在作坊里根据颜色上微不足道的区别对成品雪茄分类。一些经验丰富的颜色分类师，眼神就像老鹰那样犀利，他们也许可以区分出约80种不同颜色的包叶。

尽管包叶的颜色不会决定一支雪茄的味道，但人们还是可以根据包叶的颜色推断雪茄的味道，还有强度和香气。如果说一个经验丰富的颜色分类师可以区分出80种颜色，那么对一个雪茄爱好者来说，了解区分七种颜色的分类方法就已经足够了。下文进一步介绍这个分类。但这里只是针对一般规则，尽管规则立足于经验，但却没有将烟叶的特征纳入考虑范围。雪茄的强度和质量更依赖于其他因素。例如包叶，产自于靠近顶部的包叶还是中段薄叶，什么时候采摘的（也就是它经过了多长时间的阳光照射）以及发酵的问题。假如雪茄的味道主要是由包叶决定的，包叶在阳光照射下的时间越长，它油脂和糖分的含量就会越高，生产的雪茄也

卷烟师正准备将三片茄芯烟叶和展开的卷叶卷在一起。

会越甜，尤其是前⅓段包叶所出产的雪茄。如果忽略掉每个规则中的特殊情况，那便可以简单归结为，雪茄的包叶颜色越深，味道就越强烈、越甜。下面的概要从明亮的颜色类型开始介绍，以深色结尾。

Claro Claro 青褐色　这里包叶颜色的色标是从黄绿色开始，跨越橄榄绿（这两个颜色也被称为 Clarissmo 和 Jade），直至青褐色结束。有时候也会让人觉得是深金色的细微色差，可能是因为收获过早，收获时烟草还没有完全成熟，也可以追溯到接下来短暂的干燥期，它经常是通过加热进行的（在这个过程里，烟叶大多悬挂在烧红的炭火上面）。Claro Claro 还可以称为 Doble Claro 或 Double Claro，Candela 以及

只有好的包叶才能保证一支优质雪茄的品质。

AMS——美国市场精选的缩写，表明这个颜色之前在北美深受欢迎。使用 Claro Claro 包叶的雪茄一般味道清淡，香味相对较少。

Claro 浅褐色 按照 Claro Claro 的分类，最亮的包叶颜色是纯棕色，常常会在淡黄色中带一条印子。许多荫植的包叶都呈现这种色调，例如那些（但不是所有）生长在康涅狄格州并标上荫植的烟叶。Claro 大多在快成熟时收割，然后风干。Claro 包叶（也叫 Natural）经常出现在味道温和的雪茄上。

Colorado Claro 中褐色 这种包叶的颜色涵盖了从浅棕色到金棕色的所有颜色，长在荫植或阳植烟草上。众所周知，颜色不仅仅是由土地和气候决定的，还取决于日照，如是否有日照及日照时间、日照长短，而烟叶的处理方式（主要指发酵）也对颜色有很大的影响。我们这里所说的这些包叶接收的阳光照射多于上述两种。喀麦隆的阳植包叶，作为自然的 Colorado Claro，经常被使用。使用这种包叶的雪茄一般味道适中，气味芳香。

Colorado 暗红褐色 指的是那些色标从中褐色开始，色差经常偏红的包叶，Colorado 香气和味道中等醇烈，在英国一直深受欢迎，这个包叶颜色也叫作 EMS（意为"英国市场精选"）。

Colorado Maduro 深褐色 深色包叶颜色的色标从这里开始。Colorado Maduro——是一种深棕色，一般那种气味芬芳、味道浓郁的雪

"雪茄通过数千张美丽的图画，缓解了人类的痛苦和孤独。"——乔治·桑（原名奥罗尔·杜邦 法国作家）

茄才会具备这种颜色，也可以追溯到采摘时间，这种包叶是到完全成熟时才被采摘下来的。

Maduro 如咖啡般的深褐色 一个完全成熟的 Maduro 包叶标志性的两个特色，是多油脂、甜，另外还呈黑棕色。使用这样一张"油腻"包叶的雪茄，却没有多少香味，而用 Colorado Maduro 的雪茄却常常香气很浓郁（这里的"限制"针对的是香味种类）。一张 Maduro 包叶几乎总是产自烟草的上部，日照时间比较长。哈瓦那雪茄常常呈现这种颜色，这是它的传统风格，味道丰富，并通过自己鲜明的强度赢得了尊重。因为这种雪茄在西班牙很受欢迎，对 Maduro 我们也可以使用 SMS 这个概念，意思是"西班牙市场精选"。

Oscuro 近黑色　这里的色标从黑棕色开始，有时直到完全变成黑色为止。应该这样说，Oscuro 包叶从非常深的深棕色开始，直到黑色，这也解释了为什么有时会使用 Negro 的概念。如果一支雪茄使用了一张油脂非常高的包叶，那么它的味道总是强烈，没有多少香味。Oscuros 烟叶，无一例外都在阳光下经受照射，康涅狄格包叶上使用的添加物阔叶烟草（Broadleaf）也同样如此。这可以证明，这个颜色分类一定是正确的，因为阔叶烟草也是之前两种颜色的代表。除了康涅狄格州，人们也最先在英国和墨西哥进行 Oscuro 烟叶的生产。

最后绝不能漏掉一个重要的信息，上边谈到的"例外"，针对的是雪茄的强度。黑色的包叶味道强，浅色的包叶味道温和，但这个假设不是一直适用，因为深色包叶的雪茄可能会令人意外地十分温和，而一根浅色包叶的雪茄也可能很强烈。当然，卷烟师也知道这个假设，他们也常常会按照这个假设，选择与茄芯"一致"的包叶颜色。

颜色的差别

尽管首先将享受传输进人类神经系统的是味觉，但是在味道上还有另一个感觉器官起了重要作用——眼睛。可以这样说，眼睛带来的是对品吸的期待与快乐，产生通俗意义上的味觉感受，事实上眼睛也会产生味觉感受。眼睛也在一起吃饭，一起品味——也在一起抽雪茄。

所有加勒比海以及中美洲和南美洲的雪茄工厂里都有颜色分类师，古巴称他们为"Escogedor"。当某个规格卷好了的雪茄离开了卷烟师的工作台，在它们被颜色分类师无比细致地打量并根据颜色进行分类前，还要经过另外四只监控的手。这个分类师必须已经拥有一个真正鲜明的色彩感，因为和非古巴的加勒比海雪茄一样，哈瓦那雪茄的包叶有很多不同颜色，比 26 页 ~ 27 页上介绍的那七种包叶颜色类型还要多很多。

一个颜色分类师的工作对白金雪茄的销售很重要，但是放在一个盒子里展示给观察者的

颜色分类师根据细微色差对雪茄进行分类。

雪茄的均匀度，也取决于一致的色调。一致的色调有助于消除在一排雪茄中不和谐的印象。这一定很容易理解——因为眼睛也在抽雪茄。而且除了一盒满满的，制作工艺、形状和色调几乎一致的雪茄，还有什么能让一个雪茄爱好者的心狂跳呢？

另一个重要的销售因素，可以用"颜色差别"这个词来形容。这自相矛盾吗？当然不。一个规格的雪茄里有不同的颜色也司空见惯——否则颜色分类师的工作就没什么意义了。在他的眼力工作之前——根据这个词最真实的意义——试抽者要先发挥作用。他们是试抽一个规格所有完成了的雪茄，来检验雪茄质量的人。然后是检查员，确定雪茄是否卷得好并符合现有的质量标准。

从一个盒子里并排排列的不同颜色雪茄无法了解质量高低。这就跟色调上非常相似的那些样品一样。因此，"颜色差别"这个概念是一个很重要的销售因素，它一直以价钱为目标。可以简单表示为，尽管色调不一致，但它的质量和价格是一致的。这个情况很有利，因为众所周知眼睛也在一起抽雪茄（虽然在这个情况下不能完全得到满足）。

均匀的颜色，同样是一种享受。

帽"（Kopf）这个表达是否与"斩首 (Köpfen)"有关，还不能确定。

点燃端

这是茄尾部分，即点燃雪茄的地方，这里的包叶对损伤尤其没有抵抗力。例如"胡安·克莱门特（Juan Clemente）"雪茄是通过"隔离"商标纸圈来保护茄尾部分。商标纸圈不是在上部茄帽位置包裹雪茄，而是被放置在了点燃端。"西拉教授（Professor Sila）"雪茄也配上了这样的一个保护——加在正常的商标纸圈上。

茄帽

这里指的是雪茄的首端。如果一支雪茄还没有剪开，必须切下来的部分就是茄帽。"茄

商标纸圈

古斯塔夫·博克是最先引进商标纸圈的人。1850 年，这个先通过进出口哈瓦那雪茄，然后

生产了自己的雪茄品牌的机智雪茄商人，在经营的过程中不太关注卷制是否均匀，收到这样的雪茄让一些高贵体面的抽雪茄的人十分伤脑筋——也就是说，他没有想要保护工人免受任何想不到的不公正待遇，而是在注意其他事情。商标纸圈的理念来源于表面淳朴而实际可怜的金钱思想：通过这个纸圈——第一批是白色的——博克的雪茄与竞争者的区别开来。他们后来也跟着照做了——尽管时间不长。

当时石版印刷术的发展使得给这些纸圈上色成为可能，使用商标纸圈不久后就出现了一种颜色更为鲜艳的，几乎每天都会出现新的小艺术品，美化各种各样的雪茄。最突出的区别则是金色压印的手法。当然，塑造一个不可替换的、个性的商标纸圈的可能性，明显变多了。

然后，世界上的大品牌以及可以算作大品牌的那些品牌响应了这个计划，不久后雪茄厂家就接到了无数订单，同时还要求预订的雪茄上只粘贴画着预订者肖像的商标纸圈，只发送带有这种商标纸圈的雪茄。这个由虚荣心浇灌的愿望一直持续到 20 世纪——埃及法鲁克国王就属于那种只抽商标纸圈上有自己肖像的人。如今很多商标纸圈还保持着一贯的五颜六色，

粘贴商标纸圈。

但是带有肖像的那些商标纸圈正在逐渐消失。可是，商标纸圈本身是不会消失的——对此不用问也可以知道。

　　一场有时会发展成真正的信仰战争的争论，围绕着商标纸圈是否要和雪茄一起抽这个问题。在辩论时，一些高贵的行家——他们在面对对手的"观点"时完全失去了容忍力，已经失去了能力，举止像横冲直撞的猪。在这种情况下，在废除了流行的论战后不少人感到悲伤。也可能是这样：现在一支雪茄是不是带着商标纸圈一起抽，对味道没有任何影响——因为抽雪茄时连商标纸圈也一起点燃是某个人突然产生的荒谬想法。这里只要注意一个技术层面，如果一个人更喜欢不带商标纸圈抽雪茄，那么建议他点燃直至雪茄有一定温度后，再摘下纸圈。

Media rueda，意味着"半轮"，意思是在雪茄包装中"每50根雪茄一捆"。

这样，用无味的植物胶固定的商标纸圈会更容易脱落。如果不采取这个谨慎措施，包叶可能会受到损伤。

8-9-8

　　从前在包装时会将雪茄按规则放在木盒子中压好，这也是人们在不久之后发现盒子里的雪茄呈长方形的原因了。不知道什么时候古巴的雪茄制造者拉蒙·阿万斯（Ramon Allones）想到这个主意，把雪茄分成三排，那样它们就相依躺在一起。于是就产生了一种包装方式，上排和下排放8支雪茄，而中排放置9支。这种包装方式经常会使用在25支装的雪茄盒子中。

捆

　　捆也是一种包装形式。数量繁多的厂家把自己品牌的雪茄，用绸带捆扎成25支一捆或50支一捆，放在高高的小木盒里。在古巴，提到50支一捆的雪茄时，人们会说 Media rueda，就是"半轮"。这个表达来源于一句在古巴常说的谚语，他已经度过了生命的半轮（Er hat das Halbrad seines Lebens erreicht）。这句话证明了每个古巴人都想要活到100岁——不多，也不少。

包装

幻想多于现实，这可以用来形容一些雪茄品牌的包装。但在雪茄来说，一般是包装越昂贵，内容越好。当然每个规则——参见上文——只能通过例外情况证实。另一方面可以确定的是，如果雪茄的外形很不好，价钱也不会好。至于它是不是按规定生产的，那就是另一回事了。在购买雪茄上最终起决定作用的是味道，这一点是毋庸置疑的。

这短短几行就可以让我们认识到，从雪茄的外形来推断其质量是多么困难。如果包装与标准不一致，比如按照这里的标准是应当使用一个香柏木盒——例如盒子里25支一捆的雪茄是用玻璃纸包裹的，这样的产品也不一定就是最差的。无论如何也不要根据生产商的理解来做出判断，因为对他来说给白金雪茄的贵族水平配上低劣的质量真的毫无意义——消耗太大了。另外，一个有经验的抽雪茄的人不会被豪华的外表迷惑，他根本不会仅凭精美的包装而去购买雪茄。当说出"让销售商来对雪茄进行检查"这样的话，哪怕他是席勒，人们也会拒绝跟他说话。

但是每一个雪茄爱好者都清楚，当雪茄被安置在香柏木盒中售卖时，也许会用最薄的香柏木包裹，或者是玻璃纸，有时候也用绸纸包

橱柜式雪茄盒越来越受欢迎，图中是"高希霸"品牌的一个型号。

装，偶尔一些还会被包在锡箔里，或者在铝管套或玻璃套里，可能的话还有用玻璃纸卷起来，放在镶了香柏木的铝管套里，这一切都是为了在一段时期内保持雪茄的新鲜程度，并保障其质量水平。

这些措施当然不会取代雪茄盒的作用——但那是另外一回事了。

个性化包装。

品吸，购买，护理：雪茄客们最钟情的三件事

雪茄客（Aficionado）

Aficion 表示"好感""狂热""嗜好"，因此一个雪茄客完全可以看作是一个狂热追求某件事的人。当本书中提到雪茄客时，当然指的就是这种狂热抽雪茄的人。

雪茄行家远不必是雪茄客，但相反，雪茄客明显属于行家这个行列，雪茄客是一个视抽心爱的雪茄胜过一切的人。除此以外，他还在雪茄世界里如鱼得水，并确切地知道，应当购买哪种规格的雪茄，才能满足他的预期享受。但是，他也熟悉各种各样的配件和附属品，这样在储存和处理心爱的雪茄时他能足够谨慎。所以雪茄客不仅仅是一个抽雪茄和懂雪茄的人——可以这样说，他是一个"爱好雪茄的人"。

这所有的一切对热情的女性雪茄爱好者（Aficionado）当然也适用。相对男性而言，抽雪茄的女性尽管还明显是少数，但人数一直在增长——不仅仅在拥有不少女性雪茄爱好者专用俱乐部的美国，欧洲也在增长。

这里可以做出一个论断。上文一直提到雪茄客（男性），提到抽雪茄的人和喜欢雪茄的人（男性）。这与性别歧视完全无关，主要是方便阅读。如果一直遇到庞大的词组和几乎一样的重复，诸如"抽雪茄的男性或抽雪茄的女性"，"男性雪茄爱好者或女性雪茄爱好者"或者"……每个抽雪茄的男性或每个抽雪茄的女性……"，肯定会影响阅读。诸如"抽雪茄的女性"这类一直重复的词，也会慢慢令人疲惫不堪。

一个雪茄客对于人类两种性别的存在十分清楚——他对女性雪茄客的尊重与对男性一样，有时甚至表现出更多尊重。

真正的雪茄客不会让自己受困难的影响。只要抽上几口迟来的雪茄，之前的困难根本不在话下。

雪茄行家

　　根据《杜登》外来词词典，"行家"指的是一个知道或理解某件事的人，同时还是一个精于鉴赏的人。当这本书中提到行家时，老实说，指的是后一种人——尽管"精于鉴赏的人"这个表达在这里所指范围太小，而"享乐者"这个称呼过于夸张，虽然二者尺度一样，但行家是一个把追求感官享受当作最高道德原则的人。因此当某人称自己为行家时，"享乐主义者"这个词更为合适。

　　大行家季诺·大卫杜夫（Zino Davidoff）几年前曾对一个采访他的记者说了下面的话："我喜欢的人，会让我产生渴望。"这句话出自一个享乐主义者之口——最真实的意思是，他享受有趣的人的存在，享受与他们进行的令人激动的交流，最好是在一个装饰精美的餐桌上（因为眼睛也会获得享受），他会为饮了一口好酒而高兴，而最高享受便是，从一瓶高品质的干邑（或威士忌等等）和一支极好的雪茄上，充分体验享受过程的完美——这里，雪茄客出现了，人们完全可以想象出"行家"这一形象。

　　尽管除了以上这些人之外，还有很多类品吸雪茄的人，但提到的这些已经足够接近"行家"这个概念了，这些人可以帮助我们了解"行家"一词在本书中应有的意思。

参观多米尼加共和国的大卫杜夫工厂时，一位行家充当了一次卷烟师：演员弗里茨·韦普尔（Fritz Wepper）演卷烟师演得很像。

切割

　　切割茄帽是一门学问。第一个人可能坚信他的雪茄剪，第二个人信任剃须刀（虽然有点不寻常，但完全可以理解），而第三个人——大多是一个古巴人——借助于他的牙齿来加工茄帽，为它做好被点燃的准备。最后一种方法在欧洲很少见。事实上，在广阔的烟草种植园附近长大的加勒比海烟民还保留这个方法。

如果一个人在"抽烟者之夜"用咀嚼器官咬下茄帽的一块，然后向上吐出一条高高的弧线，那肯定不会产生什么好影响。它最后着陆的地点，可能在一位漂亮的女性雪茄客的大开领里，这个人可能会惹上麻烦。

这里使用断头台式铡刀更合适。这个曾经的军事装置，首先因为它在法国大革命期间频繁使用而为人们熟知，它的用途已经提前规划好了，将罪犯的头从躯干上切下来。但现在，它失去了威吓的作用，尤其在雪茄客中间。雪茄客根据从茄体上切割开的切口——茄帽的一部分——是不是平滑干净，来评价断头台式铡刀，这里再次唤醒人们对法国大革命的记忆。干净的切口也有重大意义，因为它与其他因素一起对抽雪茄的过程中雪茄的燃烧表现产生重大影响。

假如切割不太准确，那么燃烧就会不规则——这会使享受的过程产生令人不愉快的影响。另外，不够小心的人就要预料到包叶的损伤。还有，除了燃烧的规则性外，一个干净的切口是零瑕疵品吸享受的保证，并有利于感受雪茄的香气。

但是断头台式铡刀不是唯一一个在切割雪茄时使人感到极度幸福的工具。许多雪茄客使用开孔器，不久前，市面上销售的开孔器越来越多。这是用一个圆形的刀在茄帽上钻孔，钻出一个约1.5mm深的洞。当钻头往回拉时，切割下来的烟草顺带就被拔出来。

还有不少人使用雪茄剪，达到季诺·大卫杜夫水准的人才会喜欢使用雪茄剪。人们相信大行家的论述——谁质疑他们了呢？一把好的雪茄剪，优点是能够让雪茄切口干净，呈圆周形，就像雪茄的直径本来就是那样。

正确的切割保证了纯净的品吸享受。

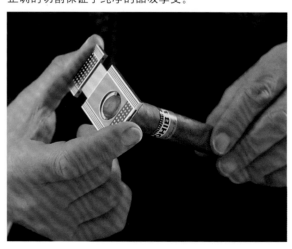

各种不同的工具适用于特定风格的、内行的切割雪茄。

如前面所述，有很多方法可以完美地切割茄帽。某个人用一个工具切割得更好，而第二个人可能会选另一个工具，因为对他来说这个工具使用起来更简单。这就跟选择雪茄一样：最忠实地博得一个人的好感和偏爱，然后一直被保留下去。

点燃

一支雪茄的品吸享受从正确的点燃开始。人们将切割过的点燃端在打火机或火柴上慢慢转动，这样雪茄会变暖，在这个过程中，火焰不能直接接触雪茄，这样才能避免出现烧煳以及烧煳带来的呛人味道。顺便说一下，人们称这个过程为"烘"。

当雪茄慢慢地转动，点燃端紧挨着火焰的顶端时，轻轻地抽一口，会使火焰向雪茄延伸过去，点燃端会稳定地燃烧。

不论是用一只燃气打火机，还是一片木片，正确的点燃方式是绝对必要的。

与"去除还是不去除商标纸圈"的问题相似，关于点燃雪茄的正确工具也引起了争议。用打火机还是火柴呢？对于"真正的"行家来说根本不存在这样的问题，行家一如既往地使用木片，如果可能的话还是香柏木木片。但人们手边不可能一直都有这样的"工具"，当然还有其他选择……

毋庸置疑，对抽雪茄的人来说，火柴是最重要的小工具之一。当然，它要么是一根燃烧的长火柴——硫的气味可以自己挥发掉，要么就是一根火柴头根本不含硫的短火柴（特殊商店里有售）。这里的重点是木头这个词最根本的意思，而不是那些比如用蜡制成的木条，这种火柴木条在抽雪茄时会产生一个令人讨厌的味道，严重影响抽雪茄的享受。

火柴也一定是总是给雪茄爱好者带来最重要的味觉体验的合适工具。例如，旅行时一个好的燃气打火机就有绝对优势，因为装着长火

柴的盒子会让口袋变形（通俗地说，夹克衫会鼓起来）。无论如何，一个好的燃气打火机从功能上满足火柴的效用——只不过火柴带来的氛围与打火机带来的不一样。

如果说火柴的重点是"木头"，那打火机的重点就是"燃气"。假如一支雪茄是用汽油打火机点燃的，就会产生一种令人讨厌的附加味道，它会持续整个抽雪茄的过程，这对一个行家来说真不是什么高兴的事儿。所以最好使用无味的纯净的丁烷打火机。

蜡烛也无法为抽雪茄带来多少享受。如果某个人产生了用蜡烛来点燃一支高贵的雪茄的荒谬想法，那他最好再也不要提"雪茄"这个词了——从字面以及引申意义上都是如此。

香气

本书中"香气"这个概念指的是雪茄气味的强度。一支雪茄呈现什么样的香气层次以及最后起主要作用的是哪种香气，甚至有时会覆盖其他香气，都无所谓，每种香气都会有其一定的强度。

为了不老是使用"茄体"这个词，我们可以这样说，"香气"意味着一支雪茄全部的香气强度。在这个情况下，香气与味道没有任何关系。例如，一支风味相对温和的雪茄，当抽到三分之二的时候会比较苦。不少雪茄爱好者只抽一支雪茄的三分之二，因为之后的苦味——

即使不太容易注意到——也会覆盖了香气的特点，并使香气不再完全发挥作用。

香气层次

雪茄各种香甜的香气使人诧异，我们一再提到"香气层次"。在这种情况下，"香气层次"的概念明确表示了一根雪茄固有的味道层次——而不是指茄体的强度。

这里要进行一个必要的说明，如果是科罗娜好闻的皮革香味，与蜂蜜香味结合在一起，事实上会令人想起传统的味道，而那个能令人联想到树皮的香料直到最后三分之一才会散发自己的味道，因此想要对各种雪茄进行个性化描述的人，最后都会白费力气。

探讨香味的各个种类，以及用资料来证明哪种雪茄哪个部分有哪种味道，浓度如何，可以但不应该是这本手册的任务。这应当是专家的工作——还有每个行家，他们在抽雪茄的过程中发现并体会哪些香气格外强烈，而哪些不那么强烈。

香柏木包装为品抽雪茄带来纯粹的享受。

强度

与雪茄在品吸过程中散发出的特定香气的浓度相反，雪茄的强度是相对确定的。例如，也许一个有经验的雪茄客对一支粗哈瓦那雪茄强度的感受与刚刚开始抽雪茄的人不一样，但是事实上同一支雪茄的强度总是一样的。

关于雪茄的味道经常会引起激动人心的讨论。但因为这本关于雪茄的书并不是为在行家间推动一场论战而写，它更主要的是为了陈述客观信息，因此像"味道强烈"或"拥有浓郁的香气"这样的描述指的总是雪茄的强度。

燃烧表现

从完美的燃烧表现可以辨别出真正好的雪茄。在二者的相互联系中，有两点尤为重要，即抽雪茄的时候应当轻松并毫无问题地进行，并且燃烧也应当规律。

雪茄灰的颜色对于雪茄的质量并没有太大的参考价值。它是白色、浅灰或灰色——与盛行的观念相反，人们并不能根据颜色对雪茄的质量做出什么推论。对于烟灰我还有一句话要说，抽雪茄不应该变成一项努力长时间保留烟灰的体育竞赛。这完全没有必要。另外，这项"体育竞赛"大多会把衣服弄脏，有时还会在西服套装上留下几个斑点。

好的燃烧表现当然也取决于处理雪茄的方式。当人们把一支哈瓦那雪茄放在打开的外罩里，直接保存在燃烧的壁炉旁，然后按照古巴风格，用牙齿咬下茄帽的一块，以此进行"切割"，再用蜡烛点燃雪茄，在点燃的过程中还把雪茄直接放到火焰中——那么，当然，燃烧表现肯定很糟糕。

味道

众所周知一般对于雪茄味道的争论毫无意义，因此本书中没有任何对于味道的评价。而关于雪茄的燃烧表现和强度的提示应当给"入门者"在寻找自己的品牌或规格时提供一些方向，同时还有助于行家们发现至今仍不熟悉的这个或那个品牌。

下边这句话说得还不够多。每个抽雪茄的人都是一个个体，因此每个人都会发展出自己的雪茄口味——除非他还没有找到。

点燃后，吹一点气有助于雪茄规律地燃烧。

储存

不是每个拥有白金雪茄的人家里都有一个空气湿度为 70%，温度不超过 20 摄氏度，并不受其他气味影响的稳定的地下室。因为为了储藏，雪茄盒应当放置在这样的房间里，而不应该放在狭窄的空间里——除了"棕色的金子"还放着棕色的土豆和大蒜、辣椒、鱼干和洋葱。

还有其他解决方法。一来可以把大蒜串挂在窗户的十字桄架上（对付吸血鬼），或者最好把雪茄放在雪茄盒里（为了品吸享受）。

一个雪茄盒应当拥有一个一体化的加湿系统，它的调节器保证相对空气湿度为规定好的 70%，另外，不仅有加湿功能，当湿度过高时还要除湿。这就是它最基本的功能。无论如何，一个发挥效用的雪茄盒照料着一直潮湿的雪茄，并为不被破坏的品吸享受做出贡献。

如果把雪茄盒直接放在窗台上，而窗台下取暖炉还在使劲地咕噜咕噜作响，那品吸雪茄还是会被搞砸。还有壁炉旁边寒冷的位置，甚至就在壁炉上——放在这里昂贵的雪茄盒当然能直接映入拜访者的眼帘——但我要赶紧

一个能将雪茄保存得很好的书桌式雪茄盒——与烟叶的颜色几乎一致。

劝人们放弃这种行为。

一方面，一个真正的行家确实不需要这样展示。另一方面，虽然细木良材（雪茄盒大多就是用它做成的）和密封的搭扣都致力于不让外部对雪茄盒内部产生任何影响，但是跟每种木材一样，紧密的热带木材也会适应它所承受的温度，这就会引起雪茄盒在外部的相对高温下，内部要低几摄氏度——对于盒子里的雪茄来说这几摄氏度就太少了。正如我们之前表明的那样，不仅空气湿度对"热带珍宝"的正确保存很重要，温度也一样。温度不应超过 20 摄氏度——因此雪茄盒应该放在在一个相对凉爽的空间里。

一个雪茄盒里会放着所有加勒比海的雪茄，但也有荷兰型号的雪茄——它们使用的苏门答腊岛烟叶的含量相对较低，如果雪茄的拥有者能够给雪茄配一个空调橱，那就要感谢这个人了。

这里顺便说一下空调橱。在购买雪茄的商店应当拥有相应数量的这种空调橱。

一定要注意的是，再好的

雪茄盒也无法补救其间贮存不当带来的后果。

在每个优秀的专业商店里人们都可以买到雪茄盒，也可以在专售雪茄的快递公司订购。雪茄盒的价格差距很大。不仅有用细木良材制成的雪茄盒，只需要几百欧元（完全满足功效），另外还有真正的艺术品在等待买家。后者这种情况需要花费五位数的欧元。

最后，跟很多事物一样，雪茄盒也没有上限。有一种特殊的架子，不仅为高贵的雪茄提供了位置，还可以放置精选的红酒，当然它安装了不同的空调系统，而且只使用黑檀木。另外，"木中之王"是唯一一种木工必须按照重量付钱的贵族树木。但还是应当有收入处于平均水平的中欧人适宜购买的雪茄，每次或每周只买几支。

《雪茄客》（Cigar Aficionado）

这本杂志是世界范围内雪茄领域领先的"传声筒"。1972年9月，马文·山肯（Marvin Shanken）第一次将其在市场上推广，这本美国杂志为上世纪80年代末美国国内掀起的抢购白金雪茄热做出了贡献，之后又波延到欧洲。

在美国的抢购热潮下，欧洲的雪茄爱好者们又忍受了一小段时间，因为主要集中在非古巴的加勒比海的供货很少能满足人们的需求（这个情况已经很久没出现了）。

自有品牌

几乎每个有所追求的雪茄商店都会销售自有品牌。这里指的就是规格不同的好雪茄，可能是欧洲生产的巴西或苏门答腊岛雪茄，也可能是在多米尼加共和国或洪都拉斯生产。

一般一个自有品牌的雪茄都处在完全可以接受的价格范围内，也就是说性价比一般较高。因为一个自有品牌的产品在营销上不需要任何花费，有兴趣的顾客通常会用一个很合理的价格买到质量完全很好的产品——最终一个经营良好、讲信用的烟草产品商店捍卫了自己的声誉，不再提供可以归入"不能抽"这一类的自有品牌。

每个好雪茄商店都有自有品牌。

近几年来，销售量大的雪茄商店也开始提供从加勒比海国家（古巴除外）和加那利群岛直接进口的雪茄。这里进口的是绝对优质的雪茄，它们保留自己出厂的名称，只在商人间售卖。尽管一般进口要通过一个进口商，但他只负责进行运输（关税手续等等）和中间贮存——品牌的专有性因此得到了保证。进口的大多是多米尼加共和国的长雪茄，以及洪都拉斯、加那利群岛和尼加拉瓜的长雪茄。

哈瓦那特许雪茄专卖店

世界上有近100家这样的哈瓦那专卖店，在店里每个雪茄客，只要他是坚定的哈瓦那雪茄爱好者，都移不开目光——这里还有抽雪茄需要的配件，只有哈瓦那享有"烟草的圣殿"之称。

在很久以前，古巴国家级公司"Habanos S. A."，担心神秘的雪茄工业的利益，为了使世界范围内都有古巴雪茄制作工艺的产品，便成立了哈瓦那特许专卖店。

因为新时代的古巴一直计划引入新规格——在筹备了一段时间后，这些新规格大多在"正常的"专卖店里出售，它们不是在一个国家新上市、引起特许专卖店感兴趣的哈瓦那雪茄，而是只有这里才有的特别版以及单个品牌和规格，因为最终所有专卖店都努力储存哈瓦那雪茄的全部品种——一个哈瓦那雪茄爱好者的理想黄金国，有时会很快变成圣城麦加。

配件

配件分布在所有人们能想得到的装备和价格范围里，必需的配件，必不可少的小工具，没有了这些，一个真正的雪茄客也不能胜任自己的工作。

它是"高希霸"（Cohiba）或"登喜路"（Dunhill）的长火柴，"大卫杜夫"的丙烯酸或树根制成的雪茄盒，"都彭"（S.T. Dupont）的金色燃气打火机或"好运达"（Rowenta）的银色燃气打火机，刀锋精炼、外罩镀金并镶在干净的不锈钢中的不锈钢雪茄刀，或是镀铬或镀银的雪茄剪，带双刀的切雪茄机或开孔器，有时有小皮盒，有时没有，或者旅行雪茄盒是否必须用缝制的皮革和香柏木打制，也许还要用"盖伊·亚诺特"（Guy Janot）的丝绒装饰——这一切不一定都属于一个抽雪茄者的标准装备，但行家不能没有它们。

当然，一根简单的火柴，它售价一个芬尼

"Chambrair"品牌高贵的雪茄存放器。

却奉献出了三芬尼的价值，一个普通的燃气打火机，使用后归于废屑，也致力于点燃一支雪茄，还有一个断头台式铡刀——买一盒雪茄时专卖店常常会免费赠送——已经足够在切割茄帽时把它切小一些，但是扪心自问，有哪一个雪茄爱好者用上边所说的"工具"来处理一支"蒙特克里斯托·A"（Montecristo A）雪茄呢？

雪茄盒不一定是可以移动的，但是令人舒适的雪茄品吸过程要的是一种氛围。因此除了上边描述的配件外，雪茄商店和发货部还准备了其他不平常的配件，它们都用于提高品吸雪茄的享受。

这里对于烟草消耗还要说一句。就跟许多享受品还有食品一样，一般少一点为好。过多的消耗，尽管不一定，但是可能会引起健康问题。挑食如此，酒精如此——烟草也自然一样。

主吃红肉（羊肉、牛肉、猪肉）的人会面临健康问题，还有那些一天喝两三瓶红酒的人也一样；一天抽30根~40根雪茄的人，必须做好心理准备，他的身体在某个时候会奋起反抗。正如我们说过的那样：过量的消耗虽然不一定，但是有可能随着时间流逝带来身体伤害。当毒素只是小剂量时（疫苗、药等等），我们的身体可以携带毒素生活，并能对付它们。一个人应消耗多少烟草，应该由自己决定，但是他首先要考虑到一点，分配剂量地抽——这主要针对抽雪茄——总是比毫无节制地抽好。一周内静静地抽8根~9根雪茄，甚至更多，一般会有利于带来人体的舒适感，因为这样的"消耗"对心灵有益，也对精神上的平衡有好处，还增强了免疫系统——这证实了，适量摄取毒素是完全有利于健康的。

种植区域：合适的天然环境胜过一切

完成了驶向南北美洲的探险之旅这一无意之举后，哥伦布只把一点东西带回了欧洲，那时欧洲还没有人认识它们。其中有两种植物，如今它们在欧洲仍然扮演着重要的角色。一个起初被叫作Knolle，是现在最重要的主食之一——土豆；另一个当然就是用各种方式加工、同时属于享受品的烟草，在欧洲它的需求量最大。

土豆和烟草都是夜属植物，顾名思义，它们在晚上或者光线昏暗时才进行活动，也就是进行它们的首要任务：生长。

哥伦布发现新大陆前，它们主要生长在赤道周围，因为这里全年昼夜等长。这对夜属植物的生长十分重要，过短的夜晚，例如北欧的夏季，既不能推动生长，也不能促进植物发展。

通过相应的培植，人们同时在北纬地区种植了这两种夜属植物。尽管烟草喜欢一种类似热带或亚热带的气候，这种气候的特征是高温和强降雨量，但培植这种方法也对烟草适用——与土豆相比，烟草原本是野生植物——

这里仅仅指专门用于生产雪茄而种植的烟草。热带和亚热带气候区里有雪茄烟叶的"传统"种植区域：巴西、印度尼西亚和加勒比海。

但是正如之前说明的那样，培植使很多事情成为可能。因此雪茄烟叶也可以在北美、意大利、法国，甚至在波兰和德国进行种植。从柏林向北部延伸的乌克马克（Uckermark），施派尔（Speyer）周围的普法尔茨（Pfalz）地区以及海德堡（Heidelberg）和弗莱堡（Freiburg）之间的莱茵河上游河谷——它们是德国最重要的种植雪茄烟叶的地区。最著名的是"哥德海姆"（Geudertheimer），一种味道温和、尼古丁含量低的烟草，闻起来有轻微的坚果味，它可以直接作为茄芯组成成分使用，不使用其他烟叶，也可以充当卷叶。上述区域不仅气候条件出众，这种气候对烟草种植有有利影响，另外还具备夜属植物不能放弃的第二重要的因素，含一点黏土、主要为沙质的土地，这种土地的养分含量很高。

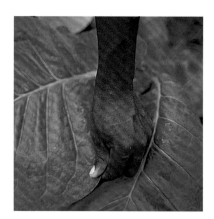

后边将介绍烟草植物的种植区域及各自的特点。

非洲

尽管一些非洲国家种植了一些可以用于制作茄芯的烟草，如坦桑尼亚（Tansania）和乌干达（Uganda），但是只有喀麦隆生长的包叶烟草可以称得上优秀。

喀麦隆

前一段时间这个非洲中西部国家的包叶生产和出口明显减少，但近几年来包叶的供应又再次上升了。这件事情让人喜出望外，因为喀麦隆生产的包叶属于世界范围内加工得最好的烟叶。

这个国家的自然特征是位于海岸附近的喀麦隆山，一座约 4000 米高的活火山。这座山西面的年降雨量为 10000 毫米，属于地球上降雨量最丰富的地区。喀麦隆还覆盖着很茂盛、多种多样的植被。国土的北部覆盖着宽广的草原，到南部渐变成干燥的热带稀树草原，然后又被潮湿的热带稀树草原取代，最后在沿海平原被热带雨林隔开。除了已经提到的喀麦隆山以外，内陆还有一些海拔 600 米 ~1200 米之间的高原。

不同的植被类型给这个一半面积被植被覆盖的国家和延伸至海的国土带来了丰富的降水。这种气候——北部相对干燥，往南雨量越来越

在一场烟草拍卖会上商人们正在检验质量。

充足——对许多经济作物的种植非常理想，例如香蕉、棉花、大豆、花生、小米、咖啡、可可、橡胶、玉米、木薯、油棕、水稻和甜土豆，还有烟草。烟草长在森林里的空地上，它们用来生产包叶，这些包叶的颜色呈绿棕到棕色之间，散发出各种香气。另外，它们加工后很优秀，因为烟叶特别薄。

欧洲

雪茄包装上印着"欧洲制造"的这种情况并不少见。这当然是对生产地点的说明。生产地范围很广，它可能在意大利或西班牙，丹麦或爱尔兰，德国、奥地利或瑞士，近期也有可能在波兰或捷克共和国。

这种做法不一定是质量差的暗示，生产是完全合法的，但是最好在购买雪茄时询问清楚究竟是在哪个国家生产的，一个消息灵通的零售商可以帮得上更多的忙。

尽管在雪茄生产领域，欧洲一些国家可能拥有一个值得让人在意的传统，例如丹麦、德国、荷兰和瑞士，但应当更进一步地观察一个产地，准确地说，这里我们说的是一个群体。

加勒比海群岛

在发现美洲以及之后建立联系的过程中，加勒比海群岛扮演了一个并非无关紧要的角色。对克里斯托弗·哥伦布和后来的征服者来说，在他们出海驶入大西洋无尽的宽广海域前，北美洲海岸前的加勒比海群岛都是最后一站，而位于特内里费岛（Tenerife）西边的小岛，戈梅拉岛（Gomera），总是那些从新大陆踏上回程的船只的第一站。

接下来的时间里，加勒比海和古巴之间发生了一些"人力资本的交流"，情况糟糕到使定居在加勒比海的西班牙人迁徙到古巴，如果说移民者的后代在欧洲寻找他们的好运，那就是从这个大西洋群岛上开始的。后边这种情况大多在最大的加勒比海岛屿上出现暴风雨的征兆时才会出现，也就是说那里的经济状况恶劣，或者政治状况引发对立的观点并产生了威胁人身安全时的结果。

最后一次值得一提的移民潮从卡斯特罗夺

加勒比海岛屿上的干燥室。

权后开始，这时大量古巴人离开了自己的家乡。其中大部分人在中美洲定居下来，但还有一些人，效仿很多前人，像他们一样冒着越过大海的危险。这当中有加西亚家族（Garcia）和梅内德斯家族（Menendez），烟草王朝真正的后代，他们在雪茄世界里占据了一个相当靠前的排名（现在依旧如此）。这一步至少不是通过以下方式轻松实现的，当他们在加勒比海的公司安定下来，并占据了重要的工作岗位时，西班牙国家提供了巨大的税收优惠。

当他们有点适应加勒比海的生活后，没过多久，佩佩·加西亚（Pepe Garcia）和本杰明·梅内德斯（Benjamin Menendez）制作了"蒙特克鲁兹"（Montecruz），一种用非古巴的烟草制成的雪茄，它应当会让人想起古巴雪茄

46

"蒙特克里斯托"（Montecristo），从前哈瓦那负责生产它。在美国公司"通用雪茄"（General Cigar）在20世纪70年代供应"本杰明·梅内德斯"雪茄之后，又引领了多米尼加共和国内"帕塔加斯"（Partagas）的生产（生产帕塔加斯雪茄的权利已归通用公司所有），在此期间"加西亚"和"梅内德斯"因人们的热爱又广销世界各地。

一个多世纪过去了，一些制作雪茄的人又一次离开了加勒比海岛屿。原因在于，西班牙于1986年1月1日加入了欧盟，因此被迫修改税收立法的某些章节，与欧盟达成一致。一些税收优惠被取消了——其中就有一些雪茄工厂一直在使用的税收优惠。这个情况在过去的几年里又发生了变化。"离岸"（Offshore）一词如今变成了咒语。正如在世界很多地方那样，人们最近允许加勒比海岛屿上成立"离岸公司"，它们位于自由贸易区，几乎不需要交税，但必须提供急需人力的工作岗位。这样对国家和有关公司双方都有好处。

如今在加勒比海岛屿上生产雪茄的公司，当然熟知制作雪茄的技能——制作雪茄最终得以在群岛上发展了几个世纪，并形成了一种能胜任最高要求的技能，以这个为背景，容易理解为什么加勒比海的不少品牌在抽雪茄的人中间获得很高的声誉。"孔达尔"（Condal）、"戈雅"（Goya）、"庄园"（Hacienda）、"潘娜米尔"（Peñamil）、"瓦尔加斯"（Vargas）——尽管这

些名字对全部雪茄爱好者来说并不是同一个概念，但是每种雪茄都在它们供应的地方有自己的客户群，因为每一种都有爱好者们想要看到的"Hecho a mano"这个标记。

另外，在七个岛屿中，拉帕马岛是充当加勒比海雪茄生产中心的岛屿。只有这里还生长着加勒比海烟叶——总共约五公顷的种植面积（呈略微减少的趋势）已经足够，这样不同的茄芯混合也能配得上当地的烟草。

至少每个在这里混合并用于做雪茄的茄芯中，会使用这种烟草。这些雪茄主要用来投放本土市场。因为拉帕马岛人（La

1998年，厄尔·巴索（El Paso）的市长在拉帕马（La Palma）岛上为当时的德国总理（同时也是一位雪茄爱好者），设计了这份礼物。

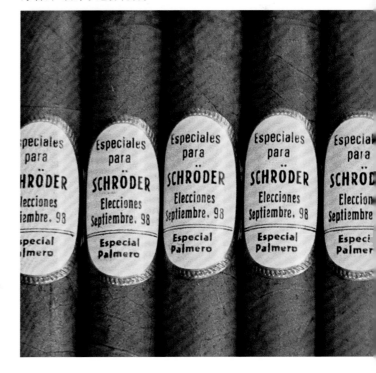

47

Palmeros）——拉帕马岛上的居民这样称呼自己，发誓忠于他们的这种味道强烈的黑色烟草。

亚洲

这个大洲上很多国家都种植烟草，例如中国和印度，但是对雪茄烟叶感兴趣的只有两个岛国：菲律宾和印度尼西亚。

印度尼西亚

这个东南亚国家的国土总共覆盖了17508座岛屿。但是在有人居住的6044座岛屿之中，对于种植雪茄烟叶很有兴趣的只有两个（大）小岛：爪哇和苏门答腊岛，它们——还有婆罗洲（Borneo）和西里伯斯岛（Celebes）——都属于桑达群岛（Sunda）。这两座岛屿上，几个世纪以来就在种植雪茄烟草。最后还有由此得来的经验，它们对印度尼西亚生长的高质量的烟叶做出了决定性的贡献。但是如果气候和地形条件不对——它们对从烟草种子的成长到烟草植物的完全成熟都极其重要，那上述的经验也没什么用。

苏门答腊岛拥有上述的条件。在岛屿的最北部，年平均温度为27摄氏度，肥沃的土地一部分来源于火山，一部分含沙和黏土，降雨量丰富，大量云层持续遮盖住天空，削弱了太阳的照射。这一切为种植雪茄烟草提供了理想的前提条件。

苏门答腊岛上采用的是单叶采摘。在约30天的干燥后，是为期六个月的发酵过程，发酵过程中烟草堆里的温度不得超过48摄氏度，这样烟草的香气和颜色都不会受到损害。

条件十分适合发展种植园经济的地区是棉兰（Medan），它是根据这个区域南部种植区界线上同名的百万人口城市来命名的。这个区域还生产了浅色的德里·沙烟叶（Deli Sandblatt），世界范围内供应的最贵的包叶之一。

但是可以购买到这个包叶的地点却不是苏门答腊岛，而是不来梅。对于这个情况需要做一个简短的解释。1958年在苏门答腊岛上对烟草有发言权的荷兰公司被剥夺财产后，国有企业控制的烟草种植继续发展（如今还是如此）。但是，对于这么重要的原材料，人们并不清楚如何从中获得想要的东西。于是，已于1959年成立的德国-印尼烟草贸易公司（Deutsch-Indonesische Tabak-Handelsgesellschaft），简称为

等待加工的爪哇岛包叶。

DITH，接手了这项工作。如今仍然保持这个状态，作为雪茄生产者，想获得苏门答腊岛烟叶的人必须去在汉萨市全年都会举行的烟草交易所。只有这里才能预订到他想要的原料。

爪哇岛烟叶的情况则不一样。有兴趣的商人可以立刻买得到。尽管这里烟叶种植也是由国家控制的，但是经常不用从不来梅烟草交易所绕弯子也能直接买到。

因为苏门答腊岛的雪茄种植业在过去几年里明显下降，爪哇岛人开始尝试通过负责推动种植业的国家间密集的合作以及扶持大量雪茄生产者来弥补苏门答腊岛的损失。结果获得了巨大成功，在此期间不仅岛上最南部的巴苏基地区（Besuki），还有巴苏基北部的沃斯登兰登地区（Vorstenlanden），都产出了雪茄烟叶，这种烟叶既可以充当茄芯烟叶，也可以充当卷叶和包叶。

菲律宾

过去几十年里，菲律宾的雪茄工业陷入了某种形式的停滞。尽管还存在，但是情况不太好，因此雪茄世界对它没多少关注。可以看得到这里过去曾经存在过一种雪茄文化。位于马尼拉（Manila）及其周围的许多工厂将产品销往全世界，这些地方也是第一批雪茄目的地。当时，跟其他地方一样，人们赞叹着菲律宾的雪茄生产工艺。从这里人们可以在这个岛国身上看到一个来源于16世纪末17世纪初的传统。

菲律宾的单叶采摘。

过去的几年里，这个传统又复活了，在此期间又出现了几个完全能经受住国际考验的白金品牌。

北美洲

一支非常不同寻常的雪茄——意大利的"托斯卡诺"（Toscano），可能使用在美国中东部肯塔基州（Kentucky）生长的烟叶。但现在我们的目光要继续往东北方向看去，在那里，人们全身心地从事烟叶的种植。

康涅狄格州

如果把罗德岛州（Rhode Island）和特拉华州（Delaware）排除在外，那么康涅狄格州便是美国最小的联邦州，但从很多方面来说属于最重要的联邦州之一。17世纪初被荷兰人开垦，后来越来越多的英国移民到这里，直到 1635 年成立康涅狄格州，它是第五个同意美国宪法并加入新的州联盟的联邦州。

如今康涅狄格州的经济更主要是由航空公司和军备公司决定的，但是农业在这个新英国联邦州也起了一定的作用。如果奶牛养殖、家禽养殖和果蔬种植首先是为了给附近的大城市提供粮食而进行的，并因此获得了区域意义，那另一个农业则明显扮演了为美国国内外的大量生产者提供真正优质的原料这一角色。这里说的是用于雪茄生产、具有高度意义的烟叶——包叶。事实上，产自新英国联邦州的包叶在世界范围内都属于同类中最好的。但是，

美国从 20 世纪开始便使用童工收获烟叶，这是普遍现象。

在康涅狄格州种植包叶的第一次尝试——可能是用来自古巴和苏门答腊岛的包叶种子进行杂交，却根本没有成功。不管怎样，直到 19 世纪末，一些烟农在康涅狄格河肥沃的河谷用苏门答腊岛包叶种子进行种植的努力还没能带来预期的成功。

几年后人们再次进行尝试，这次结果好多了。首府哈特福德（Hartford）北边的康涅狄格河 3 万米宽的河谷里沙质的黏土看起来正适合这次尝试的古巴烟草种子的成长。人们便以它为基础开始种植，随着时间的推移，不断提高植物的培植和种植水平。

同时，康涅狄格荫植烟叶（Connecticut Shade），通过荫植方式种植的烟草，是全世界最好的包叶之一。原本它不应当是"荫植"，准确地说，是必须"放置在塑料布的阴影下"，因为康涅狄格州既没有热带的潮湿也没有自然防晒的厚重云层。如果人们不帮忙移开塑料布，把植物毫无遮挡地暴露在阳光之下，那么得到的就会是康涅狄格阔叶烟草，一种深色包叶，它覆盖了包叶颜色的整个色阶，从 Colorado Maduro 开始一直到 Oscuro 结束。

但是，得到的是康涅狄格荫植烟叶还是阔叶烟草都无所谓，因为康涅狄格的烟草是世界上人们最想要得到的包叶——因此也是最贵的。例如，如果康涅狄格荫植烟叶 1996 年时每公斤售价为 28 美元，那么第二年同样重量的售价则是 145 美元——价格上涨了 400% 多，可以说

50

是上升幅度过高了。美国公司"通用雪茄"对此会很高兴，因为它通过子公司"Culbro"控制了约三分之二的康涅狄格河河谷雪茄种植业。

近几年来，由于厄瓜多尔也生产了质量一样好的包叶，康涅狄格烟草的价格适当地停止了上涨，但也因此在竞争中变得更为有利，供求定律还在一直发挥作用。

中美洲

联系南北美洲之间的纽带，包括那些在这"第三个"美洲大陆上形成一个地峡的国家，这个地峡将加勒比海和太平洋以及加勒比海的岛国分隔开来。我们先来看看大陆。

墨西哥

长久以来，这个玛雅人和阿兹特克人的国家就是除古巴以外唯一能生产特纯雪茄的地方。首先，它位于圣安德鲁斯谷（San Andres Tal），谷里有一流的土地，可以使几乎所有能想得到的烟草植物良好地生长——不管是西班牙或古巴烟草苗，还是康涅狄格或苏门答腊岛的烟草苗。

这里当然也种植了本土的烟草，也就是生产 Negro 包叶的烟草，它的名字已经成为一套体系。由于它呈深黑色，因此会使某些看到它的人产生联想：面前的这根雪茄在抽的时候能"熏倒"一个人。但一般情况下，这种雪茄味道是相对温和的。

关于为什么墨西哥是一个特纯雪茄之国，还有一个十分有说服力的理由。直到不久之前墨西哥还留有一条法律，禁止生产非百分之百由墨西哥烟叶制成的雪茄。可以这样说，特纯雪茄是国家的规定。但是，生产方式没有被任何矫情的预先规定所决定。尽管如此，墨西哥还是生产了不少达到白金雪茄标准的长雪茄。事实上，墨西哥可以生产一系列白金雪茄。现在就有将近 24 个系列的白金雪茄，其中主要包括"圣克拉拉 1830"（Santa Clara 1830）和"特 - 阿莫（Te-Amo）"，这里只是列举出最出名的。

白金雪茄几乎只在之前提到的圣安德鲁斯谷生产，它在韦拉克鲁斯州（Veracruz）境内，就在墨西哥海湾上也被称作韦拉克鲁斯的港口城市往南约 150 多千米处。

墨西哥雪茄中心圣安德鲁斯谷的土地肥沃多产。一年可以收获两次。三月份，中美洲国家正面临干燥期时，这里的烟农却可以收获

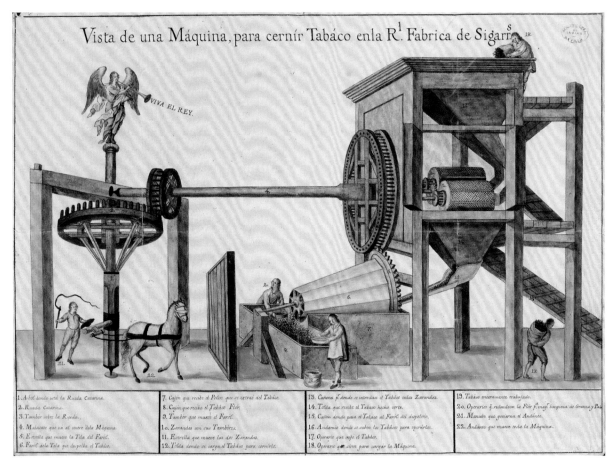

来源于18世纪墨西哥境内一台烟草碾磨机的水彩画,展示了真正的墨西哥工厂。

用苏门答腊岛种子培植的烟草,到了潮湿的六月还可以收获本土的烟草。这个山谷里不仅有绵延的大量烟草田,还有墨西哥的雪茄生产中心和小城圣·安德鲁斯·托奇特兰(San Andres Tuxtla)。除了"新玛塔卡潘烟草公司(Nueva Matacapan Tabacos)"(圣克拉拉1830)和"圣·安德鲁斯烟草公司(Tabacos San Andres S.A.)"(特-阿莫)两家生产商,圣·安德鲁斯·托奇特兰城里还有一些规模较大又拥有丰富传统的雪茄工厂。

尽管上述法律不再强制规定一根雪茄的组成,墨西哥仍然继续生产着许多特纯雪茄(Puros)。墨西哥第一批重要的雪茄工厂从19世纪30年代初就开始运作,长时间以来只生产特

纯雪茄(也只允许生产特纯雪茄),而且这些雪茄在全世界的雪茄客中也越来越受欢迎,那墨西哥为什么要打破这个传统呢?

洪都拉斯

中美洲雪茄工业的特色是生产大量白金雪茄,它的现状主要是由三件互相影响的事情造成的:古巴革命,之后的工业国有化,还有紧接着的美国禁运政策。这些事件使很多古巴人离开了家乡,同时也长久地改变了安德烈斯群岛主要岛屿上的社会关系。

迁徙的人群中也有一些烟叶制作者,他们在经过了真正的长途跋涉后在加勒比海的某个岛屿上安定下来,或者在中美洲的某个国家碰运气。首选的几个目的地是多米尼加共和国、

牙买加以及洪都拉斯。

这个位于加勒比海和太平洋之间的农业国家是拉丁美洲最贫穷的国家之一，1995 年人均国民生产总值为 600 美元。尽管这里种植了诸如豆类、小米、玉米和水稻之类的主食，但和同样十分重要的畜牧业一样，大多是小农经营，在农业经济中占了绝大部分比例的是香蕉产业，而香蕉产业绝大部分则控制在美国联营企业手中。另外，洪都拉斯还拥有丰富的矿藏，但对铅矿、金矿、银矿和锌矿几乎没有开采。旅游业也处于沉睡状态——这个国家的西部与危地马拉的边境上就是从前的玛雅中心科潘，一座巨大的废城，科潘被热带雨林完全挡住的大部分面貌直到 25 年前才开始被揭开，每年科潘都吸引数万名职业旅行者。在很多方面洪都拉斯都会令人想起沉睡的巨人。

但雪茄工业的情况却不是这样。尽管早在 18 世纪洪都拉斯便建立了第一批雪茄工厂，但直到大量流亡的古巴人到来并在这里安家立业，洪都拉斯的雪茄工业才开始蓬勃发展——一直保持到今天。1962 年，流亡的古巴人安卓·奥利瓦（Angel Oliva）——上世纪最重要的烟农和雪茄制作者之一，在科潘附近一个名叫圣塔·路兹（Santa Luz）的村子里种植了第一批烟草，也就是用他从尔塔阿瓦霍（Vuelta Abajo）带来的种子培植的。奥利瓦坚信他的努力会成功，但成功主要还是得益于他在这里发现的土地。最后事实应该证明了他是正确的。

如今，奥利瓦家族——伟大的安卓已于 1993 年去世——在这个国家的东部离尼加拉瓜的边境不远处开了一个烟叶农场。

玛雅遗址西部的 150 千米处有一座小城，它的名字也叫科潘——圣塔·罗莎·科潘（Santa Rosa de Copan）。这座城市里有一个名叫拉弗洛尔·德·科潘烟厂（Fabrica de Tabacos La Flor de Copan）的雪茄厂。它成立于 1785 年，尽管拥有 200 年的烟草历史，但是直到 20 世纪 70 年代中旬它才开始了真正意义上的繁荣，这也为它带来了国际声誉。它有幸从沉睡中苏醒。当苏醒后，为过去几年里洪都拉斯雪茄的成功发展做出了重要的贡献。从 1977 年起，这个城市里开始生产"季诺"（Zino）品牌的雪茄，它与"大卫杜夫"（Davidoff）一起最终在美国站稳了脚跟。由于美国的禁运政策，行家开的雪茄公

刚收获不久的烟叶。

唐·豪尔赫·布埃索（Don Jorge Bueso），是位于洪都拉斯科潘的传奇雪茄工厂"拉弗洛尔·德·科潘烟厂"的主席。

总统。但那是很久之前的事情了。那是1971年，洪都拉斯与萨尔瓦多之间不幸的"足球之战"的一年后。当时他只差一点就成功了。从那时起，布埃索·阿里亚斯博士就全身心地投入雪茄种植中去。

安卓·奥利瓦到达之后，另一个流亡的古巴人也为复苏洪都拉斯的烟草和雪茄业做出了重要贡献。弗兰克·利亚内萨（Frank Llaneza），他与雪茄烟叶一起成长，直到今天他还与雪茄联系在一起，因为他除此以外还领导了大量白金雪茄品牌的生产，当时他为美国比亚松（Villazon）公司工作。他很快就发现了洪都拉斯具备的可能性，并与奥利瓦一起合作。"比亚松"和"洪都拉斯美国烟草公司"（Honduras American Tobacos）——奥利瓦公司的名字，一起在离圣·佩德罗·苏拉（San Pedro Sula）不远的科夫拉迪亚（Cofradia）建立了一个工厂。圣·佩德罗·苏拉是洪都拉斯中仅次于首都特古西加尔巴（Tegucigalpa）的最重要的工业中心，另外同时也是当地雪茄生产中心之一。

直到今天科夫拉迪亚还生产"奥约·德·蒙特雷"（Hoyo de Monterrey Excalibur），还有其他品牌。这正是当时那个弗兰克·利亚内萨创造的，他以此证明了一个人可以既是一个杰出的商人，又是一个优秀的雪茄制造者。

顺便提一下，当美国人第一次抽"奥约·德·蒙特雷"雪茄时，一个著名的专业杂志的编辑对这个雪茄的质量热情爆发："奥

司虽然灵活，但凭借当时的哈瓦那雪茄也无法做到这一点。

拉弗洛尔·德·科潘（La Flor de Copan）是由豪尔赫·波蒂略（Jorge Portillo）领导的，公司主席是豪尔赫·布埃索·阿里亚斯（Jorge Bueso Arias）博士——他们两个都是洪都拉斯人，也就是当地人，这在中美洲的雪茄世界中很少见。阿里亚斯甚至还曾经竞选自己祖国的

约·德·蒙特雷雪茄是美国可以买到的最好的味道浓烈的雪茄……用一个味道测试证明它就是最好的雪茄，比之前（和现在）的古巴雪茄都要好。"毋庸置疑，蒙特雷绝对属于白金雪茄品牌，但是有时一些沙文主义的美国人还是觉得惊奇。

利亚内萨在科夫拉迪亚工作后不久，就为比亚松又建造了一间工厂，这次建在特古西加尔巴西边的一个中型城市丹利（Danli），距离尼加拉瓜的边境不远。丹利的工厂当时由艾斯特罗·帕德龙（Estelo Padron）领导，他同样也是一位流亡的古巴人。同时，弗兰克·利亚内萨也有另一个身份——如今他是比亚松公司的主席，他曾经为这个公司在洪都拉斯开发了新市场。

除了以上举出的，还有很多在洪都拉斯的雪茄工业中充当复苏因素的流亡古巴人。其中有两个是拉蒙·马汀奈兹（Ramon Martinez）和罗兰多·雷耶斯（Rolando Reyes）。他们在这里是许许多多"发展援助者"的代表，那些之前不得不离开家乡在洪都拉斯安家立业的人。

之前已经提到的丹利如今也属于雪茄烟叶的种植和加工中心，是的，这段时间里它甚至已经发展成一个在烟叶种植和雪茄生产方面获得巨大发展的地区的中心。那里还有内斯特·普拉森西亚（Nestor Plasencia）——很多人将他看作中美洲雪茄世界的外交官，作为各个世界间的漫游者（这里说的是洪都拉斯和尼加拉瓜）他引领了大量白金雪茄的生产。

所有这些活动导致在此期间洪都拉斯生产了大量顶尖品牌，这个趋势还在上升，这个国家生产的可算作白金雪茄的雪茄数量仅次于多米尼加共和国。这些雪茄中也包括那些可以算作特纯雪茄的，这同样表明洪都拉斯的雪茄工业还远没有将潜能都发挥出来。

尼加拉瓜

"尼加拉瓜生产的雪茄与古巴生产的雪茄几乎势均力敌。"——"埃斯特利（Esteli）和哈拉帕（Jalapa）周边地区对尼加拉瓜的意义，就跟

艾维里欧·吉普欧·奥维多（Evilio Jipio Oviedo），尼加拉瓜雪茄传奇人物，是中美洲最好的卷烟师之一。

布埃尔塔阿瓦霍（Vuelta Abajo）对古巴的意义一样。"——"过不了多久人们就无法从香气层次和质量上区分古巴和尼加拉瓜雪茄了。"

但是一场那样的内战没能将一切都毁灭！当时农业范畴里的其中一个产业处于惊人的蓬勃发展之中——在半个世纪的时间里，将近二十年的劳动力被花费在强权政治的祭台上，希望和幻想被毁灭了。在20世纪70年代中期——末期也一样，谁说了上边这段话中的任何一句，绝不会得到同情的摇头惋惜或者强烈的反对，人们会重视他说的话——只要谈话的对象对烟草和雪茄有所了解，因为在这个时期，一般说来，尼加拉瓜生产的雪茄仅次于哈瓦那雪茄。

内战毁灭了这个画面。这一切从1978年初

烟草之家：干燥室里的工作。

开始，反对派政客查莫罗（Charmorro）在一次选举大会上被专制者的支持者杀死。然后引发了一场普遍的人民起义，起义很快演变成暴力内战。尽管令人讨厌的专制者在1979年7月离开了尼加拉瓜，但是留下来的那个国家，不仅农田和建筑遭到了破坏，人民的精神也饱受伤害。后来当丹尼尔·奥尔特加（Daniel Ortega）领导的桑地诺政府最后开始着手通过改革措施再次推动萧条的经济时，才出现了希望。但是很快外界的不安因素又影响了这个国家：美国支持的右翼反动派在洪都拉斯继续武装反抗桑地诺。1985年美国对尼加拉瓜实行贸易禁运，至此这个中美洲国家的经济完全陷入停顿。

陷入停顿的当然也有烟草和雪茄工业。反动派与桑地诺的武装冲突主要发生在与洪都拉斯的交界区，也就是种植烟草和生产雪茄的区域，冲突期间一些种植园荒废了，一些烟草干燥室必须充当爆破小组的栖身地。

凭借其回归的政策，继古巴之后，美国又把国内雪茄客第二高级的"雪茄来源"夺走了。"该死的强权政治！"，阿拉巴马州和亚利桑那州、明尼苏达州和蒙大拿州、内布拉斯加州和内华达州，还有其他地方的不少雪茄友都这么想。

后来对他们来说这一切又再次变好了。从1990年开始，随着一个平稳政府的上台，尼加拉瓜开始重建，尽管各地的重建还很慢，但是已经有轻微回升，人们从整体上可以认识到，尽管缓慢，但它正在持续恢复——雪茄工业恢

复的步伐更快。随着每一次收获，这个处于加勒比海和太平洋中间的国家生产的雪茄质量都会明显上升，白金雪茄的数量也在持续增长。在此期间，不仅尼加拉瓜的白金雪茄数量增多，而且也生产了更多的特纯雪茄。

哥斯达黎加

这个中美洲国家，北邻尼加拉瓜，南邻巴拿马，面积只有5000平方公里，它在烟草种植乃至雪茄生产区域中仅处于第二位。

这里种植的雪茄烟草的数量相对较少，主要用作茄芯烟草，应当提到的几个为数不多的品牌是"巴伊亚"（Bahia）的"金典"（Gold）系列和"特立尼达"（Trinidad）以及"真实之花"（Flor Real）和"孤独神话"（Mythos Solitude）。

巴拿马

如果谁认为巴拿马只比同名的运河多生产了一点点东西，那他就大错特错了，在种植高级的雪茄烟叶方面也如此。这个国家的人造运河将太平洋与加勒比海连接在一起，在这个国家北部的奇里基（Chiriqui）省就生长了一种烟草，它对雪茄的生产来说不仅仅是适合那么简单，同时也毫不畏惧与其他产地的烟草相比。持续促进巴拿马烟草质量有两个因素，除了湿润温暖的海洋性气候外，主要还有养料丰富的土地，人们在奇里基省就可以找到这样的土地。

加勒比海

将加勒比海称为"白金雪茄的枢纽"绝对不夸张。这不仅指种植，也针对生产——仅在伊斯帕尼奥拉岛（Hispaniola）的东部，也就是如今多米尼加共和国的区域，就出现了第一批烟草种植园。就像如果有人将古巴称为"雪茄之乡"，不会有任何人来反驳他。

古巴

之前另一本书中几乎每两页就会联系到安德烈斯群岛上最大的岛，因此这里也应简短地说一下那些单独的种植区域。

东部有三个种植区，其中两个在岛屿的最东部，也就是古巴从前的首都圣地亚哥附近，第三个种植区在谢戈·德·阿维拉（Ciego de Avila）北边，谢戈·德·阿维拉可以算作古巴的中心，如果在这么长的一座岛上还可以说有中心的话。

雷梅迪奥斯（Remedios）地区毗邻最后一个种植区的西部。接着是帕蒂多斯（Partidos）地区，它从首都哈瓦那的西南边开始，以圣安东尼奥·德洛斯巴尼奥斯（San Antonio de los Bano）为中心。

在这个国家的最西部，比那尔得里奥（Pinar del Rio）省里有布埃尔塔阿瓦霍（Vuelta Abajo）种植区。前面不远，也就是东面，靠近哈瓦那，是赛密布埃尔塔（Semi Vuelta）地区。

以上所有拥有大量种植区的地区中，严格说来，只有一个区域生产的烟草满足后期加工成哈瓦那雪茄——完全手工卷制的长雪茄——的要求。请注意，这就是布埃尔塔阿瓦霍地区。

看起来布埃尔塔阿瓦霍地区得到了上天的馈赠——土地，它关系到烟草的种植，在地球上再也找不到第二个了。伴随着这种土地的还有一个常绿、起伏缓和的丘陵地区特定的气候。丘陵上到处突出小岩石，岩石上同样也覆盖着绿色的植被。当大量降雨的其中一次无意中与热带高温达到和谐时，许多小山谷上就会升起雾气，立刻萦绕在那里——看起来，薄雾的出现只是为了保护这块大地，这样它就不会被太阳烤干。

土地和气候形成了最好的前提条件，并给烟草植物提供了完全生长的可能。现在，重点就"只在于"所有混合师的经验和技术了。

最后还有一个奇怪的说明：新时代人们越来越常提到布埃尔塔阿里巴（Vuelta Arriba）地

移植烟草。

区。其实它最原始的意思并不是指一个区域，古巴人从几年前开始就这样称呼首都东边的雪茄种植区。因为雪茄业持续发展（国家迫切需要外汇），人们被迫重新借助这些地区生产的烟草，在此之前它们还没有被用于出口。这不会变糟糕，因为古巴生长的都是好烟草。不过"布埃尔塔阿里巴"这个概念还是让人混淆了。很明显，这里的人们是在尝试遮盖作为特定出口商品的烟草的确切来源。这是鸵鸟政策的一

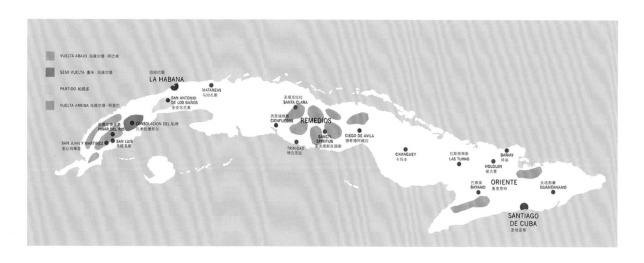

个经典例子。

牙买加

在古巴历史里的几次移民热潮里，几乎一直有移民在牙买加定居下来。他们当中也有雪茄制造者，这样安德烈斯群岛最南部的岛屿才能在雪茄生产和烟草种植上都拥有100多年的历史传统（主要种植的是茄芯烟草）。

今天牙买加仍然生产足足十二个白金雪茄品牌，但是这方面的趋势有些下降，不仅仅是因为一些像"圣殿"（Temple Hall）和"马卡努多"（Macanudo）的著名品牌已经移出牙买加，并在多米尼加共和国找到了新的家。

多米尼加共和国

多米尼加共和国作为 Republica Dominicana 从1865年开始已经独立，是将伊斯帕尼奥拉岛分割成两部分的两个国家之一。另一个国家海地（Haiti）位于西部，而多米尼加共和国则在东部占据了这个岛屿的大部分面积。海地占伊斯帕尼奥拉岛总面积的36.4%，多米尼加共和国则占据了剩余的广大面积。

尽管两个国家的人口数量差不多相同（约七百万），但在上个世纪，两国间经济发展的差距，即使没那么巨大，也明显两极化，也就是不利于海地。海地1983年人均国民生产总值还

维尔塔·阿巴霍（Vuelta Abajo）地区的中心：比那尔·德·里奥（Pinar del Río）。

59

大卫杜夫雪茄工厂一瞥。

增长做出主要贡献的是雪茄工业，因为在所有的经济部门中只有雪茄工业在加勒比海国家的经济增长率中占据了最大的部分。

当人们在这里用新式德语表达"繁荣"来取代客观的"增长率"一词时，就可以清楚地表明多米尼加共和国的烟草工业，但主要仍是雪茄生产，在上个世纪经历了多么巨大的增长。一些去过加勒比海国家的人有这样的印象，仿佛是这个繁荣抓住了一些多米尼加人，就像当初被对某种金属的心醉神迷驱使着从东方来到西方，寻找金子的美国人。如果说从前是"黄灿灿的金子"助长了人们对财富的期望，那这里就是"棕色的金子"推动了致富的梦想。总而言之，对那些金子的加工——也就是雪茄的生产——当时是多米尼加共和国内为数不多的几个有利可图的行业之一。

因为美国一如既往地对古巴推行禁运政策，美国国内对白金雪茄的需求被打断了，所以美国首先想起的是非古巴的加勒比海国家，那里也生产最好的雪茄，符合白金雪茄的标准并会唤起人们对原来的好哈瓦那雪茄的回忆。美国国内对雪茄的需求主要针对多米尼加共和国的生产者们，因为多米尼加共和国是白金雪茄产量最高和出口最多的国家。因为这种需求——除北美以外，还有欧洲这个重要的市场——一直没有减少，在多米尼加共和国那些种植烟草或生产雪茄的地区几乎每家的后院都有一个生产白金雪茄的工厂。这当然是夸张的说法，但

有 320 美元，到 1995 年时下降到 250 美元。同一时期，多米尼加的"平均"国民生产总值从 1380 美元上升到 1460 美元。

一边发展另一边却倒退，原因主要在于两国各自的政治发展。在政治持续不稳定的中美洲，过去的几年里，海地一直成为国际新闻的头条，因为这个国家一直要与国内的不安斗争，甚至还要平定类似内战的战争。而与此相反，多米尼加共和国的政治情况从 20 世纪 70 年代中期起就相对稳定。

在一个社会环境相对稳定的国家，工作当然也相对舒适一些。这也就可以解释多米尼加共和国在上述时期内（适度）的增长。为这个

是这表明了多米尼加共和国的雪茄工业发生了什么样的增长，以及为什么不是每个在那里当作白金品牌销售的品牌都达到白金的标准。

但出口商和生产者——既有北美人也有欧洲人——很快就擅长于分辨质量好和没那么好的雪茄，这样到达北美洲和欧洲的雪茄商店的那些白金雪茄一般都是对得起这个名字的，这当中自然也包括享有多米尼加雪茄声誉的那些雪茄。

在这个过程中，多米尼加共和国雪茄生产根本没有那么长的传统。尽管这里人们开始种植特别适合雪茄生产的烟草已经有一段时间，但是直到上世纪初加勒比海国家才开始生产雪茄。生产名符其实的白金雪茄开始得就更晚。这里起主要推动作用的也是流亡的古巴人，他们在上世纪末以及——之后更多——卡斯特罗夺权后离开了自己的家乡，去别的地方找一个

装得满满的贮藏室。

安身之地。他们大多经过辗转流亡才到达多米尼加共和国，最终在这里安家并重操旧业：做雪茄。在这里发现了生产好雪茄的理想前提条件的人是弗恩特（Fuente）、加西亚（Garcia）、门尼迪兹（Menedez）、克萨达（Quesada）和图拉劳（Torano）——最后这里，可以说在角落周围，生长了世界上最好的茄芯烟叶之一，（较温和的）多米尼加·奥罗（Dominican Olor 或 Olor Dominicano）。不久又生产了（强一些的）皮洛托·古巴里格路（Piloto Cubano）以及后来的味道浓郁的圣·维森特（San Vicente）烟草，它们是用移民者离开家乡时带走的古巴种子培植的。

其余烟叶则要进口。在这里种植本土烟草前，卷叶主要使用巴西、厄瓜多尔、洪都拉斯和墨西哥生产的烟草，而包叶则大多使用康涅狄格烟草和喀麦隆烟草，因为它们能与本土茄芯烟草完美地组合在一起。最近，人们开始更多地使用完全不逊于康涅狄格的厄瓜多尔包叶。在此期间，富恩特和"Tabadom"或"大卫杜夫"的亨德里克·凯尔纳（Hendrik Kelner）成功培植了符合最高要求的包叶。

培植高质量包叶的尝试已经有一段时间，因为伊斯帕尼奥拉岛具备与广阔的邻岛古巴类似的气候条件。安德烈斯群岛最大岛屿的东边与第二大岛屿的西北部相距仅 40 千米，一条向风通道将两个岛分隔开，古巴位于北纬 20 度以北，而伊斯帕尼奥拉岛在北纬 20 度以南延伸。

土地无法进口，风和其他气候影响因素同

成熟室：跟红酒一样，雪茄也需要静置到成熟。

样也不能，因此只能从生长出的何种质量、何种数量这些方面来比较不同的种植地区——那里正种植着香蕉或菠萝，葡萄或烟草。在雪茄烟草的种植方面，情况是这样的，古巴布埃尔塔阿瓦霍地区的土地是独一无二的——对许多专家来说也是最理想的，但是多米尼加共和国的大量田地也同样独一无二，这就是说各有千秋。这里还要申明一下，在一个非常小的地区生长但在不同的田地收获的烟草也会不同，即使有时只是细微差别。因此，说烟叶好还是差是多余的，还不如说说其他事情。例如一个人

更喜欢摩泽尔还是莱茵高的李斯陵白葡萄酒，当然也取决于每个行家的口味或者偏好。在这种情况下还要申明，例如摩泽尔的李斯陵白葡萄酒一般较酸这种情况，一个人可能喜欢，另一个可能不喜欢。

因为这种可能性，多米尼加共和国种植了用于生产白金雪茄的烟草的无数田地，当属世界上最好的土地之一。这些田地主要位于Cibao谷地——沿着多米尼加西北部的北亚盖河（Yaque del Norte）延伸的肥沃地区。再西边一点，在莫卡（Moca）周边，以及莫卡南边、

拉维加（La Vega）和博瑙（Bonao）周边同样有重要的种植区。这些地区生长的不仅有专用于茄芯的烟草烟叶，还有用于卷叶和包叶的烟草。这里还有一些大工厂，工厂里每年都有数百万雪茄离开了卷烟师的桌子。但是雪茄生产的中心是首府城市圣地亚哥的周边地区，以及这个城市本身和位于岛屿西南部的罗马纳（La Romana）。

正如我们已经说到的那样，多米尼加共和国是世界上最大的白金雪茄生产商。在这个加勒比海国家生产的所有品牌中，有400多个品牌可以佩戴把雪茄提高到贵族阶层的标签（这当中仅有100个~120个品牌被认为是真正的顶尖品牌）。多米尼加雪茄的口味一般从温和到中等强度，香气十分浓郁。但这个规则近期被证明有越来越多"味道强烈的例外情况"。还有一个情况不得不提，多米尼加雪茄——指的是100个~120个的顶尖品牌，加工卓越，因此能提供纯净的品吸享受。连那些刚刚开始抽雪茄的人也会为此高兴，但大多数情况下一支温和的"Dominico"已经足够了。

南美洲

当人们想到美洲的南部并将它与烟草和雪茄联系起来时，那首先出现在脑海中的是巴西，它在这方面有一个悠久的历史，但是在这方面有所作为的还有其他国家，有些甚至是令人惊讶的。

哥伦比亚

说到种植雪茄烟叶，确切地说，这个位于南美洲北部，西部海岸受太平洋海水的冲刷而北部受加勒比海冲刷的哥伦比亚，扮演着第二重要的角色。仅在哥伦比亚西北部的埃尔卡门（El Carmen）地区就生长了一种符合白金雪茄（大多用于茄芯）要求的烟草。

厄瓜多尔

一段时间以来，人们就在这个位于哥伦比亚和秘鲁之间的国家，种植为大多算作白金级别的雪茄生产提供顶级包叶的烟草。厄瓜多尔的地形被两个安第斯巨人钦博拉索山（Chimborazo）和科托帕希山（Cotopaxi）烙上了印记。因为这个国家通过其低地的雨林，科

南美洲：生产一支好雪茄最好的天然条件。

63

迪勒拉山系（Kordilleren）生长着海拔有3500米高的山地森林和云雾森林，以及热带气候，为雪茄种植提供了完美的前提条件。几年前，人们就开始培植康涅狄格和苏门答腊烟草种子，它们被特别用于提供高质量的包叶。

最后结果可能比看到的更好，苏门答腊烟草种子带来了十分令人满意的质量，而用康涅狄格烟草种子培植出的烟叶则更令人高兴。因此如今厄瓜多尔因为当地持续被云遮盖天空在一个自然的"阴影纱帐"下生长的包叶十分紧俏，尤其它们在质量上完全不害怕与"原始烟叶"（至少是康涅狄格烟草）相比。使用越来越多的厄瓜多尔共和国烟叶产品的主要是多米尼加的雪茄生产者，这不仅仅是因为它相对物美价廉。

对于天然的"阴影纱帐"还要说一句。当提到安第斯国家生产的烟草时有时也会使用Sun Grown或Virgin Sun Grown。这意味着"生长不受阳光影响"——指的就是尽管没有用纱布遮盖，但烟草植物几乎不受到直接的阳光照射这种情况，就跟种植康涅狄格荫植烟草（Connecticut Shade）的情况一样。

秘鲁

尽管这个南美洲国家不像其他地区一样拥有一定的烟草历史，但是科学家们也不会怀疑烟草（Nicotiana tabacum）最初来源于秘鲁

和玻利维亚的安第斯山脉的高原。当"大卫杜夫"2003年开了头，两个新"季诺"系列茄芯使用产于秘鲁的烟草而声名鹊起之后，这种雪茄烟草逐渐进入其他著名雪茄生产商的视野。

如今秘鲁的烟草主要种植在国家的北部，也就是安第斯山脉的东部山麓。它的强度中等，香气十分复杂。这种烟草拥有良好的燃烧表现，而且，正如我们之前所说的，十分适合茄芯混合，但是也完全可以作为卷叶使用。

巴西

巴西的雪茄种植可以追溯到几百年的历史。早在17世纪60年代这个国家第一个敞开了在全国正式销售烟草的大门。巴西凭借其850多万平方公里的面积几乎占据了南美洲一半的面积。

相反，巴西的两个主要雪茄烟草种植区看起来只有一点点儿地方。二者都位于巴西联邦共和国（República Federativa do Brasil）的东北部，也就是阿拉戈斯州的阿拉皮拉卡（Arapiraca）地区，以及南部约500千米处，位于巴伊亚州的雷孔撒弗（Reconcavo）地区。就在后一个地区与其他玛塔·苏尔（Mata Sul）、玛塔·诺特（Mata Norte）以及最主要的巴西烟草种植中心玛塔·菲纳（Mata Fina），这几个地区一起，已经通过在不少品牌名称中都可以找到的"巴伊亚"和"玛塔·菲纳"这两个描述，为许多抽雪茄的人熟知。

在拥有"烟草首都"Cruz das Almas 的雷孔撒弗地区除了豆子、玉米和木薯外，主要还种植雪茄烟草。也就是说，与加勒比海国家不同，数千名独立的耕作者每年七月底便开始在他们的小土地（这里叫作 Sitios）上收获最好的巴伊亚烟草。

这里的工序与中美洲进行的工序不同。如果说那里采用的是单叶采摘，那这里烟草的采摘与干燥是在整秆上进行的。这种收获工序保证了收割后重要的养分继续滋养烟叶，这样才能推进之后芬芳的烟草香气的发展。这里收获后就开始的发酵也发挥了作用，它持续六个多月，在这个过程中，烟草被捆扎成 1.5 吨以下的垛加热到 50 摄氏度至 55 摄氏度之间，通过这种方式去除了尼古丁、水和糖分。

尽管在收获前后有这样的照料，但是如果雷孔撒弗不是巴西土地最肥沃的地区，那烟农的投入也不会有多少回报。这里笼罩着年平均温度为 25 摄氏度的热带气候，另外还伴随大量

巴西传统雪茄：丹纳曼（Dannemann）。

降雨。因为这种气候和贴近巴伊亚海湾的地理位置，雷孔撒弗带着其对雪茄烟叶的种植极其理想的、略微沙质的土地，随时待命。

在继续往北的阿拉皮拉卡地区也能找到类似的条件。当丘陵上是黏土型土地时，平原上（也就是种植雪茄的地方）却是略微沙质并多孔的土地。与巴伊亚不同，阿拉戈斯州实施的是单叶采摘。连干燥也是将烟叶一片一片进行。这在包叶生产上又带来了一流的效果。

如果人们想比较这两个地区的烟草，那么，简单来说可以得出以下结论：雷孔撒弗的烟草香味浓郁，烟叶结构清晰；而阿拉皮拉卡的烟叶香味较少，烟叶结构精细。与印度尼西亚的烟草类似，巴西生产的雪茄烟草也具备很高的出口率。这就是说，从百分比上来看，这个国家，不像加勒比海国家一样远没有生产出那么多用于出口的雪茄。尽管巴西也生产获得国际认可的白金雪茄品牌，但是现在还跟以前一样需要申明，巴西的大部分雪茄烟草作为畅销的原料流入世界各地。

品种和类型：关于雪茄的十二个关键词

特纯（Puro）

在西班牙语中，Puro 只有"雪茄"的意思，但也可以作为形容词与"特有的""真的""纯净的"或"纯的"连用，来对一个对象进行详细描述，因此在雪茄世界里，当说到一支仅由在自己国家收获的烟叶卷制的雪茄时，才会用"特纯"这个词。这样一来，哈瓦那雪茄总是特纯雪茄，还有洪都拉斯和尼加拉瓜，尤其是墨西哥，生产了大量特纯雪茄。连多米尼加共和国也生产了第一批特纯雪茄。

必须注释一下，特纯这个词仅仅是对使用的烟叶做出的说明，与其优良特性毫无关系。还有，例如说到"洪都拉斯特纯雪茄（Pure Honduran）"，那么便说明生产雪茄时只使用了产自洪都拉斯的烟叶，尽管雪茄是在另一个国家卷制的。

标力高（Belicoso）

是指一支粗一些、顶端逐渐变细的雪茄（一般环径至少达到 52），它可以归于双尖鱼雷（Figurado）一类，对卷制工艺有一些要求。

双尖鱼雷（Figurado）

通常情况下，雪茄顶端呈圆锥形，顶端与点燃端之间大多为圆柱体，包裹在茄衣里的几层烟叶相互平行地排列着。而形状偏离了这个标准的雪茄，被称为双尖鱼雷。如标力高（Belicoso）、金字塔（Pyramide）和鱼雷（Torpedo）都属于双尖鱼雷。卷制这类雪茄，需要经验丰富、手艺精湛的卷烟师。

白金雪茄（Premium-Zigarren）

尽管它只占了约 1.5 个百分点，但（几乎）一切还是以它为中心。这说的是每年在世界范围内消耗 1.5 亿支的白金雪茄（"白金"这个称号当之无愧）。在它面前，约 100 亿的"普通雪茄"黯然失色。"白金"这个称呼是否恰当暂且不提，可以确定的是白金雪茄必须满足三个条

三根标力高（从上到下）："罗米欧－朱丽叶（Romeo Y Julieta）"、"桑丘·潘沙（Sancho Panza）"和"玻利瓦尔（Bolivar）"

件。一是产品必须百分之百由烟叶组成；二是烟体长；三是雪茄必须是手工卷制的。

满足这三项标准的雪茄，主要产自加勒比海及中南美洲地区，有时也产自印度尼西亚和菲律宾。欧洲（除加那利群岛外）无法与之匹敌。原因在于，如果一个欧洲的手工工场用成本巨大的手工劳作生产雪茄，那么它对每支雪茄必然会开出一个昂贵的价格，使自己在现实中不能与产自上述地区、形成对比的白金产品竞争。

当然，没有任何事物能超越纯手工制作的雪茄。在这个方面，机器赶不上经验丰富的卷烟师的能力。另一方面，一支好的机卷雪茄只

白金雪茄总是手工卷制。

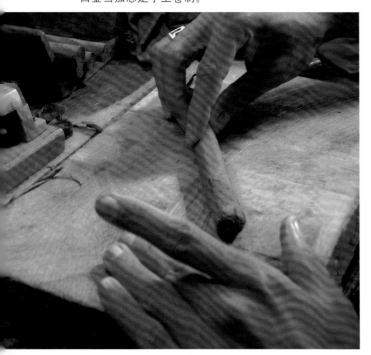

会比一支不够细致的手卷雪茄好一点点，因为最终差别仍然在于烟叶的质量和排列——尤其还在于人工卷法，这对于雪茄的好口味和使人满意的点燃情况是那么重要。

因此，不是每支白金雪茄都值得它索取的白金价格——在购买雪茄前和购买时尽可能详细地了解产品信息都是非常必要的。但最终，抽雪茄的人们没有一个真正地坚持雪茄世界里那三个绝对必要的、最重要的标准：尝试，尝试，再尝试……

复制品

这里必须提前声明，复制品指的并不是伪造品。举一个例子应该就能解释清楚，如果一个雪茄客在纽约走进一家雪茄店要买一盒"高希霸"，只要商店井井有条，那么雪茄就能顺利地递到他面前（只要他付得起）。雪茄客得到的是美国"通用雪茄公司"（GCC）在多米尼加共和国生产的"高希霸"雪茄，这个过程是完全合法的，因为商店没有用赝品欺骗雪茄客。"通用雪茄"可以生产这些"高希霸"雪茄，因为它对这个品牌名称拥有使用权。

这件有些混乱的事情要追溯到20世纪70年代海牙（Den Haag）国际法庭做出的一项判决。当时流亡的古巴人提出上诉，要求可以给他们在多米尼加共和国或洪都拉斯生产的雪茄，赋予之前他们在古巴领导下所生产雪茄的名字。

这当中也有一些品牌的使用权归个人或一个家族所有。

有权利的地方，也会有不少权利的不确定性。这在古巴和非古巴雪茄的双重名称上得到了体现，一些美国公司利用了这个机会。"高希霸"从未属于某个人或某个家族。但"通用雪茄公司"却可以使用这个名称生产和传播雪茄。它可能是什么时候从某个人那里买来了名称使用权。当然不是菲德尔·卡斯特罗（Fidel Castro）。也许是从"El Laguito"工厂的一位数年前曾在这座"哈瓦那圣殿"起领导作用（不一定是主要作用）的工人那里购得的？确切的情况已经无法追溯了，但一些可能的情况却是可以想像得出来的。

就像一件再稀奇古怪的事也会变得正常一样，所以目前情况演变成使用"罗密欧－朱丽叶"这个名字的有两个雪茄品牌，使用"帕塔加斯（Partagas）"的也有两个品牌，"蒙特克里斯托（Montecristo）"也有两个品牌，这里只是举出一些例子。因此下页的表格列举了所有目前或直到不久前还在销售的品牌，这样当雪茄客要在两个"玻利瓦尔（Bolivar）"中艰难地做

出决定时，可以不致失去方向。

事实上他只可能在免税店里才会面临这样的选择，因为在一个销售古巴"帕塔加斯"的国家里根本不允许售卖多米尼加共和国生产的"帕塔加斯"。这是由于"Habanos S. A."与有关品牌的各个"第二拥有者"——大多为美国公司——之间的市场协定。当美国对所有或者特定的古巴商品实行禁运政策时，这种情况可能会变成麻烦。

荷兰类型

当提到机卷短雪茄时，偶尔也会提起"干型"这个说法。"干"这个词并没有完全表达出事情的本质（"欧式"这个词更合适），因为当茄体是用巴西和加勒比海烟叶卷制而成时，仍然会出现那种使用加湿烟盒方便保存的短雪茄。那些主要使用印度尼西亚烟草的雪茄，也就是使用苏门答腊岛烟草做茄芯，爪哇岛烟草做卷叶，然后用苏门答腊沙质烟叶做包叶的雪茄，储存时不需要加湿烟盒——即便是长时间储存，因此在这点上是没有任何问题的。欧洲生产商的许多雪茄都属于这一类，尤其是那些产地在比利时、丹麦、德国、荷兰、奥地利和瑞士的生产商。

现在和之前的哈瓦那品牌的复制品

贝琳达（Belinda）	洪都拉斯
玻利瓦尔（Bolivar）	多米尼加共和国
库巴那斯（Cabanas）	多米尼加共和国
西福恩特斯（Cifuentes）	牙买加
埃尔雷伊·德尔蒙多（El Rey del Mundo）	洪都拉斯
丰塞卡（Fonseca）	多米尼加共和国
丰塞卡佳酿系列精选（Fonseca Vintage Selection）	多米尼加共和国
亨利克莱（Henry Clay）	多米尼加共和国
亨利克莱哈瓦那 2000（Henry Clay Habana 2000）	多米尼加共和国
奥约·德·蒙特雷（Hoyo de Monterrey）	洪都拉斯
奥约·德·蒙特雷·埃克萨利博（Hoyo de Monterrey Excalibur）[1]	洪都拉斯
乌普曼（H.Upmann）	多米尼加共和国
乌普曼盒装精品（H.Upmann Cabinet Selection）	多米尼加共和国
乌普曼庄主珍藏（H.Upmann Chairman's Reserve）	多米尼加共和国
乌普曼特别精选（H.Upmann Special Selection）	多米尼加共和国
乌普曼 2000（H.Upmann 2000）	多米尼加共和国
比雅达（Jose L. Piedra）	尼加拉瓜
拉科罗纳（La Corona）	多米尼加共和国
拉弗洛尔·德卡诺（La Flor de Cano）	多米尼加共和国
拉格洛里亚·库巴那（La Gloria Cubana）	多米尼加共和国 / 美国
拉格洛里亚·库巴那精选（La Gloria Cubana Selection d'Oro）	多米尼加共和国
蒙特克里斯托（Montecristo）	多米尼加共和国
蒙特克里斯托艺术系列（Montecristo Cigare des Artes）	多米尼加共和国
帕塔加斯（Partagas）	多米尼加共和国
波尔·拉腊尼亚加（Por Larranaga）	多米尼加共和国
庞奇（Punch）	洪都拉斯
金特罗（Quintero）	洪都拉斯
拉斐尔·冈萨雷斯（Rafael Gonzalez）	洪都拉斯
拉蒙·阿万斯（Ramon Allones）	多米尼加共和国
罗密欧－朱丽叶 1875（Romeo y Julieta 1875）	多米尼加共和国
罗密欧－朱丽叶佳酿系列（Romeo y Julieta Vintage）	多米尼加共和国
圣路易斯·雷伊（Saint Luis Rey）	洪都拉斯
圣路易斯·雷伊收藏专选（Saint Luis Rey Reserva Especial）	洪都拉斯
特立尼达与赫尔曼诺（Trinidad y Hermano）	多米尼加共和国
特洛伊（Troya）	多米尼加共和国

---

[1] 在也销售古巴"奥约·德·蒙特雷"（Hoyo de Monterrey）的国家可以以"埃克萨利博（Excalibur）"这个名字买到的复制品牌。

欧洲雪茄业可以追溯到一个悠久的历史，常常甚至比一些加勒比海国家的还长，例如多米尼加共和国，也就是如今生产白金雪茄最多的国家。上述历史当然包括早期工业化国家在看起来合适的领域引进机器。投入机器卷制雪茄很快就被很多工厂采用，这种生产方式在中欧以及北欧国家的雪茄工厂内发展起来。但是机器只可以加工用短烟叶段制成的茄芯。这里的烟草段并不是质量差的"烟草残渣"，而是几厘米长的烟草段，从用于低价位雪茄消耗品的原料中剔除出来的，一般来源于高质量的烟草。这种制造方式给茄芯的组合提供了一个很大的发展空间，因而生产的雪茄在抽雪茄的人中能很好地持续发展，甚至非常受欢迎，如今在许多雪茄客当中也仍然深受欢迎。

"荷兰类型"或"欧洲类型"这样的描述与一支雪茄的质量没有任何关系。将欧洲生产的雪茄与加勒比海生产的相比较很困难，就好比拿苹果与梨相比较。

当"HTL"也参与到游戏中来时，更有问题了。HTL是"均匀的烟叶（homogenized tobacco leaf）"的缩写。这里指的是充当机卷雪茄卷叶的带状烟草。为此精磨的烟草和黏合剂被加工成烟草替代品，主要采用85%的烟草和15%的黏合剂这种混合比例。尽管用好的带状烟草制成的卷叶总是优于100%烟叶制成的差卷叶，但一般情况下，"100%烟叶"是一个应当注意的质量标志。

现在市面上有许多质量上乘，用100%烟叶制成的雪茄。它们大多由拥有丰富经验的欧洲生产商引入市场，这些经验是他们在采取这种生产方式的历史中再次发现的。这里产生了高质量、提供纯净的品吸享受的短雪茄。

带有"荷兰类型"这个附属标志的雪茄，表明了位于荷兰的雪茄制作者一直处于欧洲领先地位，也表明来自这个郁金香和风车之国的不少推动力对欧洲雪茄的大部分地区产生了积极影响。

位于阿姆斯特丹历史悠久的"哈耶纽斯"（Hajenius）公司的商店更像一座"烟草圣殿"，而不是一个烟草制品商店。

奥古斯特·舒斯特（August Schuster）的"Brazil Trüllerie"是传统短雪茄。

短雪茄

提前申声明一下，严格算来并不存在属于"白金品牌"的短雪茄。另外还要补充一下，很多短雪茄在组合和制作工艺上都比占据"白金品牌"头衔的长雪茄好得多。

如果烟草质量很好，制作工艺令人满意，那么一根短烟叶制作的雪茄也可以带来舒适的享受，另外，如果充分利用短雪茄相对于长雪茄的优势，那么事实上不会有任何因素能影响

一支欧洲生产的雪茄烟带来的品吸乐趣。在这种情况下称之为白金雪茄根本不会让人觉得不恰当。

与制作长雪茄使用的少量烟叶相比，短雪茄的优势在于，许多小烟草段提供了更多组合的可能性。

中型雪茄

标注为"中型雪茄"的特点是卷烟台残渣（Table scrape）。这是在生产长雪茄时出现的"残渣"，也就是在裁剪包叶的过程或在卷制后将雪茄剪切成规定的大小时产生的。

与短雪茄不同，这里用于茄芯的烟草不是切下的，而只是拔下或拉下的，这样就产生了3厘米～5厘米长的烟草条。茄芯由此获得了更好的质量，之后也被用作生产长雪茄使用的烟叶。卷烟师先借助于卷烟工具将茄芯和卷叶卷成烟卷，最后再用手将它与包叶紧紧地卷在一起。

上边说的残渣并不是质量差的烟叶，而是起初用于制作长雪茄的烟叶。因为使用的是之前用于生产短雪茄的烟草（它比较容易令人接受），中型雪茄相对于长雪茄而言更为物美价廉。这使得荷包不总是鼓鼓囊囊的抽雪茄者很高兴。

"大卫杜夫"六年前以"私人珍藏中型雪茄"（Private Stock Medium Filler）开了头之后，市面上出现了越来越多"中型雪茄"的品牌和系列。

长雪茄

"长雪茄"描述的是那些只用长的或者完整的烟叶制作的雪茄，它在任何情况下都是人工卷制的。尽管也有机卷的长雪茄，但它们是规律中的例外情况，众所周知，没有例外情况也就没有规律。

另一个规律是一支手卷长雪茄通常由五片烟叶组成，三片构成茄芯，也叫作 Tripa，一片构成卷叶（Capote），一片构成包叶（Capa），包叶最终为雪茄画上了圆满的句号（希望如此）。

有权使用"白金雪茄"这个名称的长雪茄的明显特征是良好的燃烧和品吸表现，还有各

个"烟草要素"的组合。这项工作是总调配师（Ligador）的职责，他在这里被赋予了一个特殊的责任，但远不像卷烟师那样为众人所熟知。如果混合不正确，即便最好的卷烟师也无法生产令人信服的产品。

哈瓦那

哈瓦那，古巴共和国的首都以及同名的省会城市，作为直辖市被称为 Ciudad de la Habana，在墨西哥湾拥有一个天然港口，它的居民约 200 万人口，占地面积约 727 平方公里。这些是一个城市的基础信息，在列举这些信息时，不少当代人，如果他们不是坚定的雪茄客的话，会想起在举世闻名的热带歌舞夜总会（Cabaret Tropicana）里作为舞女但不仅仅展示大腿的古巴妇女裸露的长腿。尽管也有许多雪茄客在听到哈瓦那这个名字时会先想起赤裸的皮肤。但是这不是上文说的舞女的皮肤，而是那些在大厅里日复一日在自己赤裸的大腿上卷制成百上千支雪茄的棕色皮肤的漂亮妇女。跟许多与加勒比海枢纽联系在一起的事情一样，这也是传说。

单是古巴首都的原名——哈瓦那圣克里斯多（San Cristobal de La Habana）——就能使这座城市里的繁忙景象栩栩如生起来。这里奏着萨尔萨舞的音乐，萨尔萨舞是一种将非洲古巴爵士音乐、墨西哥乡土音乐（Ranchera）、伦巴、巴萨诺瓦（Bossa Nova）和拉丁摇滚音乐以及

用于长雪茄的"基础材料"。

波多黎各农民音乐（Jibaro）的元素融为一体的舞蹈，它可以追溯到 20 世纪 30 年代和 40 年代的通俗古巴舞曲。这唤醒了人们对那个时代的回忆，那时这个城市像磁铁一样吸引了大量冒险者、花花公子、权贵、赌徒以及那些视享受高于一切的人。美国就在不远处的地方，而迈阿密所禁止的东西很早以前在哈瓦那就已经开放了，但是花一把美元就可以让不合法成为合法。迈阿密充满了酒吧和妓院，咖啡馆和赌场，

饭馆和舞蹈俱乐部，旧城历史悠久的殖民建筑则提供了一个与街道、院子里的繁荣景象不符的剪影。拥有一些财产的人——许多人都这么做——把年轻的古巴小姐搂在怀里，桌上放着一瓶高度的红酒，嘴角叼着一根雪茄，以此来标榜自己的财富。

是的，哈瓦那雪茄，到这时它们早已成为财富和权力的一个象征。那些可以一支接一支地抽哈瓦那雪茄的人以此向所有人宣布，他们

位于哈瓦那的举世闻名的拉巴斯（Malecon）港口。

"做到了"。雪茄还是高贵的生活方式的同义词，因此可以说雪茄仅活动在"上流圈子"里，银行家和大工业家，或将军与部长，或德高望重者与达官显贵，或雕刻家、作曲家、画家、音乐家和作家都属于这个圈子。

这一切大约从 200 年前开始。人们记载下了这一年：1810 年。这一年不仅美国大陆上的第一家雪茄工厂，也就是康涅狄格州的哈特福德（Hartford）开始生产雪茄，而且哈瓦那的商标注册处还出现了一个名叫伯纳迪诺·朗屈雷尔（Bernardino Rencurrel）的人，他来登记他的名字用作商标，同时这也是他产品的名字。第一个哈瓦那品牌诞生了！

烟草种植者和雪茄制作者朗屈雷尔先生生产了多少雪茄以及他销售用自己的名字命名的雪茄多久了，并没有流传下来。不同的是，另一个也在这一年将雪茄名字注册商标的人却正如已被证实的那样十分成功。一直到 20 世纪，他的品牌仍然是市面上可购买到的最好最出名的哈瓦那雪茄，直到卡斯特罗决定"西波涅"（Siboney）只可以生产有四种型号的唯一一个系列，这个品牌才暂时结束。它的名字是"卡巴纳斯与卡巴贾尔"（Cabanas y Carbajal）。当这个领导人改正了他的错误时，那些被允许再次生产的哈瓦那品牌的名单上（开始）也没有它的名字。同时情况也发生了改变，因为"卡巴纳斯"（Cabanas）又生产了六种（机卷）规格的雪茄。

在上文提到的这个时间，也就是 1810 年，古巴已经有一些雪茄工厂，尤其集中在哈瓦那，但是朗屈雷尔先生和卡巴纳斯先生是第一个想将自己的雪茄登记为品牌的人。品牌的全称为"H.de Cabanas y Carbajal"，这也是生产这个雪茄品牌的工厂命名者的名字。这个可以在哈瓦那商业注册处查到的注册信息，记录了邻近工厂的销售许可商店，也证明了上述信息。在这个 1810 年（可能是具有历史意义的一年）登记的信息里人们还可以读到："弗朗西斯科·卡巴纳斯（Francisco Cabanas），出生于哈瓦那，未婚，在耶稣蒙特大道（Jesus del Monte Avenida）上开了一家商店，原先位于耶稣玛利亚大街（Calle Jesus Maria）。"

商标注册簿上的下一个跟雪茄有关的注册已经是 20 年之后，"波尔·拉腊尼亚加"（Por Larranaga）于 1834 年注册，因此这个品牌成为如今还在生产的历史上第二悠久的哈瓦那雪茄。之后，注册的间隔时间越来越短。但是在注册了的许多品牌中，只有下边这些一直幸存到我们这个时代："拉蒙·阿万斯（Ramon Allones）"（1837），"庞奇（Punch）"（1840），"乌普曼（H.Upmann）"（1844），"埃尔雷伊·德尔蒙多（El Rey del Mundo）"（1848），"罗密欧-朱丽叶"（1875），"奥约·德·蒙特雷（Hoyo de Monterrey）"（1865）。

古巴雪茄工业在这段时间内发展得如此迅速有很多原因。从 17 世纪中期开始，古巴收获的未加工烟草几乎全部海运到伊比利亚半岛，在那里，主要是在塞维利亚（Sevilla），烟草被加工成雪茄。约一个世纪后，古巴第一批殖民者的后代在继续发展了烟叶种植后，转而自己生产雪茄。之后，18世纪下半叶某个时候，塞维利亚的"皇家雪茄工厂（Königliche Zigarrenmanufakturen）"的雪茄制作者们在某次出口中发现，尽管从古巴进口的烟叶跟之前一样能承受海外之旅，但是它与少数也进行了海外之旅的哈瓦那雪茄里处于完美状态的烟叶完全无法相提并论，他们对烟叶的这种次等质量越来越不满意。结果，西班牙的雪茄生产逐渐衰退，而古巴同一领域的雪茄生产却在持续上升。直到世纪之交，西班牙工厂衰亡的钟声终于敲响。

接下来的时间里，很多拥有雪茄生产手艺的西班牙人离开了祖国，在古巴定居，继续从事这个还有少数人在做的工作，即生产雪茄。但是，哈瓦那雪茄在19世纪发生的蓬勃发展首先要归功于西班牙国王斐迪南七世（Ferdinands Ⅶ）的一项法令，这项法令在1821年生效。他在法令中允许之前一直处于西班牙统治下的古巴岛进行自由贸易。然后直到19世纪中期，工厂里的生产技术才获得巨大提高，雪茄质量得以持续提高，哈瓦那雪茄真正的繁荣开始了。

这个繁荣时期的其中一个见证者协助塑造了这个繁荣年代，度过了哈瓦那雪茄当时的衰落期，如今它仍然还是古巴雪茄生产的支柱之一。这里说的是热姆·帕塔加斯（Jaime Partagas）建立的工厂，1845年开始运作（一些文献说1827年，还有一些认为是1843年），从这时起这个工厂开始生产"帕塔加斯"（Partagas），它是拥有悠久传统并一直是古巴雪茄工艺招牌的哈瓦那雪茄之一。

公司的名字是"Flor de Tabacos de Partagas y Compana"，加上"Fabrica de Cigarros Puros"便是它的全称，在如今仍然是多变的哈瓦那雪茄史的标志的建筑物正面，人们还可以看到加大的题词"Real Fabrica de Tabacos"，它隐隐显露出当位于城市郊区的工业区520号的工厂开张时，工厂的拥有者唐·热姆（Don Jaime）怀有的自豪之情。

古巴革命的后果之一，对这个烟草和甘蔗之岛的经济方面引起大量改变的工厂如今叫作"Francisco Perez German"。这个新名字令人想起古巴的一位自由战士，就像哈瓦那另外五个生产用于出口的雪茄工厂名字一样。从前的"埃尔雷伊·德尔蒙多"（El Rey del Mundo）如今叫卡洛斯·巴黎诺（Carlos Balino），"乌普曼"（H.Upmann）被"何塞·马蒂"（Jose Marti）取代，"比雅达"（Jose L. Piedra）变成了"蒙卡达英雄"（Heroes del Moncada）工厂，当时的产地"拉科罗纳"（La Corona）如今使用"米谷恩·芬纳德斯·若吉（Miguel Fernandez Roig）"这个名称，从前著名的工厂不再叫"罗密欧－朱丽叶"，而是"布里奥内斯·蒙托托"。只有

1845 年成立的帕塔加斯工厂的总店。

"El Laguito"工厂没有用古巴英雄的名字重新命名，它出现的日期与"高希霸"的生产是同一天。

对于一个信念坚定的哈瓦那爱好者来说，历史悠久的雪茄工厂的新名字完全不值一提。所有雪茄客都习惯使用之前的名字，尤其它们大多与对应的品牌名一致，因此本书中也贯彻这个原则。当提到哈瓦那雪茄工厂——主要位于被联合国教科文组织（UNESCO）评为人类文化遗产的旧城——也就是工业建筑时，本书使用的总是历史名称。

直到前几年，人们才把各个雪茄工厂的缩写装在提供"古巴金子"的哈瓦那雪茄盒上，也就是代码的一部分，代码不仅告诉人们雪茄的制造地点，也使辨别雪茄包装日期成为可能。但是到现在这个情况有所改变了，现在代码中只包含包装月份。

但包装月份并不是一个哈瓦那雪茄盒的唯一标识。除此以外，在盒子的背面还有三个钢印。

"Habanos S.A."是对营销和出口负首要责任的古巴国家组织；另外，盖着"Cubatabato"印记的雪茄盒产自1994年之前，因为到1994年为止，这个国家组织负责推动同时也代表着古巴雪茄工业的利益。

不同的是，"Hecho en Cuba"钢印从1960年开始就已经存在，它被印成大写字母，表示出产国家；它同样也取代了另一个印记，因为在卡斯特罗夺权前，英语的"Made in Cuba"仍然表明了这个烟草和甘蔗之岛对美国的依赖性。而美国明显不在领导人卡斯特罗喜欢的国家范围内。

1989年，古巴人被迫在每个哈瓦那雪茄盒的背面加上了第三个钢印"Totalmente a mano"。因为之前欧盟的农业委员会在他们足够出名的空想制度中规定，只是部分手工卷制的雪茄可以配上"hand made"的标志。这样一来，用来表示只有包叶是用手卷制，而烟卷是机器卷制

哈瓦那雪茄节上的两个传奇人物，卡斯特罗参与拍卖"乐满哈瓦那"（Buena Vista Social Club）乐团成员康贝·赛康多（Compay Segundo）的帽子。

表明出产国家的钢印。

品质的表现：完全手工卷制。

的"hand rolled"标志被取消了。布鲁塞尔的官僚们忠实于少数人通过的政策，因此又给一个特定经济领域的许多生产者对产品提出的质量要求帮了倒忙。

"标签目录"的功能是通过书面文件来证明产品的真实性，而这里除了盖印和钢印外，还有两个标签从国家层面上完善了"标签目录"。

一个是1912年第一次使用的古巴政府质保印章，外形与美元纸币相像，另一个是带着一个简化烟叶的"哈伯纳斯（Habanos）"的标签，它就是"哈瓦那雪茄"的标志。从1994年起每个哈瓦那雪茄盒都装饰了这个标签，大多贴在盖子上方两个角的其中一个上。哈瓦那雪茄盒上除了通过盖印、钢印和标签表现的国家或半国家形式的产品和质保印章外，还有其他古巴石版画的王权标志。这样一来，打量哈瓦那雪茄盒的人首先看到的是封面，安装在盖子中间、作为生产公司或品牌名称的商标的图画。

尽管这些狭长的纸条纯粹出于实用性质的考虑，但它们的颜色也很花哨。它们被叫作Filetes，突出在雪茄盒的角落和边缘上，并将盒子密封起来，这样就保留了雪茄的香气。Tapaclavo是安装在钉子或弹簧锁上的（椭圆形或长方形）标签，大多表明生产公司，同时也起了密封的作用。

关于其他标签，这里还要提到两个装在雪茄盒内部的装饰物。一个是贴在盖子背面的Vista，另一个是印刷在纸片上的Bofeton，它与底板纸形成统一，保护哈瓦那雪茄，当人们将一支雪茄拿出来之前，要把Bofeton往前掀开。这两种图纸上大多使用颜色十分鲜艳的石版画，经常为浪漫主义风格，描述的是品牌历史中的重大事件。最后还必须要提的是商标纸圈（Bauchbinde），它使每支雪茄都保持各自的特色。

纯哈瓦那（Clear Havana）

纯哈瓦那雪茄也就是只使用古巴烟叶卷制的雪茄，如今人们还跟从前一样一直在生产

古巴政府的官方印章。

纯哈瓦那雪茄（Puro Havanas），但是"Clear Havana"却几乎不复存在了。因此，这里指的是从19世纪末开始流亡的古巴人在佛罗里达生产的雪茄。

1895年古巴人开始起义反抗征服者的后代，并在1898年引发了西班牙与美国之间的战争。就在这个时期，由于这座烟草和甘蔗之岛上恶劣的经济环境和不安定的政治环境，许多雪茄制作者离开了家乡，主要在基韦斯特（Key West）及周边地区、坦帕（Tampa）和依波城（Ybor）定居下来。就在依波城，如今的西坦帕，当时是城门前的一个地方，几乎每个月都有一家新的雪茄工厂开业。从19世纪末开始，仅在这三个区域或者说在它们的周边地区就有500多个这种形式的公司。因此，佛罗里达在雪茄生产方面成为一个小古巴，"首都"就是依波城。这个地方是1885年由一个叫维森特·马丁

内斯·依波（Vicente Martinez Ybor）的流亡古巴人建造的。在这个背景下也就不难理解，为什么依波城当时是世界上雪茄工厂最密集的地方，而且相对面积而言，这里的卷烟师比哈瓦那更多。

在卡斯特罗革命后，"Clear Havanas"经历了第二次繁荣时期，那时许多雪茄制作者离开了岛国，在佛罗里达重操旧业。当时这个位于美国东南部的联邦州几乎预订了可以买到的每捆古巴烟草，因为这时美国即将对古巴实行禁运政策的传言已经开始流传。结果，当预示了的禁运政策真正生效时，美国雪茄工厂，尤其是位于佛罗里达的雪茄工厂，货仓里几乎已经堆满了古巴出产的烟草垛。

但是所有储备都有用完的一天——因此事实上再也不存在"Clear Havanas"了。

非古巴的加勒比海雪茄

人们用这个词来表示来源于"加勒比海大区域"，但不是古巴生产的雪茄。这个广大的区域不仅仅包括位于加勒比海的国家，例如多米尼加共和国和牙买加，还包括属于大陆的国家，如洪都拉斯、墨西哥和尼加拉瓜，而巴西也不属于这个圈子。

赝品

是的，事实上市场上存在这些主要用于"劝诱"轻信的雪茄客购买并收取真品价格的雪茄。

哈瓦那雪茄盒上的识别标记采用标签、铭带、钢印等形式，同时它们也证明该雪茄盒是真哈瓦那雪茄的储存容器。但对于有经验的仿冒者来说，把所有识别标记仿制得能以假乱真，是件很容易的事情。

尽管凭借远远多于150条的识别标准，"Habanos S. A."的专家有可能通过仔细检查商标纸圈的位置和印刷以及钢印，或者包叶的颜色和强度，将假哈瓦那雪茄与真的区别开，但是大部分质量标志并不在一个雪茄爱好者的知识范围内。

还有一些雪茄客应当特别注意的富有意义的识别记号。真正的"哈伯纳斯"（Habanos）雪茄的雪茄盒外表平滑，而仿造的雪茄盒常常是不规则的；另外，"Habanos S. A."只使用黄铜制成的折页和搭扣，而赝品常常不是这种情况；然后，正品采用了一个特殊的程序，印刷字样较清楚，而赝品则常常模糊不清。

然后在"Habanos S. A."，那些把卷好的雪茄按照包叶的色差进行分类的颜色分类师（Escogedores）按照一定的规则把雪茄排列在雪茄盒里，颜色最浅的总在最右边，然后是第二浅的，颜色最深的在最左边（而仿造的雪茄排列常常不规律）；最后，真正的哈伯纳斯上商标纸圈的高度是精确的，能很好地保持一条直线，而且几乎不能移动，而赝品的商标纸圈（Anillos）大多很松。

另外，从1999年9月开始，所有哈伯纳斯的德国官方独家进口商进行贸易的哈瓦那雪茄盒都盖上了一个质保印章。印章上可以看

菲利特斯"Filetes"不仅将盒子密封起来，还保存了雪茄的香味，同时也是出产地真实性的另一个证明。

连从 1912 年开始使用的古巴政府质保印章有时也会被仿造。

到大写的 "Habanos garantizados y directamente importados de Cuba；第五大道产品；哈伯纳斯官方独家进口商；邮政信箱 201166；79751 瓦尔茨胡特－田根（Waldshut-Tiengen）；受到担保的、直接从古巴进口的原装哈伯纳斯"。最后，在印章下面还描绘了古巴岛的轮廓。

如果一个哈瓦那雪茄盒没有这个质保印章，它也可能是真的哈伯纳斯，假如它是从欧盟国家进口的话，例如西班牙。这样，这种混乱情况看起来就完整了。因此，在本书其他位置也有（并一直提到）的建议是，最好的质保是可靠的专业经销商。

如果不考虑哈瓦那雪茄的仿造品，那对雪茄客来说，在中欧和西欧没理由太过担忧。

另外，只有高价位的雪茄才值得仿制。没人会荒唐到仿制一支 1 镑、2 欧或 3 法郎的雪茄，因为这种情况下预期的收益无法不辜负实际投入，因此，除了少数特殊情况外，仿造者的目光除了哈瓦那雪茄主要就集中在"大卫杜夫"上。

然后，剽窃品主要在美国出售，因为那里由于对古巴的禁运政策以及一直以来对白金雪茄的大量需求，每个雪茄客一看到一盒哈瓦那雪茄而且可以买到，他们就会忽略其他因素，即使是不合法的。

还有，古巴繁荣发展的除了烟草外还有雪茄黑市，这对仿造者来说意味着巨大的利润，而且还是以美元的形式，对大部分度假的游客来说美元比国内的英镑、法郎或欧元更为松动。即便抽雪茄的游客买了一盒哈瓦那雪茄，并在他度假停留的期间检查雪茄的内容（这样就不必从海关私运雪茄），他大多会失望。因为非法销售的雪茄中只有约十分之一是赃物，也就是原装货，绝大部分是在某些后院用某种次原料制作的。用这种不可靠的方式制作的雪茄也大多运往美国销售。

在欧洲，长久以来，整体情况看起来则不那么令人担忧。在这里雪茄爱好者从信任的雪茄经销商那里购买到一个自称与真哈瓦那雪茄一致，但却毫无例外装着剽窃品的"几率"很低。行李中会装着上述赝品的人大多是游客、飞行人员和外交官，他们大多会直接销售这"烫手的山芋"，赶紧脱手。即使利润是那么让人心动，一个守信用的雪茄经销商也从不会参与一次这样的交易，因为雪茄客十分重视（也会慢慢评估）他购得的哈瓦那雪茄。尽管如此，欧洲的一个雪茄客也有可能成为赝品的受害者。

专业商店从外表上看也可能是一种享受。

当他的朋友从加勒比海旅行回来满面春风地递给他一盒"真"哈瓦那雪茄时，会出现这种情况。因此再次强调我的建议，购买雪茄时最好的保障来自一个守信用、正规经营的烟草商店，它每天都致力于（而且必须）捍卫自己良好的声誉。

版本

每年由古巴人作为"限量版"（Edicion Limitada）生产的大量版本（尤其是高希霸、奥约·德·蒙特雷以及帕塔加斯），还有"大卫杜夫"以及其他白金品牌，本书中对这些品牌的所有版本都没有进行描述，也根本无法描述，因为它们一直以有限的数量发行。而一本书永远不可能像一本杂志或一份报纸那样反映最新的情况，因此，在这本书的印刷墨迹干之前，书里描写的版本便停止销售，这种情况也是完全可能的。

我担保这里说的不是赝品，而是不同的大卫杜夫规格。

规格型号词典

90种规格，从绝世典藏到大众常见

人们用20个规格（见122页表格）涵盖了在世界范围内销售的除双尖鱼雷（Figurado）以外的几乎所有非古巴雪茄规格的种类。哈瓦那雪茄的规格明显更多，约90个，但与前者不同，它的数量是有限的。这种表面上的矛盾解释起来却很简单，每个哈瓦那规格的大小（见从123页开始的表格）是确定的，而对于国际常用的规格来说，几乎每个生产雪茄的工厂使用的都是它们认为对各自雪茄合适的大小。这样在原本适用于一个规格的大小限制内就产生了许多规格。举一个例子可能能将这个情况解释清楚——

"Panatela"[1] 规格的原始大小是长6英寸，环径为38。在长度上还有相当于约152毫米英寸长度的雪茄。环径从35开始，到39结束，长度在5到7英寸之间的雪茄，也就是140毫米~177毫米之间，也属于"Panatela"规格。这也就是说，关于毫米（简单起见），当长度处于140毫米~177毫米的长度差，那么仅在长度上就有38个"Panatela"规格。这个数字又因为允许的环径而翻倍，也就是5种环径，那么仅"Panatela"就有190种不同规格。

———————
[1]Panatela, 细长雪茄烟——译者注

因为古巴外没有哪个雪茄生产商严格遵守确定的规格，因此可能一个生产商生产的"Panatela"直径严格控制为13.7毫米，环径在34和35之间，可想而知，不同的规格就更多了。如果现在把其他规格考虑进去，当然也不要忘了双尖鱼雷，就像122页的表格表示的那样，在环径和长度方面必须把很多差别都考虑在内，这样人们很容易想象得出，可能的不同规格多得几乎无法想象。

古巴人让这个情况变得简单些了。如上文所述，共有约90种哈瓦那规格，通通精确到毫米。另外还对哪个规格是手卷，哪个规格是机卷，是长雪茄还是短雪茄进行了区分。90这个数字指的

不是不同规格售卖的名字（例如高希霸长矛雪茄 Cohiba Lanceros），而是生产名，在所有生产哈瓦那雪茄的工厂里这个名字都是一致的。

但即使在古巴的规格上，现实也为误解留下了足够的活动余地。因此下边这个例子就完全能想象得出了，在一个哈瓦那雪茄盒上除了品牌名外还写着"25 Petit Coronas"。这首先是生产公司在这种情况下还给雪茄赋予了商标名（Vitola de salida）"Petit Corona"。它的背后可能还隐藏了更多的生产名称（Vitolas de galera），不是（手卷的）"Mareva"规格就是"Petit Corona"，这些生产名称既可能是手工也可能是机器（Mecanizado）生产的。因此，应当注意哈瓦那雪茄盒背面的印刷字样，"Totalmente a mano"表示手卷长雪茄，而手卷短雪茄则会加上"TC"（"Tripa corta"）这个附注，机卷短雪茄只使用"Hecho en Cuba"。因此在121页至126页的表格中，为了更好地进行区分，手卷雪茄和机卷雪茄的生产名称是分别列举的。另外，对长雪茄和短雪茄也进行了区分。

另一个区分标志是每个雪茄的重量。本书中没有对重量进行说明。一方面是因为太多的信息常常会使人困惑，

另一方面，加勒比海雪茄的重量变化很小，即根据储存方式会略有不同。另外，有哪个雪茄客会在买雪茄时带上显示百分之一克的秤呢？因此，只要人们知道规格数据的内容，并关注生产名称而不是商标名，以后就足够有把握地购买符合各自标准的哈瓦那雪茄了。

这些区别不仅仅集中在哈瓦那雪茄上。如果像"Diplomat"或"Ministerin"这样的规格名称只是商标名，那"Lonsdale"既可以是商标名也可以是生产名称。一支以这个名称销售的雪茄远不必遵守"Lonsdale"国际通用的规格。还有问题吗？

但是缩写和表格有助于把持续出现的误解减少到最低。它们在丛林中为

人们指明方向，用"丛林"来形容规格信息毫不夸张。这样，感兴趣的人在选择喜欢的规格时都能获得帮助。

这样，每支大概在下午茶时间抽掉的雪茄不必都是"Churchill"这个规格，是的，它也可能是"Long Panatela"，而一支"Small Panatela"和一支不太长的"Short Panatela"也很有可能是正确的选择。

接下来是对最著名或者最畅销规格的描述，也就是那些雪茄客很喜欢询问的规格（Vitolas）。所有插图展示了原始大小的雪茄。

Almuerzo
午餐

这个哈瓦那规格名字的意思十分接近"午餐"。抽这种雪茄是否可以取代吃饭还有待验证，但并不排除有这种可能性。这个规格在一定程度上与国际通用的规格"Petit Corona"相似，长度是130毫米（≈5⅛英寸），环径为40

好友雪茄（Le Hoyo du Prince）——奥约·德·蒙特雷（Hoyo de Monterrey）的 Almuerzo 规格雪茄

（≈15.9毫米）。"Almuerzo"规格的雪茄完全是人工卷制的。品吸时间约为30分钟~45分钟之间。

Belicoso
标力高（战士）

这个名字说的是较厚的雪茄（一般环径至少为52），头部逐渐变细，因此对卷烟师的工艺有一些要求。参见"双尖鱼雷（Figurado）"词条。

Belvederes
贝佛得

较常见的一种哈瓦那规格，长125毫米（≈4⅞英寸），环径为39（≈15.5毫米），基本符合

左："罗密欧-朱丽叶（Romeo-y-Julieta）"的 Belicoso。
右："玻利瓦尔"的 Belvederes。

---

¹ 本书所标注价格均为亚太地区主流供应商的参考价格。由于雪茄价格每年都在浮动，请以实际为准。另，本书所有价格均以美元为单位。

L : 130mm
$: 410/25 支 ¹

L : 140mm
$: 377/25 支

L : 125mm
$: 85/25 支

"Short Panatela" 规格。这种规格（品吸时间约为 30 分钟 ~45 分钟之间）的雪茄既有手卷也有机卷的。

Breva 比华士

原本的规格名是由 "JLP" 这个缩写扩展而来的。JLP 的意思是"比雅达（Jose L. Piedra）"，一个哈瓦那品牌，该品牌的雪茄尽管全部是手卷的，但有些特殊的是，它们是短雪茄。因此也被称作 Tripa corta，第一个词的意思是"茄芯"，第二个词的意思是"短"。相反，这个规格的品吸时间约为 30 分钟 ~45 分钟，长 133 毫米（≈5¼ 英寸），环径为 42（≈16.7 毫米），可以比得上一支 "Corona"。

C Cadete 学徒

"Cadete" 的意思接近于少年，这里指的是小一些的规格，长 115 毫米（≈4½ 英寸），环径为 36（≈14.3 毫米），相当于一支 "Short Panatela"（品吸时间约为 30 分钟）。"Cadete" 这个哈瓦

左："金特罗"（Quintero）的比华士 Breva。
中："圣·克里斯多"（San Cristobal）的 Campana；
右："丰塞卡"（Fonseca）的 Cadete。

那规格的雪茄是人工卷制的。

Campana 坎帕纳

尽管这个古巴双尖鱼雷比传统"金字塔"短，但品吸时间相对较长（约 75 分钟 ~90 分钟）。这个规

L：143mm
$：105/25 支

L：140mm
$：620/25 支

L：115mm
$：127/25 支

格的手卷长雪茄长度是 140 毫米（≈ 5½ 英寸），拥有很大的环径，52 环径（≈20.6 毫米）。凭借这些特征，这个规格在长度和环径方面完全可以媲美"Robusto"。

Canonazo 公牛

这个生产名称（品吸时间约 70 分钟~90 分钟）是独一无二的，只有哈瓦那"高希霸世纪六号（Cohiba Siglo VI）"保留了这个规格。Canonazo 的意思是"公牛"，盖着"Totalmente a mano"的质量验讫章——"高希霸"总是如此，环径为 52（≈20.6 毫米），长度达到 150 毫米（≈ 5⅞ 英寸）。

Carlota 卡洛塔

"Carlota"这个哈瓦那规格长度为 143 毫米（≈ 5⅝ 英寸），环径为 35（≈13.9 毫米），相当于一支"Panatela"。"Carlota"规格的雪茄是手卷的。品吸时间约 30 分钟~45 分钟。

Carolina 卡罗来纳

右边小的哈瓦那规格，这个规格的雪茄是手卷的，长 121 毫米（≈ 4¾ 英寸），环径 26（≈10.3 毫米）。因此相

左：公牛 Canonazo，一个人们只能在"高希霸世纪六号"（Cohiba Siglo VI）身上找到的规格。
右："帕塔加斯"的 Carlota。

L：150mm　　L：143mm
$：1080/25 支　$：200/25 支

当于国际通用规格"Cigarillo"，品吸时间十分短（约 15 分钟）。

Cazadores 猎人

这个哈瓦那规格的名称正确翻译为"猎人"。在命名时想到了猎人，猎人最好能用雪茄缩短常常持续几个小时的等待猎物的过程。雪茄的品吸时间能

持续那么久是很难实现的。

但是既然一切都是可以想象的，那一根 Cazadores 不会在几分钟之内就被消灭也是有可能的（品吸时间约 70 分钟~95 分钟），这个规格的长度相应为 162 毫米（≈ 6⅜英寸），环径 43（≈17.1 毫米），因此它可以比得上一根值得敬佩的"Lonsdale"。

"Cazadores"规格的雪茄是长雪茄，只要这个规格的名字没有加上"JLP"这个缩写，因为加上缩写后抽烟者面对的就是一根手卷短雪茄（Tripa corta），它一方面在长度上（≈152 毫米）与对应的长雪茄不同，另一方面是品吸时间较短（约 45 分钟）。

左："罗密欧－朱丽叶"（Romeo y Julieta）的 Cazadores 样本。
中："维加斯·罗宾拿"（Vegas Robaina）品牌"经典 42"的 Cervantes。
右："帕塔加斯"（Partagas）的 Chico。

L：162mm
$：305/25 支

L：165mm
$：520/25 支

Cervante 塞万提斯

这个哈瓦那规格的命名是否为了纪念堂·吉诃德的创作者——伟大的西班牙诗人米盖尔·德·塞万提斯（Miguel de Cervantes Saavedra），并没有流传下来，但这完全是有可能的，因为在卷烟师们工作时朗读者也朗诵过他的作品。这个十分常见的规格长度为 165 毫米（≈ 6½英寸），环径 42（≈约 16.7 毫米），与传统"Lonsdale"的范围相同。"Cervante"规格的雪茄是手卷的。品吸时间约为 75 分钟~90 分钟。

Chico 小型

这个十分常见的小哈瓦那规格，品吸时间较短（约 10 分钟~15 分钟），长 106 毫米（≈ 4⅛英寸），环径 29（≈11.5 毫米），因此相当于一个"Small Panatela"的规格。"Chicos"普遍是机卷雪茄。

Churchill 丘吉尔

当说到一个真正伟大的规

L：106mm
$：56/25 支

右：178 毫米的 Churchill——"大卫杜夫庆典 No.2"（Davidoff Aniversario No.2）。

左：只有"特立尼达"（Trinidad）品牌还保留的环径为 48 的 Coloniales。

L：133mm
$：438/25 支

L：178mm
$：600/25 支

格时，这个最重要的英国政治家的名字每天都会在雪茄世界中出现。对许多行家来说，一支"Churchill"就是晚上安静的时候在一根大体积雪茄的陪伴下让白天的闹剧成为过去的正确规格，无论如何它都是一个膨胀的烟瘾的理想选择。

这个国际通用规格的原始大小是长 7 英寸（≈178 毫米），环径 47（≈18.7 毫米）。如果长度不超过 8 英寸，环径在 46~48 之间，那么人们总会称之为"Churchill"。用米为单位来表示则是长度在 171 毫米~202 毫米之间，而直径达到约 18.3 毫米~19.1 毫米。

"Churchill"这个名字首先代表着享受，但也代表着活力和自信。它总是与一支值得尊敬的雪茄联系在一起，尤其在烟草的世界中。

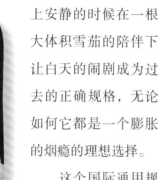

Cigarillo 小雪茄

这个国际通用规格中最小的规格传统大小是长 4 英寸（≈102 毫米），环径 26（≈10.3 毫米）。当长度小于 5 英寸，同时环径最高为 27 时，仍然属于"Cigarillo"。用米为单位来表示是，长度最长为 127 毫米，而直径不超过约 10.7 毫米。

Coloniales 殖民地

与"Reyes"、"Robusto Extra""Trinidad No.1"一样，只有"特立尼达（Trinidad）"这个顶尖品牌还保留这个规格。这个规格（品吸时间约 45 分钟~60 分钟）长 133 毫米（≈5¼ 英寸），环径 44（≈17.9 毫米），可与"Corona Extra"相媲美。尽管不必清楚地说明，但提示是不能缺少的：所有只为特立尼达雪茄创造的生产名称都配有"Totalmente a mano"的标签。

Conchita 肯奇塔

这个哈瓦那规格过去比较常用，现在只能偶尔见到。长 5 英寸（≈127 毫米），环径 35（≈13.9 毫米），等于一个"Short Panatela"。"Conchita"规格

"比雅达（Jose L. Piedra）"
的 Conserva。
L：140mm
$：91/25 支

的雪茄是手卷的，品吸时间
相对较短（约 30 分钟）。

Conserva 典藏

"Conserva" 的意思接
近"保存"。这个词里隐藏的
是一个长 145 毫米（≈5¾ 英
寸）、环径 43（≈17.1 毫米）
的哈瓦那规格（品吸时间约
45 分钟~60 分钟）。尽管这
个规格的名称会使人产生相
反的印象，一根"Conserva"
在购买之后完全可以立即品
吸。这个手卷的规格相当于
一根"Corona"。

"Conserva JLP"与它的同名兄弟
只有少许变化。短雪茄短 5 毫米，环径
略微厚一些（44）。

Corona 皇冠

"Corona" 的意思是"皇冠"，相
当多的雪茄爱好者相信这个规格配得
上这个称号，因为它拥有理想的大
小。一方面长度足够长（140 毫米 ≈5½

英寸），另一方面有值得敬佩的环径
（42≈16.7 毫米），给香气提供了恰当发
展的可能性。这样带来了一种品吸享
受，尽管持续时间没有很长，但对于好
的品吸已经足够。

选择规格时当然也跟选择雪茄品
牌一样。雪茄客可以自己找出适合自
己的规格。但做不做要看各人的意愿。

左："玻利瓦尔
（Bolivar）"正常的
Corona。
右：Corona Extra——
"特立尼达"（Trinidad）
的"Coloniales"。

L：141mm　　L：133mm
$：425/25 支　　$：437/25 支

95

"Corona"属于传统雪茄规格，一直以来还是最常用的规格之一。

当然市面上供应了许多这个规格的雪茄，其大小与原来不一致。长度在5¼到5⅝英寸之间（≈133毫米~145毫米），环径在40~44之间。古巴"Corona"的大小与传统的不完全相同，国际通用规格的环径为42，而古巴版本长度上要求多几毫米（142：140）。对于古巴"Corona"还要补充一下，这个规格的雪茄是手卷的（品吸时间约45分钟~60分钟）。

Corona Extra 特制皇冠

这个国际通用规格的传统大小为长5½英寸（≈140毫米），环径46（≈18.3毫米）。

当长度最少为4½英寸最长为5½英寸，

左："圣路易斯·雷伊"（Saint Luis Rey）的Corona Gorda。

右："Corona Grande"规格的"奥约都市雪茄"（Le Hoyo des Dieux）。

L：143mm
$：580/25 支

L：155mm
$：470/25 支

同时环径在45~47之间时，人们都称之为"Corona Extra"。用米为单位表示则长度间距从114毫米开始到140毫米结束，而直径达到约17.9毫米~18.7毫米。

Corona Gorda 大皇冠

这个十分常见的哈瓦那规格"Corona Gorda"在长度上与古巴"Corona"规格差别不大。人们明白这点，因为"Gorda"这个词指的是环径。"Corona Gorda"的环径也是46（≈18.3毫米），直径比"Corona"长约1.6毫米，而长度与同名兄弟几乎一样（143：142）。

如果将"Corona Gorda"与国际通用的规格相比较，那么人们第一眼就会惊呆了，因为"Grand Corona"这个准确的规格名称首先会让人联想到"Corona Grande"这个哈瓦那规格。后者在"Long Corona"中与国际一致。有时规格名称会令人很困惑，因此对不同规格表或哈瓦那规格表比较的目光有时也很值得（136页至140页）。"Corona Gorda"的品吸时间约60分钟~75分钟。

Corona Grande 大皇冠

"Grande"的意思是"重要的"，

这个哈瓦那规格 "Corona Grande" 长 155 毫米（≈6 ⅛ 英寸），比古巴 "Corona" 长一点，即 12 毫米。这个受欢迎的规格（此规格的雪茄为手卷的）环径为 42（≈16.7 毫米），尺寸上与国际通用规格 "Long Corona" 几乎一致。

一根 "Corona Grande"（品吸时间约 60 分钟~75 分钟）不能与 "Gran Corona" 混淆，因为后一种（哈瓦那）规格是在烟草和甘蔗之岛上生产的最大规格。

Coronita 小皇冠

与所有古巴 "Corona" 一样，这个较常见的 "Corotina" 规格拥有一定的人气。这个 "小皇冠" 长 117 毫米（≈4 ⅝ 英寸），环径 40（≈15.9 毫米），可以与 "Petit Corona" 相媲美。"Corotina" 既可以是手卷也可以是机卷的。

Cosaco 哥萨克

这个哈瓦那规格长 135 毫米（≈5 ⅜ 英寸），环径 42（≈16.7 毫米）。它与国际通用规格 "Corona" 完全相同。"Cosacos"（品吸时间约 45 分钟~60 分钟）是手卷雪茄。

左：包装好的一支 Coronita——"乌普曼"的 "Singulares"。
右："比雅达"的 Crema。

L：117mm
$：410/25 支

L：141mm
$：81/25 支

Crema 精华

这个哈瓦那规格是不是最优秀的，每个雪茄客有各自的见解。"Crema" 长 140 毫米（≈5½ 英寸），环径 40（≈15.9 毫米），在大小上与传统 "Corona" 几乎一致，因此它也属于人们爱抽的规格。

这里还必须指出它的一个特点——哈瓦那规格都会有一些特殊之处，"Crema" 的尺寸与 "Nacionales" 的尺寸几乎一样。唯一一个但是很重

要的不同在于 "Crema" 是手卷的，而 "Nacionales" 是机卷的。

出于完整的考虑，还必须提到 "Crema JLP"，一个短雪茄规格。它的尺寸是长 136 毫米（≈5⅜英寸），环径也是 40。

Cristales 水晶

这个古巴 "水晶" 没多少光泽，因为只在一个机卷的商标名中还能找到这个生产名称。这个规格长 150 毫米（≈5⅞英寸），环径 41（≈16.3毫米），尺寸与一个 "Long Corona" 绝对流行的规格一致，品吸时间也显然相同（约 45 分钟~60 分钟）。另外，与 "Cristales" 尺寸相同的还有 "Cristales mano"，只是生产方式不同（短雪茄）。

Culebra 蛇形

这里说的是最罕见的规格，但是由于它独特的形式这里绝不能把它漏掉。

"Culebra" 是西班牙语，意思是 "蛇"，因为这个规格一般

L：150mm
$：48/10 支

左："关塔那摩"（Guantanamera）的 Cristales。

右：Culebra——"Davidoff Special C"，它的三根雪茄长 165 毫米，环径 33。

也表现为三条缠绕在一起的 "游蛇"，彼此交织并用带子绑在一起，形成一个整体。尽管双尖鱼雷有很多不同的形式，但 "Culebra" 是这个特殊族群里最有趣的规格。

这个显眼的规格有悠久的历史。19 世纪中，西班牙工厂里的卷烟师们得到指令，按照这种方式卷曲他们每天生产的雪茄。作为三束捆扎在一起，它们也符合上边说的每天生产雪茄的数量。这么做的原因在于，通过这种方式，卷烟师难以将雪茄转售，这样就不会给国库带来税收损失。这种措施以及类似的措施如今已经不复存在了，但是卷曲这种雪茄的工艺却流传了下来。

正如上文所述，典型情况是三根缠绕在一起的 "Culebra"——当然每根都是围绕自己的轴线卷曲，呈现为一个小捆。古巴只有一个品牌还在投资生产这种小捆雪茄——"帕塔加斯"。但是这个古老的工厂里的卷烟

L：165mm　$：400/8 支

师似乎忘掉了卷制这个规格的高级技巧，因为"帕塔加斯"的"Culebras"是机卷的，长146毫米（≈5¾英寸），环径39（≈15.5毫米），品吸时间约45分钟~60分钟。

与此相反，多米尼加共和国的一些卷烟师具备与这个规格有关的所有对应技艺。无论如何，"大卫杜夫"于1997年使这个雪茄形式再次复苏，从那个时候起便以"Special C"为商品名进行生产，"C"明显指"Culebra"。它与古巴的"Culebra"尺寸不同。每个"Special C"环径33（≈13.1毫米），长165毫米（≈6½英寸）。

Dalia 达利亚

这个哈瓦那规格的雪茄是人工卷制的，长170毫米（≈6¾英寸），环径43（≈17.1毫米），可以与"Lonsdale"规格相媲美。品吸时间约75分钟~90分钟。

Delicado 高贵型

"Delicado"可以翻译成"高贵""轻柔"，后者对于这个手卷的哈瓦那规格并不太适用。相反，它的长度相当长，有192毫米（≈7½英寸）。一根"Delicado"环径为38（≈15.1毫米），茄体瘦长，因此"高贵"这个定语更合适。另外，对于喜欢"Long Panatela"的人来说，它也绝对是一个高贵的事物。品吸时间约75分钟~90分钟。

Delicado Extra
特制高贵型

尽管这个（同样是手卷的）哈瓦那规格的名字会令人猜测尺寸很大，但事实并不是如此。"Extra"长185毫米（≈7¼英寸），因此相对于"Delicado"而言，"Extra"的要求较低一些。在环径上情况也一样，"Extra"的环径为36（≈14.3毫米）。相反，它的品吸时间与对应的国际通用规格一致。

左："玻利瓦尔"的一根"巨型（Inmensas）"，Dalia规格。

右："古巴荣耀"（La Gloria Cubana）的"奖章一号"（Medaille d'Or No.1），它是传统的 Delicado Extra 规格。

L：170mm　　L：185mm
$：600/25支　$：400/25支

Delicioso 美味

这个手卷的哈瓦那规格长 159 毫米（≈6¼ 英寸），环径 33（≈13.1 毫米）。正如这个西班牙语名所表示的那样，它是一个完全"适度的"规格，相当于"Slim Panatela"。至于这个规格的雪茄是不是真的很"可口"——因为规格名令人有这样的感觉——，每个雪茄客都会有自己的意见。品吸时间约 30 分钟~45 分钟。

Demi Tasse 小雪茄

这个哈瓦那规格的品吸时间很短（约 15 分钟），长 100 毫米（≈3⅞ 英寸），环径 32（≈12.7 毫米），因此属于"Small Panatela"

左："大卫杜夫"以"Double R"为商标名生产了"双罗布图（Doppelte Robusto）"，但这个规格长 165 毫米，直径 19.8 毫米，与 Double Corona 规格完全一致。
右："蒙特克里斯托"（Montecristo）的 Edmundo。

L：165mm
$：690/25 支

L：135mm
$：391/25 支

一类。这个规格的雪茄是机卷的。

Double Corona 双皇冠

对"Churchill"不满意的人最好选择这个规格，但在国际通用规格的传统尺寸上，它比"Churchill"长了约 20 毫米，直径比"Churchill"更大。

这个国际通用的规格传统尺寸为长 7¾ 英寸（≈194 毫米），环径 49（≈19.5 毫米）。当长度最小为 6¾ 英寸，不超过 8 英寸，同时环径最低为 49 时，也属于"Double Corona"规格。以米为单位表示则是长度从 171 毫米开始到 202 毫米结束，而环径必须不小于 49。

Edmundo 埃得蒙

就在不久前，古巴的顶尖品牌"蒙特克里斯托（Montecristo）"通过推出一个新的规格获得了强大的新生力量。这个规格就是"Edmundo"（品吸时间约 75 分钟~90 分钟），长 135 毫米（≈5⅜ 英寸）、环径 52（≈20.6 毫米）的矮壮规格。这样，这个手卷的规格在长度和环径方面很容易与"Robusto"进行比较。

Eminente 优秀

对于一个雪茄客来说，这个手卷哈瓦那规格已经很"优秀"，但是正如这个名称给人的印象，从市场能力方面考虑，"Eminente"却不那么"优秀"，它属于不太常见的规格。但是凭借其 132 毫米（≈5¼ 英寸）的长度和 42（≈16.7 毫米）的环径，它属于受欢迎的"Petit Corona"规格。品吸时间约 45 分钟~60 分钟。

Entreacto 安设度

这个小哈瓦那规格（品吸时间约 15 分钟）长 100 毫米（≈3 ⅞ 英寸），环径 30（≈11.9 毫米），这样"Entreacto"可与"Demi Tasse"相比，并像"Demi Tasse"一样与"Cigarillo"规格一致。但是"Entreacto"与"Demi Tasse"一个重要的不同之处在于，它是手工卷制的。

Epicures 美食家

这个哈瓦那规格（品吸时间约 15 分钟~30 分钟）的标志可以用"短雪茄"和"机卷"简洁地说明。另外还缺少尺寸信息，长 110 毫米（≈4 ⅜ 英寸），环径 35（≈13.9 毫米），这样"Epicures"可以等同于一根"Short

Panatela"。

Exquisito 吉士图

Exquisito 指的是古巴"Perfecto"规格，只有"库阿巴（Cuaba）"品牌还保留这个规格。长 145 毫米（≈5¾ 英寸），最厚的位置环径为 46（≈18.3

左："奥约玛丽"（Le Hoyo du Maire），Entreacto 规格。
中："乌普曼"的一根 Epicures。
右："Cuaba Exclusivos"形式的高级 Exquisito。

| L：100mm | L：110mm | L：145mm |
| $：207/25 支 | $：200/25 支 | $：490/25 支 |

毫米）。这样，这个手卷规格在长度和环径方面完全可以与"Grand Corona"相媲美。品吸时间约 60 分钟 ~75 分钟。

Favorito 最爱

同样也是一个古巴"Perfecto"规格，只有"库阿巴"品牌还保留这个规格。作为"Short Perfecto"，"Favorito"虽然比"Exquisito"小一些，长度只有120毫米（≈4¾英寸），但最厚的位置环径达到42（≈16.7毫米）。因此这个手卷的雪茄规格在长度和环径方面很容易与一根"Petit Corona"进行比较。品吸时间约 30 分钟 ~45 分钟。

Figurado
双尖鱼雷

正常情况下一支雪茄头部是圆形的，从头部直到点燃端大多是一个圆形的柱体，里面一层层覆盖的烟叶平行延伸。与标准形状不同的雪茄规格称为 Figurados。例如"Belicoso"、"Culebra"、"Pyramide"和"Torpedo"都属于这一类。生产这种规格需要手艺纯熟、经验丰富的卷烟师。

Franciscano
弗朗西斯卡诺

这个哈瓦那规格长 116 毫米（≈英寸），环径 40（≈15.9毫米），与"Petit Corona"的国际通用规格一致。"Franciscano"这个规格的雪茄（品吸时间约 30 分钟），与大部分古巴规格一样，印上了质量认证标志"Totalmente a mano"。

Francisco 弗朗西斯科

这个哈瓦那规格的雪茄是手工卷制的，与"Franciscano"没多少相同之处，长 143 毫米（≈5⅝英寸），环径 44（≈17.5毫米）。另外也与市场能力有关，因为"Francisco"是一个不常见的规格，尽管它与"Corona"的传统规格十分接近。品吸时间约 45 分钟 ~60 分钟。

左："玻利瓦尔"的"Corona Extra"，唯一的 Francisco 规格。
右："罗密欧－朱丽叶"的 Franciscano。

L：143mm   L：116mm
$：470/25 支 $：70/5 支

G Generoso 贵族

跟"Exquisito"和"Favorito"一样，也只有"库阿巴"品牌保留了"Generoso"规格。"库阿巴"所有规格都是Figurado。这个规格长132毫米（≈5¼英寸），最厚的位置环径42（≈16.7毫米），完全可以比得上"Petit Corona"。品吸时间约30分钟~45分钟。

Giant 巨型

名字就是这个规格的方案，这个规格的雪茄尺寸十分"巨大"。这个国际通用规格的传统大小长度为9英寸（≈229毫米），环径52（≈20.6毫米）。当长度最短为8英寸——没有上限——同时环径最小为46时，这里环径也没有上限，人们都会称之为"Giant"。以米为单位则是最短长度从203毫米开始，而直径从约18.3毫米开始。

Giant Corona 巨型皇冠

这个国际通用规格的传统尺寸为长7½英寸（≈191毫米），环径44（≈17.5毫米）。当长度最短为7½英寸——没有上限——同时环径在40~45

L：132mm
$：385/25 支

左："库阿巴"的Generoso。

右：一根真正巨大的Giant，"大卫杜夫庆典 No.1"（Davidoff Aniversario No.1）。

L：220mm
$：720/25 支

L：141mm
$：343/25 支

L：235mm
$：1485/25 支

之间时，人们都会称之为"Giant Corona"。 以米为单位则是最短长度从 191 毫米开始，而直径在约 15.9 毫米~17.9 毫米之间。

Gordito 胖子

几年前引进"哈瓦那圣克里斯多（San Cristobal de La Habana）"品牌时建立了这个哈瓦那规格。这个手卷规格长 141 毫米（≈5½ 英寸），环径 50（≈19.8 毫米），可与"Toro"相比。品吸时间约 75 分钟~90 分钟。

Gran Corona 大皇冠

这个"大皇冠"Gran Corona 的尺寸十分惊人，环径 47（≈18.7 毫米），长度达到 235 毫米（≈9¼ 英寸）。因为这种口径的雪茄不是人人都能承受的，所以"Gran Corona"规格

不太经常使用，只有两个哈瓦那品牌生产这个规格："蒙特克里斯托（Montecristo）"和"桑丘·潘沙（Sancho Panza）"。

无论如何，"Gran Corona"规格是特殊的，因为尽管它的环径与同样重要的"Churchill"一样，但它比"Churchill"长，并作为最长的哈瓦那规格完全可以与"Giant"媲美。

Grand Corona 大皇冠

尽管它的名称与之前介绍的"Gran Corona"相似，但这个国际通用规格"Grand Corona"不能与"Grand Corona"相提并论。

一支"Grand Corona"的传统尺寸是长 6½ 英寸（≈165 毫米），环径 46（≈18.3 毫米）。当长度大于 5½ 英寸，环径在 45 至 47 之间时，人们都会称之为"Grand Corona"。以米为单位表示则是长度从 141 毫米开始到 170 毫米结束，而直径的范围相对小一些，在约 17.9 毫米~18.7 毫米之间。

Grand Corona Special 特制大皇冠

它本来不是传统规格，"Grand Corona Special"弥补了"Grand

Corona"和"Londsdale"之间对于如"Churchill"和"Giant Corona"之类的规格缺陷。尺寸是长 7 英寸（≈178 毫米），环径 45（≈17.9 毫米），长度从 6¾ 英寸到 7½ 英寸或者说从 171 毫米到 190 毫米的也属于这一类。

Hermoso No.4
美丽 4 号

这个相对常用的哈瓦那规格是不是"漂亮"或"出色"，是每个打量者的审美问题。可以将这个西班牙语词翻译过来的第三种可能性也不适合，无论如何不是针对长度，最多是针对环径。因为这个规格环径为 48（≈19.1 毫米），称它为"伟大"也毫无问题，相对而言长度为 127 毫米（≈5 英寸），十分常见。因此"Hermoso No.4"可以与"Robusto"相媲美，另外"Hermoso No.4"规格的雪茄是手工卷制的。

Infante 婴儿

除了婴儿外，这个西班牙概念的德语对应词也可以叫作"小孩"。烟叶混合师创造这个如今仍然很少使用的哈瓦那规格时是不是想

左："大卫杜夫 5000"（Davidoff 5000）长 143 毫米，环径 46（18.3 毫米），符合 Grand Corona 规格。

右："维格斯罗宾拿（Vegas Robaina）"的"名牌 48（Famosos）"是 Hermoso No.4 规格。

L : 143mm
$: 385/25 支

L : 127mm
$: 345/25 支

到了一个小孩或某个婴儿——从 13 世纪起，婴儿是葡萄牙和西班牙王子和公主的称号，还不得而知。

可以确定的只有"Infante"是所有古巴规格中最小的，长度仅有 98 毫米（≈3 ⅞ 英寸）。而相对于长度而言，环径较粗，为 37（≈14.7 毫米）。因此这个"Short Perfecto"在体积方面很容易会与"Short Panatela"相比较。"Infante"（品吸时间约 15 分钟~30 分钟）是机卷的雪茄规格。

J L

Julieta No.2
朱丽叶 2 号

"Julieta No.2" 是十分常见的哈瓦那规格之一，环径47（≈18.7毫米），长178毫米（≈7英寸）。它在尺寸上完全符合一支 "Churchill" 的传统规格。"Julieta No.2" 规格的雪茄是手工卷制。品吸时间约90分钟~105分钟。

L：98mm
停产

L：178mm
$：550/25 支

左：如今只有"库巴那斯"（Cabanas）还有这个规格，不久前"帕塔加斯"也还有 Infante。

右："凯多塞"（Quai d'Orsay）的帝国（Imperiales）雪茄——Julieta No.2 规格。

Laguito No.1
拉吉托 1 号

这个哈瓦那规格（品吸时间约75分钟~90分钟）长192毫米（≈7½英寸），环径相对较小，为38（≈15.1毫米），因此属于较大的规格，与传统 "Long Panatela" 的尺寸十分接近。

"Laguito" 这个名称来自 "El Laguito" 工厂，第一根 Laguito 就是在这里生产的。这个生产名称后还隐藏着如今已经成为传奇的"高希霸长矛雪茄（Cohiba Lanceros）"，它是领导人卡斯特罗最喜欢的两种雪茄之一。自然，所有 "Laguitos" 都是手工卷制的，因为人们根本不可能期待古巴领导人抽机卷雪茄。

这个规格还有一个值得一提的特点要简单介绍一下。与 "Laguito No.1" 规格的雪茄一样，哈瓦那规格 "Delicado" 的雪茄也是手工卷制的——两个规格的尺寸完全一样。但还是有一个不同点，尽管很小，但很值得注意，"Laguito No.1" 规格的所有雪茄在头部有一个小辫子，有时也叫作"小猪尾"。

哥哥和弟弟。

左：特级一号"Laguito No.1"。

右："威古洛（Vegueros）"特级一号"Laguito No.2"。

L：192mm
$：350/25 支

L：152mm
$：320/25 支

Laguito No.2 拉吉托 2 号

跟"Laguito No.1"一样，这个手卷的"Laguito No.2"环径为 38（≈15.1 毫米），但长 152 毫米（≈6 英寸），比"Laguito No.1"短多了，另外，也体现在品吸时间上（约 45 分钟~60 分钟）。这个规格在尺寸上与传统"Panatela"规格的雪茄完全一致。

Laguito No.3 拉吉托 3 号

这个规格长 115 毫米（≈½ 英寸），环径为 26（≈10.3 毫米），是（手卷）"Laguitos"中最小的规格，因此是"Cigarillos"家族的一员。品吸时间约 15 分钟。

Londres 隆德雷斯

没有人知道这个哈瓦那规格"Londres"是不是来源于一个住所在泰晤士河畔的客户。它环径为 40（≈15.9 毫米），长 126 毫米（≈5 英寸）。手卷的"Londres"规格（品吸时间约 30 分钟~45 分钟）可以与"Petit Corona"的国际通用规格相媲美。

155mm×17.1mm，这是 Long Corona 家族典型代表者的尺寸——大卫杜夫格兰 No.1(Davidoff Grand Cru No.1)。

L：155mm
$：375/25 支

Long Corona 长皇冠

这个国际通用规格的传统尺寸为长6英寸（≈152毫米），环径为42（≈16.7毫米）。当长度最低为5¾英寸最高为6½英寸，同时环径在40到44之间时，仍然属于"Long Corona"。以米为单位来说明则是长度从146毫米开始到164毫米结束，而直径约15.9毫米~17.5毫米。

Long Panatela 长潘那特拉

这个国际通用的规格的传统尺寸是长7½英寸（≈191毫米），环径为38（≈15.1毫米）。当长度最少为7英

左：尺寸为192×15.1的Long Panatela家族的威严的代表者："大卫杜夫No.1（Davidoff No.1）"。
右："古巴荣耀"（La Gloria Cubana）的"奖章2号"（Medaille d'Or No.2）是一支Dalia，同时也符合Lonsdale。

L：192mm
$：425/25支

L：169mm
$：480/25支

寸——没有上限——同时环径在35~39之间时，也仍然属于Long Panatela。以米为单位来说明则是最短长度为178毫米，而直径约13.9毫米~15.5毫米之间。

Lonsdale 龙狮戴尔

这个规格的尺寸指示是从前龙狮戴尔（Lonsdale）伯爵要求的，在20世纪30年代他总是大量订购"拉菲尔·冈萨雷斯（Flor de Rafael Gonzalez）"品牌的雪茄。当时还没有他要求的这个规格，但是这种顾客的要求当然就是命令，这个如今大受欢迎的规格便因为一个英国贵族的怪念头出现了，该雪茄的商标纸圈——对他来说这是理所当然的——印着他的肖像，尺寸也是由他"创造"的。这个规格过去是那么好，但对许多抽雪茄的人来说，"Lonsdale"只是一个规格。尽管与"Corona"相比，它的环径一样，但因为多得多的长度而显得优雅许多。

"Lonsdale"的尺寸是长6½英寸（≈165毫米），环径为42（≈16.7毫米）。当长度最少为6½英寸，最多为7½英寸，同时环径在40~44之间时，也属于"Lonsdale"。以米为单位来说明则是长度从165毫米~190毫米，直径约在15.9毫米~17.5毫米之间。

M Mareva
马瑞瓦

"Mareva" 规格（品吸时间约 30 分钟～45 分钟）是除 "Corona" 以外最常用的哈瓦那规格。它长 129 毫米（≈5 ⅛ 英寸），环径为 42（≈16.7 毫米），因此这个手卷规格一定程度上相当于 "Petit Corona" 国际通用的规格。

Minuto 分钟

当然不是在一分钟（Minute）之内就能把一支这个完全常见的哈瓦那规格的雪茄抽完。因为诚然一个熟练的卷烟师只需要很短的时间就能卷制这个较小规格的一支雪茄，在选择这个规格（品吸时间约 30 分钟）的名称时可能考虑到了这个情况。"Minuto"（Totalmente a mano）长 110 毫米（≈4 ⅜ 英寸），环径为 42（≈16.7 毫米），完全可以与国际通用的规格 "Petit Corona" 相媲美。

左："圣克里斯多王子雪茄（El Principe）"——"哈瓦那圣克里斯多（San Cristobal de La Habana）" 的一根 Minuto 规格雪茄。
右："威古洛" 的马瑞瓦 "Mareva"。

L：110mm
$：300/25 支

L：129mm
$：335/25 支

Nacionales 国家

这个哈瓦那规格长 140 毫米（≈5½ 英寸），环径为 40（≈15.9 毫米）。与尺寸完全相同的"Crema"不同，"Nacionales"是机卷的，而"Nacionales JLP"规格——长 134 毫米（≈5¼ 英寸），环径 42（≈16.7 毫米）——和与"Nacionales"尺寸一样的"Nacionales mano"规格尽管同样是短雪茄，但是后者是手工卷制的（Tripa corta）。这三种规格都与"Corona"的国际通用规格一致，只在品吸时间（约 45 分钟）上略有差别。

左："比雅达（Jose L. Piedra）"的一支 Nacionales 雪茄。

右："庞奇（Punch）"还生产的一支 Ninfa 雪茄。

L：140mm
$：220/25 支

L：178mm
$：280/25 支

Ninfa 女神

"Ninfa"这个哈瓦那规格就像仙女一样，外形纤细高瘦。它的环径为 33（≈13.1 毫米），长度相当可观，达到 178 毫米（≈7 英寸），因此可以归入"Slim Panatela"一类。"Ninfas"规格的雪茄是手工卷制的。品吸时间约 45 分钟~60 分钟。

Paco 帕可

作为一个十分年轻的生产名称，它是为了引入"哈瓦那圣克里斯多（San Cristobal de La Habana）"品牌而被创造出来的。"Paco"是一个巨大的（手卷）哈瓦那规格。长 180 毫米（≈7⅛ 英寸），环径为 49（≈19.5 毫米），一支"Double Corona"出现了。品吸时间约 105 分钟~120 分钟。

Palma 手掌

这个十分少见的哈瓦那规格的名字，是在纪念最大的巴利阿里岛的首都，还是古巴岛上的棕榈叶呢？或者卷烟师在工作的时候出现了"Palma"的尺寸，Palma 就是他的手掌（因为这个翻译也让人们想到规格的名字）？确切的情况人们不知道。但可以确定的是，这个规格的雪茄是手工卷制的。下边的尺寸信息也是必须要知道的，"Palma"（品吸时间约30分钟~45分钟）长170毫米（≈6¾英寸），环径为33（≈13.1毫米），尺寸上符合"Slim Panatela"规格。

Palmita 小手掌

与"Palma"一样，手卷的"Palmita"也是一个十分少见的哈瓦那规格。它长152毫米（≈6英寸），环径为32（≈12.7毫米），尽管比"Palma"短18毫米，但也同样属于"Slim Panatela"。品吸时间约30分钟~45分钟。

Panatela 潘那特拉

不管是"Panatela"还是"Panatella"，抑或是"Panetela"或"Panetella"，表达的意思几乎都是一样的。细小的环径和绝对巨大的长度使这个规格看起来像是为优美女性的手特制的。因为一个人早晨在经过充足睡眠后，手一般会比傍晚时分细，信念坚定的雪茄客在早晨更喜欢选择一支"Panatela"——无论如何人们更倾向于在每天早晨把这个规格当作"早餐雪茄"来抽。

L：180mm L：170mm L：152mm
$：825/25 支 $：405/25 支 $：400/25 支

左："哈瓦那圣克里斯多大鼻子"（San Cristobal de La Habana El Morro），一支 Paco。

中："奥约美食"（Le Hoyo du Gourmet）的 Palma。

右："古巴荣耀"（La Gloria Cubana）的 Palmita。

这个国际通用规格的传统尺寸是长6英寸（≈152毫米），环径为38（≈15.1毫米）。当长度最低为5½英寸，最高小于7英寸，同时环径在35到39之间时，也仍然是"Panatela"。以米为单位来说则是长度从140毫米开始，到177毫米结束，而直径约在13.9毫米~15.5毫米之间。

Panetela 宾利

这是一个哈瓦那规格。这个手卷的"Panetela"长117毫米（≈4⅝英寸），环径为34（≈13.5毫米），可以跟一支"Small

左：传统 Panatelas 其中之一："大卫杜夫 No.2"（Davidoff No.2）。
中："古巴荣耀"（La Gloria Cubana）的 Panetela Larga 版本。
右：Parejo——"帕塔加斯"（Partagas）的"鉴赏系列二号"（Serie du Connaisseur No.2）。

L：152mm
$：365/25 支

L：175mm
$：400/25 支

L：166mm
$：440/25 支

Panatela"相比，但不像人们容易产生的猜测那样，与这个国际通用的规格一致。品吸时间约30分钟。

Panetela Larga 大宾利

跟它的姐姐"Panetela"一样，"Panetela Larga"（品吸时间约30分钟~45分钟）也是手工卷制的。正如"Larga"这个词表示的那样，这个规格环径28（≈11.1毫米），相当大的长度175毫米（≈⅞英寸），可与一支"Slim Panatela"相比。

Parejo 圆柱形

这个哈瓦那规格也提供了惊人的长度，166毫米（≈6½英寸），环径为38（≈15.1毫米）。"Parejos"是手工卷制的，可以与"Panatela"规格相比。品吸时间约45分钟~60分钟。

Perfecto 完美

Perfecto是一个机卷哈瓦那规格，雪茄最后的位置环径为44（≈17.5毫米），长127毫米（≈5英寸），因此在尺寸方面与国际通用规格"Petit Corona"完全一样。品吸时间约30分钟~45分钟。

所有两端逐渐变细的双尖鱼雷（Figurado），使用"Perfecto"这个名称都表示国际化。如果说起一根"Short Perfecto"，那这根雪茄的长度不少于127毫米或者说5英寸。

Perla 珍珠

这个哈瓦那规格正好长102毫米（≈4英寸），环径较粗，为40（≈15.9毫米），属于手卷雪茄规格的类别。"Perla"（品吸时间约30分钟）与"Petit Corona"国际通用规格的尺寸一致。

Petit 小型

正如这个名字表达的意思一样，这个（机卷）哈瓦那规格相对小一些。长108毫米（≈4¼英寸），环径为31（≈12.3毫米），可以与一根"Small Panatela"相比。品吸时间约15分钟。

Petit Bouquet 香型小雪茄

它是哈瓦那规格中最小的双尖鱼雷，只有"库阿巴"品牌还保留这个规格。这个"Short Perfecto"长101毫米（≈4英寸），最粗的位置环径为43（≈17.1毫米），它的尺寸允许这个规格可以归入"Petit Corona"一类。"Petit

L：102mm　　L：129mm　　　L：129mm
$：300/25支　$：350/25支　　$：265/25支

左："蒙特五号"（Montecristo No.5）的 Perla。
中："帕塔加斯"（Partagas）的一支 Petit Cetro。
右：国际通用规格 Petit Corona 的范围很广。其中一个是"大卫杜夫2000"（Davidoff 2000）的 Vitola，长129毫米，环径为43。

Bouquet"的品吸时间约30分钟。

Petit Cetro 小中心

这个哈瓦那规格（品吸时间约30分钟~45分钟）的雪茄是手工卷制的，环径为40（≈15.9毫米），长129毫米（≈5⅛英寸），与国际通用规格"Petit Corona"的标准尺寸十分接近。

"JLP" 指短雪茄的生产方式，加上这个缩写的规格在尺寸参数上比它的姐姐要落后一些。它长 127 毫米（≈5 英寸），环径为 38（≈15.1 毫米），是 "Short Panatela"，因此品吸时间较短（约 30 分钟）。

Piramide 和 Pyramid：左："蒙特二号"（Montecristo No.2）。

右：长 156 毫米、环径为 52 的"大卫杜夫千禧鱼雷"（Davidoff Millenium Blend Piramides）。

Petit Corona
小皇冠

这个国际通用规格的传统尺寸为长 5 英寸（≈127 毫米），环径为 42（≈16.7 毫米）。

当长度在 3¾ 英寸和 5¼ 英寸之间，同时环径在 40~44 之间时也属于 Petit Corona。以米为单位来表示则是长度从 95 毫米开始到 132 毫米结束，直径约 15.9 毫米~17.5 毫米。

Petit Corona，有时也叫作 "Half Corona"，与大姐姐 "Corona" 的环径常常一样，但长度上要短一些，是在午休时间抽一会儿烟的理想选择。由于它普遍"适用"，因此这个"小皇冠"也

L：156mm
$：447/25 支

L：156mm
$：200/10 支

属于最常用的规格。

而同名的古巴规格（品吸时间约 30 分钟~45 分钟）的尺寸，只在长度上有细微差别，129：127。重要的是，这个规格并没有对生产方式做出规定，因此市场上供应的 Petit Corona 既有手卷的也有机卷的。

Piramide
大鱼雷

可惜这个有趣的手卷哈瓦那规格不像两三百年前那么经常出现了——不久前还猜测只有很少卷烟师还具备完美卷制 "Piramide" 的技艺了。令人高兴的是，现在可以确定，"双尖鱼雷（Figurado）"的生产总体又上升了。这个规格的尺寸是长 156 毫米（≈6 ⅛ 英寸），环径较粗为 52（≈20.6 毫米）。这也产生一个可观的品吸时间，持续约 90 分钟~105 分钟。"Piramide" 在尺寸上完全可以与 "Toro" 相比。

Pyramid 金字塔

正如上文说明的情况一样，这个有趣的规格经历了某种程度的复兴。如今几乎每个著名品牌都供应一种"Pyramide"。这是令人高兴的，因为大部分大体积的"Pyramide"一般都保证一个舒适的品吸享受。与古巴对应规格不同，"Pyramide"的传统长度为178毫米（≈7英寸），环径在36~54之间。

Placera 享受

在这个手卷哈瓦那规格产生时人们想到了西班牙词语"Placer"，意思是"享受""快乐"，这也是有可能的，因为这个规格长125毫米（≈4⅞英寸），环径为34（≈13.5毫米），符合"Small Panatela"流行的规格。这里还要强调一下，即使时间短暂的快乐（"Placera"的品吸时间约30分钟），也完全可以算作生活中令人愉快的那一面。

Prominente 巨型

这个哈瓦那规格（品吸时间约120分钟~135分钟）则承诺了一个较长的品吸体验。支持它的是客观的尺寸，长194毫米（≈7⅝英寸），环径为49（≈19.5毫米），因此手卷的"Prominente"与一个"Double Corona"的规格相符。

"维格斯·罗宾拿"（Vegas Robaina）的一支 Prominente，它以"当阿里"（Don Alejandro）这个名字为人们所熟知。

L：194mm
$：850/25 支

115

R Reyes 雷耶斯

跟 "Coloniales" "Robusto Extra" 和 "Trinidad No.1" 一样，这个哈瓦那规格仅为顶尖品牌 "特立尼达（Trinidad）" 创造。这个规格长 110 毫米（≈4⅜ 英寸），环径为 40（≈15.9 毫米），可与一支 "Petit Corona" 相比。品吸时间约 30 分钟。

Robusto 罗布图

这个常用的规格应当 "强烈" "粗壮"，对不少雪茄客来说它是要求很高的规格，事实也确实如此。无论如何，一支 "Robusto" 敦实的形象与其较粗的环径和不能称为长的长度形成了一个圆润的茄体中有丰富内容的雪茄类型。

一支 "Robusto" 的原始尺寸与古巴对应规格的尺寸几乎一致。二者环径都是 50（≈19.8 毫米），但古巴规格——顺便提一下，这个哈瓦那规格的雪茄都是手卷的——长度是 124 毫米（≈4⅞ 英寸），比 127 毫米（≈5 英寸）短了 3 毫米，当然它仍然还是很紧实的。

在国际上当长度最小为 4½ 英寸最多为 5½ 英寸，同时环径不少于 48 时，人们也会称之为 "Robusto"。以米为单位来说明则是长度在 114 毫米到 140 毫米之间，直径最小为 19.1 毫米。

L：110mm
$：313/25 支

L：124mm
$：634/25 支

左："特立尼达（Trinidad）" 的一支 Reyes。
中："高希霸" 的 Robustos
右："特立尼达" 的一支 Robusto Extra。

L：155mm
$：480/25 支

Robusto Extra 特制罗布图

跟"Coloniales""Reyes"和"Trinidad No.1"一样，只有顶尖品牌"特立尼达（Trinidad）"还保留这个哈瓦那规格。它长 155 毫米（≈6⅛英寸），环径为 50（≈19.8毫米），可以与"Toro"相比。品吸时间约 90 分钟。

Seoane 塞奥娜

这个品吸时间约 30 分钟的手卷哈瓦那规格长 126 毫米（≈5 英寸），环径为 33（≈13.1毫米），与"Small Panatela"的规格一致。

Short Panatela 短潘那特拉

这个国际通用规格的原始尺寸是长 5 英寸（≈127毫米），环径为 38（≈15.1毫米）。当长度在 3¾ 英寸到 5½ 英寸之间，同时环径在 35~39 之间时，仍然归在"Short Panatela"这一类。以米为单位来说明则是长度在 95 毫米到 139 毫米之间，而直径约在 13.9 毫米~15.5 毫米之间。

Short Perfecto 短完美型

"Perfecto"的小弟弟属于双尖鱼

雷。参见"Perfecto"词条。

Short Robusto 短罗布图

这个国际通用规格的传统尺寸是长 4 英寸（≈102毫米），环径为 48（19.1毫米）。当长度小于 4 英寸，同时环径最小从 45 开始时，也仍然属于 Short Robusto。以米为单位来说明则是长度最大为 113 毫米，而直径从约 17.9 毫米开始。

Slim Panatela 细长潘那特拉

这个国际通用规格的传统尺寸是长 6 英寸（≈152毫米），环径为 34（≈13.5毫米）。当长度大于 5 英寸——没有上限——同时环径在 28~34 之间时，也仍然属于 Slim Panatela。以米为单位来说明则是长度最小为 128 毫米，直径在约 11.1 毫米到约 13.5 毫米之间。也就是说，如果长度大于 5 英寸，环径在上述的范围内——例如长 6½ 英寸（≈165 毫米），环径为 33（≈13.1 毫米），

L：123mm
$：310/25 支

L：125mm
$：280/25 支

左：看起来很棒，抽起来也很棒：大卫杜夫的 Short Perfecto。

右："威古洛"的一支 Seoane。

那就是"Slim Panatela"规格。

而直径约在 11.1 毫米 ~13.5 毫米之间。

Small Panatela
小潘那特拉

这个国际通用规格的传统尺寸是长 5 英寸（≈127 毫米），环径为 33（≈13.1 毫米）。如果长度最小为 3¾ 英寸最高为 5 英寸，同时环径在 28~34 之间时也仍属于"Small Panatela"。以米为单位来说明则是长度从 95 毫米到 127 毫米之间，

Sport 运动

这是一个相对较小的规格，它几乎不能充当一场紧张的比赛前的兴奋剂。因为"Sport"（品吸时间约 15 毫米 ~30 分钟）看起来更像是用于在简单的午餐后让精神得以小憩。这个既可能贴上手卷长雪茄标签又可能贴上机卷标签的哈瓦那规格环径为 35（≈13.9 毫米），长 117 毫米（4⅝≈ 英寸），因此可以与"Short Panatela"相提并论。

Standard 标准

这个哈瓦那规格的名字无疑是有根据的，因为"Standard"相对较常见。它长 123 毫米（≈4⅞英寸），环径为 40（≈15.9 毫米），因此与国际通用规格"Petit Corona"一致。"Standard"（品吸时间约 30 分钟 ~45 分钟）规格的雪茄是机器卷制的，而与它尺寸相同的"Standard mano"却不是。它们是手卷短雪茄。

左：Slim Panatela——一支"大卫杜夫 3000"（Davidoff 3000）。
中："罗密欧－朱丽叶"的 Sport。
右："丰塞卡（Fonseca）"的 Standard mano。

L：172mm
$：305/25 支

L：117mm
$：138/25 支

L：123mm
$：300/25 支

T

Taco 塔克

这个哈瓦那规格长 158 毫米（≈6¼ 英寸），环径为 47（≈18.7 毫米），属于最大的规格，同时与 "Grand Corona" 国际通用规格一致。所有 "Tacos"（品吸时间约 70 分钟 ~90 分钟）都是机器卷制的。

Toro 公牛

这个国际通用规格的传统尺寸是长 6 英寸（≈152 毫米），环径为 50（≈19.8 毫米）。如果长度大于 5½ 英寸并小于 6¾ 英寸，同时环径在 48 到 54 之间，那也属于 "Toro"。以米为单位来表示则是长度在 141 毫米到 170 毫米之间，直径在 19.1 毫米到 21.4 毫米之间。

Torpedo 鱼雷

这是一个主要在德语地区使用并与 "Perfecto" 概念一样的规格名。

Trabuco 皇冠雪茄

"Trabuco" 与 "Universales" 的环径一样（38≈15.1 毫米），但长 110 毫米（≈4⅜ 英寸），比 "Universales" 要短一些，因此外形要矮壮一些。但是它——跟 "Universales" 一样——也可以与 "Short Panatela" 规格相比。"Trabuco"（品吸时间约 30 分钟）规格的雪茄都是手工卷制的。

Trinidad No.1 特立尼达 1 号

与 "Coloniales" "Reyes" 和 "Robusto Extra" 一样，只有顶尖品牌 "特立尼达" 保留这个哈瓦那规格。这个规格长 192 毫米（≈7½ 英寸），环径为 40（≈15.9 毫米），可以与一支魁梧的 "Giant Corona" 相比。本来 "Trinidad No.1"（品吸时间约 90 分钟）的生产名称是 "Laguito No.1 Especial"，因为它只是环径比 "Laguito No.1" 稍大一些，而且它跟 "Robusto Extra" 一样诞生于著名的工厂。

L：110mm
$：227/25 支

L：155mm
$：500/25 支

左："巴尔博亚（Balboa）" 的 Torpedo（155mm）。

右："奥约代表（Le Hoyo de Depute）"——一支 Trabuco 规格雪茄。

U

Universales
普遍

这个哈瓦那规格的雪茄是机器卷制的，长 133 毫米（≈5¼ 英寸），环径为 38（≈15.1 毫米）。这样"Universales"的尺寸与传统"Short Panatela"的尺寸十分接近。因为"Short Panatela""在世界范围内"（也就是"universal"）十分受欢迎，所以在古巴规格中也对应产生了这个规格。品吸时间约 30 分钟~45 分钟。

V

Veguerito 小烟农

Veguerito 是 Veguero 的昵称，为了赞美它们田地上的同伴，也就是种植烟草的烟农（Vegueros），为这个（如今是机卷的）哈瓦那规格命名的烟叶混合师称它为"小烟农"。

"Veguerito"长 127 毫米（≈5 英寸），环径为 36（≈14.3 毫米），因此这个"小烟农"（品吸时间约 30 分钟）完全可以与"Short Panatela"相比。作为手卷短雪茄生产的"Veguerito mano"也是这样，它与"Veguerito"相比只是环径略粗一点（37≈14.7 毫米）。

"拉弗洛尔德卡诺"（La Flor de Cano）的一支"小烟农"（Veguerito）。

L：127mm
$：200/25 支

120

关于尺寸数据

英国和美国使用的长度单位"英寸"（in）来源于拉丁词"Unica"，意思是"一英尺的十二分之一"。英寸也可以叫作"Zoll"，并不是指哪一只脚[1]，而是与"英尺"或"英码"有关。因此，1 英寸等于 1 英尺的 $2\frac{1}{12}$ 或 1 英码的 $\frac{1}{36}$，还可以从中推导出 1 英寸等于 25.4 毫米。

出于一个特定的原因，规格表中给出的尺寸也使用了以英寸为单位的数据。这是因为，在加勒比海和中美洲——那里的国家从 19 世纪末开始受到美国很大的影响——与美国公司进行合作时，受到美国公司经常使用通用尺寸单位的影响，如今许多生产雪茄的中美洲国家还受这种强烈的影响。而且，在 19 世纪下半叶哈瓦那的第一个全盛时期，英国是主要的进口国。这就解释了为什么这个地区雪茄规格的尺寸在长度和环径上都用英寸表示。

使用英寸数据的另一个原因，是有一些中欧人习惯于英寸，只要他是热情的抽雪茄者，与用厘米表达的数据相比，在阅读对应的尺寸时能更容易想象出雪茄的长度。

在描述雪茄的环径或者说直径抑或者周长时，使用英寸为单位也同样常见。因此通过将 1 英寸作为标准，这个盎格鲁撒克逊的尺寸单位成为许多环径的基础。用数字来表示的话，例如环径为 50，那它本来应当是 $\frac{50}{64}$ 英寸，因为直径是一英寸的 $\frac{50}{64}$。

还使用这个例子，因为 1 英寸等于 25.4 毫米，环径 50 的雪茄（圆形）直径则是 19.84 毫米（50÷64×25.4）。这样一支环径为 32 的雪茄直径精确为 12.7 毫米。

---

[1] 英语中英尺称为"foot"，这个词也有"脚"的意思。

国际通用 20 个规格
（部分数据）

型号	传统尺寸 英寸（in）	传统尺寸 毫米（mm）	长度范围 英寸（in）	长度范围 毫米（mm）	环径范围
Giant	9 × 52	229 × 20.6	8 － > 8	203~ > 203	46~>46
Double Corona	7¾ × 49	194 × 19.5	6¾ － < 8	171~202	49~ > 49
Giant Corona	7½ × 44	191 × 17.5	7½ － > 7½	191~ > 191	40~45
Long Panatela	7½ × 38	191 × 15.1	7 － > 7	178~ > 178	35~39
Churchill	7 × 47	178 × 18.7	6¾ － < 8	171~202	46~48
Grand Corona Special	7 × 45	178 × 17.9	6¾ － < 7½	171~190	45
Grand Corona	6½ × 46	165 × 18.3	> 5½ － < 6¾	141~170	45~47
Lonsdale	6½ × 42	165 × 16.7	6½ － > 7½	165~190	40~44
Toro	6 × 50	152 × 19.8	> 5½ － < 6¾	141~170	48~54
Long Corona	6 × 42	152 × 16.7	5¾ － 6½	146~164	40~44
Panatela	6 × 38	152 × 15.1	5½ － < 7	140~177	35~39
Slim Panatela	6 × 34	152 × 13.5	> 5	> 127	28~34
Corona Extra	5½ × 46	140 × 18.3	4½ － 5½	114~140	45~47
Corona	5½ × 42	140 × 16.7	5¼ － 5¾	133~145	40~44
Robusto	5 × 50	127 × 19.8	4½ － 5½	114~140	48~ > 48
Petit Corona	5 × 42	127 × 16.7	3¾ － < 5¼	95~132	40~44
Short Panatela	5 × 38	127 × 15.1	3¾ － < 5½	95~139	35~39
Small Panatela	5 × 33	127 × 13.1	3¾ － 5	95~127	28~34
Short Robusto	4 × 48	102 × 19.1	< 4½	< 114	45~ > 45
Cigarillo	4 × 26	102 × 10.3	5 － < 5	127~ < 127	27~ < 27

哈瓦那规格
手卷和机卷规格

规格	商标名	品牌名	生产方式
Belvederes	Belvederes	罗密欧－朱丽叶	手卷长雪茄
Belvederes	Belvederes	玻利瓦尔	机卷
Belvederes	Belvederes	乌普曼	机卷
Belvederes	Belvederes	庞奇	机卷
Belvederes	Belvederes	贝琳达	机卷
Belvederes	Belvederes	库巴那斯	机卷
Belvederes	Belvederes	拉蒙·阿万斯	机卷
Belvederes	Habaneros	帕塔加斯	手卷长雪茄
Coronita	Coronas Junior	帕塔加斯	手卷长雪茄
Coronita	Coronas Munior	乌普曼	机卷
Coronita	Coronas Munior	乌普曼	手卷长雪茄
Coronita	Petit Coronations	庞奇	手卷长雪茄
Coronita	Regalias de Londres	罗密欧－朱丽叶	手卷长雪茄
Coronita	Superfinos	库巴那斯	机卷
Epicures	Epicures	乌普曼	手卷长雪茄
Epicures	Princess	贝琳达	机卷
Petit Corona	Aromaticos	乌普曼	机卷
Petit Corona	Aromaticos	乌普曼	手卷长雪茄
Petit Corona	Coronations	奥约·德·蒙特雷	手卷长雪茄
Petit Corona	Coronations	庞奇	手卷长雪茄
Petit Corona	Lolas en Cedro	波尔·拉腊尼亚加	机卷
Petit Corona	Mille Fleurs	帕塔加斯	手卷长雪茄
Petit Corona	Mille Fleurs	拉蒙·阿万斯	机卷
Petit Corona	Mille Fleurs	罗密欧－朱丽叶	手卷长雪茄
Petit Corona	Petit Coronas	贝琳达	机卷
Sport	Panetela	贝琳达	机卷
Sport	Sports Largos	罗密欧－朱丽叶	手卷长雪茄

哈瓦那规格
手卷长雪茄
Totalmente a mano – Tripa Larga

规格	长度 毫米（mm） 英寸（in）	环径 / 直径 ＝毫米（mm）	国际对应名称	出现频率
Almuerzo	130（5 ⅛）	40（15.9）	Petit Corona	很少
Belvederes	125（4 ⅞）	39（15.5）	Short Panatela	少
Cadete	115（4½）	36（14.3）	Short Panatela	少
Campana	140（5½）	52（20.6）	Pyramid	不常
Canonazo	150（5 ⅞）	52（20.6）	Toro	很少
Carlota	143（5 ⅝）	35（13.9）	Panatela	很少
Carolina	121（4¾）	26（10.3）	Cigarillo	很少
Cazadores	162（6 ⅜）	43（17.1）	Long Corona	少
Cervante	165（6½）	42（16.7）	Lonsdale	经常
Coloniales	132（5¼）	45（17.9）	Corona Extra	很少
Conchita	127（5）	35（13.9）	Short Panatela	很少
Conserva	145（5¾）	43（17.1）	Corona	很少
Corona	142（5 ⅝）	42（16.7）	Corona	经常
Corona Gorda	143（5 ⅝）	46（18.3）	Grand Corona	经常
Corona Grande	155（6 ⅛）	42（16.7）	Long Corona	不常
Coronita	117（4 ⅝）	42（15.9）	Petit Corona	不常
Cosaco	135（5 ⅜）	42（16.7）	Corona	很少
Crema	140（5½）	40（15.9）	Corona	不常
Dalia	170（6¾）	43（17.1）	Lonsdale	不常
Delicado	192（7½）	38（15.1）	Long Panatela	少
Delicado Extra	185（7¼）	36（14.3）	Long Panatela	很少

Delicioso	159 (6¼)	33 (13.1)	Slim Panatela	很少
Edmundo	135 (5⅜)	52 (20.6)	Pyramid	很少
Eminente	132 (5¼)	42 (16.7)	Petit Corona	少
Entreacto	100 (3⅞)	30 (11.9)	Small Panatela	少
Epicures	110 (4⅜)	35 (13.9)	Short Panatela	很少
Exquisito	145 (5¾)	46 (18.3)	Torpedo	很少
Favorito	120 (4¾)	42 (16.7)	Short Perfeto	很少
Franciscano	116 (4⅝)	40 (15.9)	Petit Corona	少
Francisco	143 (5⅝)	44 (17.5)	Corona	很少
Generoso	132 (5¼)	42 (16.7)	Perfecto	很少
Gordito	141 (5½)	50 (19.8)	Toro	很少
Gran Corona	235 (9¼)	47 (18.7)	Giant	少
Hermoso No.4	127 (5)	48 (19.1)	Robusto	不常
Julieta No.2	178 (7)	47 (18.7)	Churchill	常常
Laguito No.1	192 (7½)	38 (15.1)	Long Panatela	少
Laguito No.2	152 (6)	38 (15.1)	Panatela	少
Laguito No.3	115 (4½)	26 (10.3)	Cigarillo	少
Londres	126 (5)	40 (15.9)	Petit Corona	很少
Mareva	129 (5⅛)	42 (16.7)	Petit Corona	少
Minuto	110 (4⅜)	42 (16.7)	Petit Corona	不常
Ninfa	178 (7)	33 (13.1)	Slim Panatela	很少
Paco	180 (7⅛)	49 (19.5)	Double Corona	很少
Palma	170 (6¾)	33 (13.1)	Slim Panatela	很少
Palmita	152 (6)	32 (12.7)	Slim Panatela	很少
Panetela	117 (4⅝)	34 (13.5)	Small Panatela	很少
Panetela Larga	175 (6⅞)	28 (11.1)	Slim Panatela	少
Parejo	166 (6½)	38 (15.1)	Panatela	很少
Perla	102 (4)	40 (15.9)	Petit Corona	不常
Petit Bouquet	101 (4)	43 (17.1)	Short Torpedo	很少

Petit Cetro	129 (5 ⅛)	40 (15.9)	Petit Corona	少
Petit Corona	129 (5 ⅛)	42 (16.7)	Petit Corona	经常
Piramide	156 (6 ⅛)	52 (20.6)	Pyramid	不常
Placera	125 (4 ⅞)	34 (13.5)	Small Panatela	少
Prominente	194 (7 ⅝)	49 (19.5)	Double Corona	不常
Reyes	110 (4 ⅜)	40 (15.9)	Petit Corona	很少
Robusto	124 (4 ⅞)	50 (19.8)	Robusto	经常
Robusto Extra	155 (6 ⅛)	50 (19.8)	Toro	很少
Seoane	126 (5)	33 (13.1)	Small Panatela	少
Sport	117 (4 ⅝)	35 (13.9)	Short Panatela	很少
Taco	158 (6¼)	47 (18.7)	Perfecto	很少
Trabuco	110 (4 ⅜)	38 (15.1)	Short Panatela	很少
Trinidad No.1	192 (7½)	40 (15.9)	Giant Corona	很少

哈瓦那规格
手卷短雪茄
Totalmente a mano – Tripa Corta (TC)

规格	长度 毫米（mm） 英寸（in）	环径 / 直径 ＝毫米（mm）	国际对应名称	出现频率
Breva JLP	133（5¼）	42（16.7）	Corona	很少
Cazadores JLP	152（6）	43（17.1）	Long Corona	很少
Conserva JLP	140（5½）	44（17.5）	Corona	很少
Crema JLP	136（5 ⅜）	40（15.9）	Corona	很少
Cristales mano	150（5 ⅞）	41（16.3）	Long Corona	很少
Nacionales JLP	134（5¼）	42（16.7）	Corona	很少
Nacionales mano	140（5½）	40（15.9）	Corona	很少
Petit Cetro JLP	127（＝5）	38（15.1）	Short Panatela	很少
Standard mano	123（4 ⅞）	40（15.9）	Petit Corona	少
Veguerito mano	127（＝5）	37（14.7）	Short Panatela	不常

哈瓦那规格
机卷短雪茄
Mecanizados

生产名称	长度 毫米（mm） 英寸（in）	环径 / 直径 ＝毫米（mm）	国际对应名称	出现频率
Belvederes	125（4 ⅞）	39（15.5）	Short Panatela	不常
Chico	106（4 ⅛）	29（11.5）	Small Panatela	经常
Coronita	117（4 ⅝）	40（15.9）	Petit Corona	少
Cristales	150（5 ⅞）	41（16.3）	Long Corona	很少
Culebra	146（5¾）	39（15.5）	Panatela	很少
Demi Tasse	100（3 ⅞）	32（12.7）	Small Panatela	少
Epicures	110（4 ⅜）	35（13.9）	Short Panatela	很少
Infante	98（3 ⅞）	37（14.7）	Short Torpedo	很少
Nacionales	140（5½）	40（15.9）	Corona	很少
Perfecto	127（5）	44（17.5）	Short Perfecto	很少
Petit	108（4¼）	31（12.3）	Small Panatela	很少
Petit Corona	129（5 ⅛）	42（16.7）	Petit Corona	不常
Sport	117（4 ⅝）	35（13.9）	Short Panatela	很少
Standard	123（4 ⅞）	40（15.9）	Petit Corona	不常
Universales	134（5¼）	38（15.1）	Short Panatela	少
Veguerito	127（5）	36（14.3）	Short Panatela	很少

环径
＝毫米（mm）

25 = 9.92	34 = 13.49	43 = 17.07	52 = 20.64
26 = 10.32	35 = 13.89	44 = 17.46	53 = 21.03
27 = 10.72	36 = 14.29	45 = 17.86	54 = 21.43
28 = 11.11	37 = 14.68	46 = 18.26	55 = 21.83
29 = 11.51	38 = 15.08	47 = 18.65	56 = 22.23
30 = 11.91	39 = 15.48	48 = 19.05	57 = 22.62
31 = 12.30	40 = 15.88	49 = 19.45	58 = 23.02
32 = 12.70	41 = 16.27	50 = 19.84	59 = 23.42
33 = 13.10	42 = 16.67	51 = 20.24	60 = 23.81

雪茄品牌词典

400个品牌，上千种系列，
一部生动的雪茄史

在序中我们已经说明，这本书并不是一本百科全书，因此也无法将产自世界各地的优质雪茄一一罗列出来。如果不将哈瓦那雪茄（即古巴雪茄）算在内，世界上标注为"优质"的雪茄品牌约有 1000 种。

除了上面提及的品牌，还有质优的荷兰雪茄，以及欧洲一些国家生产的口碑不错的雪茄。但这本书的重心没有放在对这些雪茄的一一列举。

这本书将侧重于"有的放矢"。也就是说，在描述某个牌子的雪茄时，很可能不会面面俱到。因为，实际一点来说，每个优质雪茄都值得在本书中留下丽影。

对于每个品牌的规格表再稍微说几句。如果每个牌子都纳入到各自的规格表，估计这本书是盛不下这么长的表格的。所以出版社和本书的作者决定，仅仅将这些规格表归纳到哈瓦那雪茄中，索引标注为雪茄之乡——古巴。此外，古巴规格在所涉及到的规格表尺寸之内，这样通过看每个表格的说明就可以让人一目了然了。比如说估测一下某支雪茄品吸时间，如果没有特别说明，下一页便是其实物图的展示。

A Altadis
阿达迪斯

阿达迪斯集团是古巴的一个国有企业，1999 年由两个国有烟草公司——法国赛伊塔（Seita）烟草公司和西班牙 Tabacalera 烟草公司合并建成。当年两家公司各自参股古巴烟草公司 50%。据说这一合并给这个新兴公司带来了 5

亿美元的市值。

Arnold André
阿诺德·安德烈

1835年，安德烈兄弟（Gebrüder André）烟草公司正式成立。其实，早在1817年的时候，安德烈兄弟就已经在Osnabrück（奥斯纳布吕克，德国一个城市名）着手他们的烟草生产了。这个公司发展得很迅速，自1851年成立后的16年内就在东威斯特法伦宾德（Bünde）市建立了分公司。紧接着阿诺德·安德烈烟草集团便于1866年成立。从那以后，公司就一直沿用那个名字，而总部则于1905年搬到了宾德。

据说阿诺德·安德烈（Arnold Andre）属于当时的知名品牌之一，当今也称得上是烟草巨头。在德国，不管是大雪茄还是小雪茄，阿诺德·安德烈都有绝对的地位。所以宾德的雪茄生产商们就在奥斯特霍尔茨－沙尔姆贝克（Osterholz-Scharmbeck）市的工厂里生产，该市靠近不来梅（Bremen）和柯尼希斯卢特（Königslutter）市。在这里生产过的雪茄，比如说，1972年引进的"俱乐部主人"（Clubmaster）牌小雪茄，也是德国销售最顶尖的小雪茄品牌；也许还生产了老牌子的"亨利"

（Handelsgold）牌雪茄，该品牌于1935年问世，是德国十几年来最有名的雪茄品牌。对于这些雪茄品牌，我们在这里就点到为止。

随着时间的推移，还引进了一些外国的雪茄牌子，如巴西的"热带宝藏"（Tropenschatz）和"格尔维斯"（Garves），苏门达纳岛的"埃尔巴克"（El Baco）和"巴赫施密特"（Bachschmidt）。所有这些价格稍微低廉的大小雪茄都有着其固定的购买者。其中，Tropenschatz是在德国卖得最多的雪茄品牌。

过去几年，阿诺德·安德烈除了致力于进口海外高评优质的雪茄品牌，在这一领域还获得了美誉。至少像C.A.O.，埃尔·克雷蒂特（El Credito）还有（拉·奥罗拉）La Aurora等牌子已经深受雪茄迷们的青睐了。

Arturo Fuente
阿图罗·富恩特

这个雪茄的牌子可以追溯到西班牙和古巴，其足迹遍布于美国、波多黎各岛、尼加拉瓜和洪都拉斯。而且在很久以前，这个牌子的的确确在多米尼加共和国就已经流行了。而富恩特家族，三代都从事雪茄生产行业。

约在18世纪末，阿图罗·富恩特举家从古巴搬迁到美国，从此，他致力于将他的雪茄生产技艺理念推广到不同的生产厂家。最终，一段时间过后，纯哈瓦那雪茄（Clear Havana）进入市场。1912年，唐·阿图罗（Don Arturo）在美国佛罗里达州坦帕（Tampa）市建了第一个工厂之后，Clear Havanas便成为富恩特（Fuente）旗下品牌。此外，还有不少工厂也建成了。第一批团队只有7名职员，这小小的团队经常得工作到深夜，因为Fuente产品真的是供不应求啊。

总是会有一些外部环境，让人不得不举家放弃原来的小窝而转向另一个地方需找幸运。在坦帕的工厂被一场无情的火灾化为灰烬，唐·阿图罗要求说，不管是哪里都要找一个新厂址！那时在波多黎各岛、洪都拉斯以及尼加拉瓜都有政治骚乱，这着实让那个充满斗志的雪茄制造者深思，到底哪儿才是最佳选地呢？当时的形势迫使他必需尽快做出决定。最后，他们在多米尼加的圣地亚哥省找到了那块地，它让种植、培育和加工高品质的烟草品种指日可待。

唐·阿图罗这位鼻祖人物在85岁时过世。而85这个数字冥冥之中和他最喜爱的也是他的旗舰品牌雪茄Flor Fina 8-5-8有着联系，他在这个数字光环下安然离世。唐·阿图罗去世时，他早将雪茄生产的秘密透露给儿子卡洛斯（Carlos）。后者又不断地将自己一直在雪茄生产上的造诣和经验传授给自己的两个儿子，即长洛斯JR（Carlos jr）和辛西娅（Cynthia），也就是如今积极从事其家族企业的两兄弟。

富恩特使得甚至连专家们都认为在这块领域不可能成功的事情变成了事实。当他们在1990年初买下奥利瓦斯（Olivas）的埃尔·卡利贝（El Caribe）种植场，然后立即宣布，在该种植场将种植精选的外层烟叶时，他们这一想法在专业领域引起许多无法言喻的惊讶。富恩特培植优质外层烟叶的计划引来了不少的质疑。后来这些质疑随着富恩特的业绩而消失。他们生产的最具代表性品种就是欧普斯 X（Opus X）系列。该系列烟草都有着独特的外层烟叶，这些烟叶就是更名为富恩特庄园（Chateau de la Fuente 的）种植场的产品。Opus X 系列雪茄在爱好者之间享有很高的声誉。

值得一提的是，Fuente 在坦帕市还经营着第三个工厂。在这里，也就是佛洛里达，他们自己的雪茄产品都是用机械来卷的。当然，在美国市场上销售的雪茄仍然是用手卷制而成的。

如今，多米尼加共和国的北部主要生产雪茄，它也因此荣获了这一市场上最佳手工卷烟地的称号。之前也说到，经过一番艰险的长途跋涉和漂泊，富恩特最终在这里落根。他们早在 1990 年于东南方向大概 20 千米的莫卡（Moca）建立第二个工厂之前，就于 1980 年在首都圣地亚哥建立了第一家雪茄工厂。当时富恩特携着其 800 名员工，其中单单在圣地亚哥就有 600 名员工，挺进多米尼加大规模优质雪茄生厂商的行列。每年就有两千万

支雪茄出厂。富恩特每天都用事实证明数量和品质是可以并存的！

Ashton 阿什顿

阿什顿在当时优质系列雪茄市场上站稳长达约三四年。也许这要归功于

其生产商，因为该生厂商在行家圈里面已经扬名很久了，那就是——富恩特（Fuente）。

和其他卓越的雪茄制造商一样，富恩特掌握了良性烟草混合和合成技术，这一技术最后以其在当时的阿什顿雪茄规格中体现出来。

每一支雪茄口感温和的原因，是每个不同系列的烟叶都要经过成熟。在烟叶发酵和最后加工之前，都要贮存一段时间。比如"标准系列"（Classic Line）烟叶要贮存 3 年~4 年，盒装（Cabinets）和纯阳植（Virgin Sun Grown）系列的烟叶则贮存 4 年~5 年。

最后值得一提的是，阿什顿这个名字来自于英国著名烟丝制造商威廉·阿什顿·泰勒（William Ashton Taylor）。

August Schuster
奥古斯特·舒斯特

准确地说，奥古斯特·舒斯特烟草公司属于中档企业。这家公司起源于 18 世纪德国后期几个家族雪茄生产商之一。当时让舒斯特（Schuster）兄弟雪茄工厂在东威斯特法伦的宾德市自豪的是，他们首先推出了新产品（Specialität）——纯正手工雪茄，其广告词就是承诺使用 100% 纯正海外烟叶。

1909 年，为了成立自己名下的 Aug. Schuster 雪茄公司手工制造厂，他退出了原来的公司。然后，在雪茄之城宾德又陆续成立了三家舒斯特工厂。因为，他另一个叫赫尔曼·舒斯特（Hermann Schuster）的兄弟自己单干，也建立了舒斯特工厂。

在 20 世纪 20 年代，Aug. Schuster 雪茄公司公布了其四家生产厂址的地产，而且还拥有一个邮票支票账户、一个银行账户和一个汇款账户，此外还有一个电话机。那可是德国雪茄生产制造的黄金时代。如今还存在的就只有其中一个，也就是那个奥古斯特·舒斯特

雪茄公司，现在由曼弗雷德（Manfred）和菲利普（Philipp）两兄弟经营着。奥古斯特·舒斯特的影响圈也就缩小到如今大小。

该公司在其黄金阶段时拥有1000名工人，而如今只剩40多名。对他们而言，雪茄生产品质是重中之重，所以舒斯特的理念就是——品质至上。此外，工厂里实行的大比例手工制造也对其有重大贡献。虽然当时有了机器生产的部分，但其广泛流行还要到20世纪60年代或者更晚。

舒斯特公司只使用从巴西、爪哇岛、哈瓦那和苏门答腊岛精选的烟叶，他们不仅在外层烟叶的选材上，在烟卷的合成上也高度把关。其所有的雪茄都是传统的短芯叶雪茄，而且是机器制造的，但绝对是由100%纯烟草制成。

同时，长芯叶雪茄也同样在宾德雪茄厂商有一席之地。这里主要说的是从中美洲和加勒比海进口过来的雪茄。但是这些牌子的雪茄进口过来后要冠在舒斯特名下，因为，两兄弟在进口一种雪茄牌子前，他们会对雪茄的生产，最主要的是烟叶的选取和混合施行把关。而且，根据他们丰富的经验，他们已深知当地吸烟者的喜好了。首选的是卡马乔（Camacho）、卡萨·德·托斯（Casa de Torres）以及玛利亚·曼奇尼（Maria Mancini）这三个牌子，但它们也只是十个进口产品的其中之三而已。

回到自产产品，除了尖端品牌C.门多萨（C.Mendoza），其次就数勒班陀（Lepanto）和Partageno y Cia两个品牌了。后者是到1906年才生产并成为Schuster的传统品牌。这个可能就是2004年所介绍的巴西Trüllerie雪茄。舒斯特就以此向他们的朋友提供优质的巴西雪茄。精细的烟草混合和高手工制作艺术，使得两兄弟对于纯正巴西烟草的爱在每一支雪茄中展现得淋漓尽致。

Austria-Tabak
奥地利烟草

奥地利的雪茄和烟草，首当其冲的是由大型奥地利烟草公司销售的。这个大型贸易公司的雪茄在菲斯滕费尔德（Fürstenfeld）生产，和他们进口的烟草产品一样，通过其在阿尔卑斯共和国名为"烟草之乡"（tobaccoland）的子公司大量销售。

菲斯滕费尔德是布尔根兰（Burgenland）南面不远的一个小城，也是奥地利、斯洛文尼亚以及乌克兰三国交界地区。从前的多瑙河帝国（k.u.k）众多雪茄工厂中唯一遗留下的一家就位于该城。

这个 1694 年成立的工厂如今每年生产近 3000 万支雪茄和小雪茄，其中不少雪茄品牌已注册并获得许可证。

既然提到了菲斯滕费尔德，那么奥地利的"国家雪茄"（Nationalzigarre）就不能不提了。这种雪茄自从 1846 年起，就以维吉尼亚（Virginier）雪茄之名以相同的配方生产。还有一种雪茄，它是维吉尼亚烟草熏制而成的（"selchen"在奥地利语中说成"räuchern"，都表示"熏制"之意）。除了马拉维和伊扎尔的烟草，Virginia 烟草也一直被用来作为茄叶，不过，它还被用来作为维吉尼亚国家特许专卖（Virginier Spezial Regie）雪茄的烟芯。来自这两个非洲国家的外国烟草还远远不够，所以从坦桑尼亚和乌干达引进的烟草也都用来做成烟芯，也就是特许专卖的维吉尼亚（Regie Virginier）雪茄。所有这些烟草都是深色烤烟（dark fired），都被熏过。

不过，维吉尼亚周年纪念版 Jubiläums-Virginier 雪茄，自从 1984 年 5 月上市以来，其烟芯就只专由巴西、哈瓦那和爪哇岛上等的烟草制成。

维吉尼亚雪茄的特点除了其烟嘴，还有通气草茎（一种特定的异国草制成的）。在吸烟之前，这个草茎要从雪茄中先取出来，这样就可以腾出一个空气道。那么规格呢？它们还是一样的。所有的维吉尼亚雪茄 205 毫米长，直径为 10.5 毫米。那么规格的名称是什么呢？很简单，就是维吉尼亚！

Avo 阿沃

虽然多米尼加共和国生产的阿沃雪茄长期无法在德语国家供应，但这个卓越的优质雪茄自 1999 年初就在当地有了默默的狂热追逐者。

阿沃雪茄是由多才多艺的著名爵士钢琴家和音乐人阿沃·乌瓦齐安（Avo Uvezian）设计而成。1926 年生于一个亚美尼亚家庭，他的生活真是多变啊。起初在青少年时，他就和一个爵士三重奏组合游历了中东地区，不久，便小有成就。在德黑兰宫廷效力21年，国王沙阿·礼萨·巴列维（Shah Reza Pahlavi）任命其为钢琴师。在巴列维的建议和支持下，他之后又去了美国，并在纽约著名的茱莉亚音乐学院学习。20世纪80年代初，又一份热情——吸贵族雪茄——让他有了用自己的名字命名雪茄的想法。这位世界主义者又一次取得了成功。阿沃雪茄刚刚入市不久便成为绝对优质的品牌。

最后大卫杜夫雪茄注意到了阿沃，并在1988年从资金和物流上参与了阿沃雪茄公司（Zigarrenunternehmen Avo），这为乌瓦齐安（Uvezian）雪茄的成功提供了又一保障。第一年就生产了几千支阿沃雪茄，在这期间还向多米尼加共和国供应了超过500万支的这种优质品牌雪茄。

这种雪茄是在大卫杜夫的生产房里面制造的。Davidoff原名为多米尼加烟草公司（Tabacos Dominicanos），或简称Tabadom，管理者为亨德里克·克尔纳（Hendrik Kelner）。阿沃雪茄确实是该行业中的佼佼者，其所有的系列产品都展现了烟草香味的浓淡完美混合，也让他人折服。对于那些资深的抽雪茄者，阿沃的XO系列值得推荐，这一系列的雪茄比之前长烟芯系列的雪茄相对温和。

B Balboa
巴尔博亚

除了约瑟·弗洛皮斯（Jose Llopis），巴尔博亚雪茄也是值得一提的巴拿马雪茄品牌之一。确切地说，该雪茄拥有巴拿马根源，因为巴尔博亚雪茄的名

字是为了纪念第一个发现巴拿马的一位名叫法斯克·努内次·巴尔博亚（Vasco Nunez de Balboa）的西班牙航海家，并且是在尼加拉瓜制作而成。法国人阿冯斯·达瑞尔（Alfons Darier）和比利时人简·凡·克里夫（Jean van Cleef）

在太平洋和加勒比海之间的小国，也就是巴拿巴，建立了第一家名为"达瑞尔 & 克里夫烟草公司"（Tabacalera Darier & Cleef），并于1881年制成了第一批巴尔博亚雪茄。1904年的一次生产之后，这个牌子变消声许久，直到2000年才又从长眠中醒来。

这种手工制作的尼加拉瓜长烟芯烟草也是来自巴拿巴，其芳香厚纯而不腻。它们是在奇里基（Chiriqui）省按照生态原则，在小块小块的烟草农场里撒播种植而成。还有一些值得称道的是，制作烟芯的烟草要经过4年成熟，而卷叶和包叶的烟草要6年的成熟，这就使得每个环节都达到了良好的平衡。反之，也对雪茄的贮存和品牌独特性带来了积极的影响。

L：176mm
$：38/支

L：151mm
$：20/支

L：114mm
$：20/支

从左到右依次是：Churchill，Torpedo，Robusto。

Bauza 博萨

这种雪茄起初在古巴生产，虽然这种品质卓越的雪茄生产基地多年以来就在多米尼加共和国，但是仍然能在博萨雪茄盒上看到哈瓦那革命前的影子。

这种雪茄香味怡人，口感温和，但是要注意"总统雪茄"（Preidente）这一品牌，其茄芯是用长短烟叶合成，与其他品牌相比稍微逊色。博萨雪茄值得称赞的不仅仅是其由手工制作而成，而且其价格也非常合理。

Belinda 贝琳达（百灵达）

20 世纪末，贝琳达雪茄在古巴以老牌子哈瓦那雪茄首次生产问世，并且在两次世界大战期间声名鹊起。比如说，对于好莱坞著名无政府滑稽戏演员兼导演格劳乔·马克斯（Graucho Marx）

而言，贝琳达雪茄就是他的首选。

可惜的是，如今已经很难找到贝琳达雪茄了，因为在过去的几年里，它的生产越来越少。更可惜的是，之前所被广爱的五种机器生产规格的雪茄中，有不少品种由于其温和性，很适合初学抽雪茄者，如今也很少有了。不过给对此雪茄仍然坚持不懈的人一点小安慰和小点子，你可以去名为"哈瓦那之家"（La Casa del Habano）的雪茄会所询问，因为那里是最可能找到贝琳达雪茄的地方。

Bock y Ca. 波克 y Ca.

1998 年中期，波克·y·Ca. 就在市场上拥有了数目可观的追随者。他们知道，这个口感风格从温和到浓郁的优质雪茄来自多米尼加共和国。波克雪茄由经验丰富的雪茄卷烟工人在圣地亚哥市生产，由不同的烟草混合而成，这便是

贝琳达（百灵达）

商标名称	产品名称	长度（mm）(≈in)	环径（mm）	国际标准	品吸时长（min）
Belvederes	Belvederes	125（4 ⅞）	39（15.5）	Short Panatela	30~45
Demi Tasse	Demi Tasse	100（3 ⅞）	32（12.7）	Small Panatela	15
Panatelas	Sports	117（4 ⅝）	35（13.9）	Short Panatela	15~30
Petit Coronas	Petit Coronas	129（5 ⅛）	42（16.7）	Petit Corona	30~45
Princess	Epicures	110（4 ⅜）	35（13.9）	Short Panatela	15~30

波克雪茄的独特魅力。

这个雪茄品牌的名字是为了纪念下莱茵区的古斯塔夫·波克（Gustav Bock）。为什么说是下莱茵区呢？因为目前对于雪茄上的商标纸圈的发明者到底是德国人还是荷兰人尚无定论。莱茵河从德国内部的埃梅里希附近流向荷兰，并在那儿形成了广阔的三角洲，所以下莱茵地区的说法也便形成了。

还有一种说法是，此雪茄是为了纪念20世纪残余之际，伟大雪茄世界的一位伟人而命名的。他后来移民到古巴后改名为古斯塔夫（Gustav），这个名字便通过这个口感舒适的多米尼加共和国生产的雪茄得到了永世流传。

Bolívar 玻利瓦尔

玻利瓦尔雪茄属于哈瓦那品牌最好和最强烈的雪茄品牌之一。该名字是为了纪念拉丁美洲独立运动的领导者西蒙·玻利瓦尔（Simon Bolivar）。

巴斯克的伊达尔戈家族在17世纪移民到了南美洲，其后裔玻利瓦尔当时是政府委员会成员，于1810年奋起反抗西班牙的统治。1813年，他号召为了解放而奋战，并打败了西班牙人，推翻了他们的统治，于1819年被选为委内瑞拉总统。

从左到右依次是：
1. 铝管一号 "Tobus No.1"。
2. 铝管二号 "Tobus No.2"。
3. 铝管三号 "Tobus No.3"。

L：142mm
$：40/ 支

L：129mm
$：37/ 支

L：125mm
$：35/ 支

之后，在玻利瓦尔政府领导下，南美洲西北方向的殖民地大部分都获得解放，而且他的一个大目标是把所有这些地方统一起来，但是最终拉丁美洲的自由还是没有在他的有生之年实现。

如今西蒙·玻利瓦尔的纪念碑数不胜数，但无论玻利瓦尔雪茄是否是为了纪念南美洲这位伟大的儿子，如今已并不是最重要的了。他为"勇士雪茄"（Kämpfer）所改进的无与伦比的浓郁香味，才是对经验丰富的钟爱于强烈哈瓦那雪茄的爱好者最宝贵的。

这种大品牌规格的雪茄以其浓烈为最显著特征。而它感浓郁、细腻又

玻利瓦尔

商标名称	产品名称	长度（mm）（≈in）	环径（mm）	国际标准描述	品吸时长（min）
Belicosos Finos	Campana	140（5 ½）	52（20.6）	Pyramid	75~90
Belvederes	Belvederes	125（4 ⅞）	39（15.5）	Short Panatela	30~45
Bolívar Tobus No.1	Corona	142（5 ⅝）	42（16.7）	Corona	45~60
Bolívar Tobus No.2	Mareva	129（5 ⅛）	42（16.7）	Petit Corona	30~45
Bolívar Tobus No.3	Placera	125（4 ⅞）	34（13.5）	Small Panatela	30
Bonitas	Londres	126（5）	40（15.9）	Petit Corona	30~45
Chicos	Chico	106（4 ⅛）	29（11.5）	Small Panatela	15
Coronas	Corona	142（5 ⅝）	42（16.7）	Corona	45~60
Coronas Extra	Francisco	143（5 ⅝）	44（17.5）	Corona	45~60
Coronas Gigantes	Julieta No.2	178（7）	47（18.7）	Churchill	90~105
Coronas Junior	Minuto	110（4 ⅜）	42（16.7）	Petit Corona	30
Inmensas	Dalia	170（6 ¾）	43（17.1）	Lonsdale	75~90
Petit Coronas	Mareva	129（5 ⅛）	42（16.7）	Petit Corona	30~45
Royal Coronas	Robusto	124（4 ⅞）	50（19.8）	Robusto	45~60

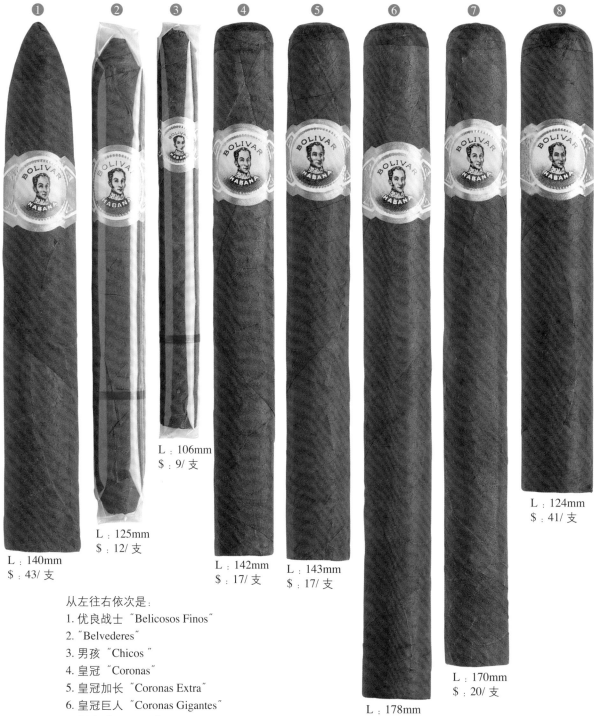

①   ②   ③   ④   ⑤   ⑥   ⑦   ⑧

L：106mm
$：9/ 支

L：125mm
$：12/ 支

L：140mm
$：43/ 支

L：142mm
$：17/ 支

L：143mm
$：17/ 支

L：124mm
$：41/ 支

L：170mm
$：20/ 支

L：178mm
$：25/ 支

从左往右依次是：
1. 优良战士 "Belicosos Finos"
2. "Belvederes"
3. 男孩 "Chicos"
4. 皇冠 "Coronas"
5. 皇冠加长 "Coronas Extra"
6. 皇冠巨人 "Coronas Gigantes"
7. 巨大 "Inmensas"
8. 御用皇冠 "Royal Coronas"

略带泥土气息，属哈瓦那雪茄经典系
列。这些由手工制成的深色茄叶雪茄，
其雪茄上的商标纸圈依旧是玻利瓦尔的
肖像，这种雪茄拥有着浓烈的香味，而
这一切都要归功于其采用了干叶多于淡

叶的混合烟芯。

1901 年，约 瑟 夫 · F. 罗 恰（Jose
F. Rocha）公司在哈瓦那成立，并在 20
世纪 50 年代打响了玻利瓦尔这个品牌。
在拉斐尔（Rafael）兄弟和拉蒙·西富

恩特（Ramon Cifuentes）接手生产时，玻利瓦尔至今还有很高的声誉。

之前提到，这种传统雪茄差不多是为了那些钟爱浓烈哈瓦那雪茄的人准备的。如果这种雪茄的包装上缺少了"纯手工制作"（Totalmente a mano）标识，就会使其在购买力上大打折扣。因为，这种品牌中机器制造的雪茄，其品质确实稍微逊色。

从左往右依次是（图例缩小为原尺寸的50%）：
1. Admiral, 2. Henry, Torpedo
3. Baron, 4. Rolando Robusto
5. Roando Double Corona
6. Rolando Torpedo
7. Churchill

Bossner 博斯纳

国际品牌，品种多样！康斯坦丁·罗斯库特尼科夫（Konstantin Loskutnikov）在苏联出生，1991 年底，苏联解体后向西移民。到达柏林后，为了建立一个巧克力工厂，首先卖一些俄国制造的产品。不久之后，便卖起了雪茄。这并不是俄国人的天性。20 世纪 70 年代，他在西伯利亚当技工。为了攻读工程师学位，80 年代初又去了列宁格勒，在一所大学注册入学。1989

L：154mm   L：166mm   L：172mm   L：144mm   L：188mm   L：168mm   L：208mm
$：32/ 支 $：35/ 支 $：40/ 支 $：30/ 支 $：38/ 支 $：38/ 支 $：40/ 支

年，他在如今仍被称作圣·彼得斯堡（St. Petersburg）的城市建成了一家牛仔裤工厂。工厂里有近300名工人，这也是为了以后的再次改行。所以，人们都说，康斯坦丁·罗斯库特尼科夫是一个养马之人，不久就会组织开办场艺术拍卖会了！用这句话来形容他一点儿也不为过。有一天，罗斯库特尼科夫，这位活跃的企业家，手拿一张老照片，回忆起他祖母说过的话，他说，他的父亲

从左到右（图例缩小为原尺寸的50%）：
1. Double Corona, 2. Torpedo
3. Robusto, 4. Corona 004, 5. Corona 003
6. Corona 002, 7. Corona 001
8. Long Panatela 002, 9. Long Panatela 001

嘴上从来没少根雪茄。所以这不久就让长久吸雪茄的罗斯库特尼科夫意识到，他得创立一个属于自己的雪茄品牌。

在多米尼加共和国的多次尝试，让他找到了一个合适的合伙人。这对他来说，不管是过去还是现在，都有可能对单品种雪茄的混合产生影响。几年以来，标示为博斯纳（Bossner）的手工制造雪茄，分多种系列上市，产地则在尼加拉瓜。

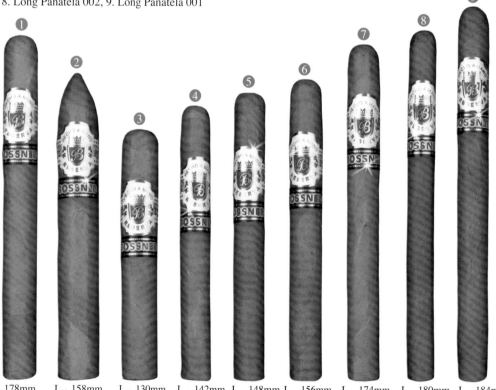

L：178mm L：158mm L：130mm L：142mm L：148mm L：156mm L：174mm L：180mm L：184mm
$：35/支 $：32/支 $：28/支 $：28/支 $：30/支 $：35/支 $：40/支 $：45/支 $：50/支

康斯坦丁·罗斯库特尼科夫（Konstantin Loskutnikov）。

（1796~1875）。Trüllerie 雪茄不仅以精致包装与优质的内涵相融合，让人称道和高兴，它上等的短芯叶雪茄也让体面的巴西朋友心服口服。

Burger 贝格

在雪茄界，谁要是说到贝格，公司全称是贝格子弟股份公司（Burger Söhne AG），那很少会投来疑问的眼光，因为这个股份公司属于欧洲烟草类商品有领先地位的公司之一。丹纳曼（Dannemann）和其他雪茄一样，也在"瑞士公民"之名的庇护下在当时有一席之地。这个经历了四代人的公司还得追溯到鲁道夫·贝格·弗洛里希（Rudolf Burger Fröhlich）创建雪茄工厂的时候。那是 1864 年，像这样的举动（指建雪茄工

最后要解释的就是名字的由来。其实这位世界主义者是为了纪念他的一位女性祖先，也就是他的曾祖母，我们前面提到过，她的老公也是口不离雪茄的。

Brazil Trüllerie 巴西卷烟

奥古斯特·舒斯特公司最早的雪茄产品系列有 7 种规格。每一种都有极其美丽而又富有怀古风格的雪茄盒，这种雪茄盒的内盖则备有艺术味十足的印纹。这些印纹可以追溯到法国画家简·巴蒂斯特·卡米尔·科罗

厂）并没有引起轰动，因为早在19世纪60年代初，瑞士北部的雪茄工厂如雨后春笋般地涌现出来，后来这块地区被戏谑地称为"方头雪茄烟之乡"（Stumpenland）。而"贝格方头雪茄烟"（Burger Stumpen）则是当时抽雪茄者的一个代名词。当时机器生产的方头雪茄到如今还广受欢迎。

贝格公司也对这个传统雪茄情有独钟。方头雪茄（Stumpen）是用巴西、印度尼西亚和古巴的海外烟草加工而成，被命名为"罗氏力"（Rössli），并且一如既往地拥有坚实的拥护者。

C Camacho 卡马乔

卡马乔雪茄近几年一直属于国际备受关注的雪茄之一，这并不是没有道理的，因为它有两个主打系列最吸引眼球。

卡马乔·科罗霍（Camacho Corojo）雪茄就是长年烟草种植的产物。为了能把古老而又有权威的种子——荫植烟草（Corojo）植株——制

作成雪茄，在洪都拉斯耕作超过了30年。用这种植株制成的雪茄有古巴传统雪茄的特色，即饱满又香醇的口感。

和科罗霍（Corojo）有一拼的是卡马乔·克里奥罗（Camacho Criollo）系列的雪茄。同样也是在洪都拉斯种植，不过采用的是来自古巴阳植烟草（Criollo）植株的种子，其每种规格的烟芯都与荫植烟草（Corojo）混合而成，这样就使得这种雪茄略带香味，而不像科罗霍雪茄那样以混合香味为主。

此外，克里奥罗（Criollo）雪茄主要以地域性的烟草为特色，这些烟草则以不同的形式种植在所有加勒比海岸国家。

卡马乔雪茄之父是埃罗瓦家族的一名成员，埃洛瓦家族则是洪都拉斯

最好的烟草种植和加工之家。这个流亡的古巴家族凭借其丰富的种植经验，再加上流亡前在古巴拥有的烟草种植园上的优质荫植烟草（Corojo）植株种子，成功耕种出了品质优良的烟草。

C.A.O. 雪茄

C.A.O. 只有三个字母，但却在无数的雪茄爱恋者中有很高的声誉。这三个字母之后隐藏着卡诺·A. 欧兹根那（Cano A. Ozgener）这个名字。

欧兹根那（Ozgener）在土耳其出生，在美国完成学业。他发明的海泡石烟嘴为这位浑身热情的抽雪茄的小伙子独立创业打下基石。因为这种烟嘴的外形很受政治和演艺界名流的喜欢，于是1968年他成立了自己的公司，并开始进口家乡的烟嘴出售。

30年后，他取得了巨大的成功，和两个流亡的古巴人，卡洛斯·托拉诺（Carlos Torano）和内斯特·普拉森西亚（Nestor Plasencia），一起设计了一流的长芯叶雪茄，并以 C.A.O. 为标签。

C.A.O. 第一个引入市场的是黑雪茄。这种雪茄一问世，便取得了决定性的成功，因为它展示了绝对的完美欲。当1996年可怕的厄尔尼诺风暴来袭，使得优质精选的烟草供应紧俏，Ozgener 最后做出质量至上的决定。他停止了这种雪茄的生产。

2002年，黑雪茄再度问世，其香味淡雅，品质更高。凡是涉及到拉力性、品牌性和做法，其他系列的雪茄，如巴西人（Brazilia）雪茄、喀麦隆（Cameroon）雪茄和克里奥罗雪茄，都以其恰到好处的混合以及卷叶和茄叶的完美平衡而让人信服。这些就是 Cano A. Ozgener 每日所追寻的完美和谐的见证，也是他对员工和合作伙伴所期待的。

这种追逐完美的理念也在包装样式上显现得淋漓尽致。C.A.O. 着实为雪茄客们提供了不错的雪茄包装。无论是不同的雪茄盒，还是卷制一支支特定尺寸雪茄的丝绸纸，都是为了让行家在吸一口 C.A.O. 雪茄后能兴奋并回味无穷，能感悟到这种雪茄的一流设计并迷恋上对细节的回味，这些回味和兴奋定不会让人失望。

2003 年 1 月，Ozgener 家族和托拉诺家族在尼加拉瓜和洪都拉斯建立了第一家自己的生产基地，以家族关系在世界激烈的竞争中角逐优质精选的长芯叶雪茄。也许这就是为什么"优质"这一概念总与 C.A.O. 有千丝万缕的联系。

Carlos Toraño
卡洛斯·托拉诺

在欧洲近十年的雪茄市场上，托拉诺雪茄随着时间的推移，已声名鹊起，并征服了许多雪茄爱好者。

多米尼加共和国、洪都拉斯和尼加拉瓜生产的长芯叶雪茄以其一套完美的做法而闻名。它的香味可以从清淡到中等香浓（产自洪都拉斯）或者略带浓烈（产自尼加拉瓜）。而在多米尼加共和国生产的"签名集锦"（Signature Collection）系列则是偏爱真正浓烈香味的抽雪茄者所期待的一级雪茄品种。

Casa de Torres
卡萨德·托伦斯

卡萨德·托伦斯所提供的是品吸美味的，精细手工制作的长芯叶雪茄。棕色的美丽茄衣皮洛托·古巴里格路（Piloto Cubano）茄叶一叶叶卷制而成。这种茄叶是一种一级品质的哈瓦那雪茄种子在尼加拉瓜长久耕作长成的。让这种雪茄出众的是其舒适清淡的口感，这种口感主要得益于康涅狄格遮阴烟草制作而成的精良茄叶。

对于雪茄新手而言，卡萨·德·托伦斯（Casa de Torres）雪茄以其低廉的价格和优良的品质理所当然成为首选。

Cervantes 塞万提斯

塞万提斯雪茄起初产自洪都拉斯，但如今多米尼加共和国已成为它多年的故乡。

因此，这种手工制作的长芯叶雪茄的浓度也发生了变化。以前它被称作是中等浓烈雪茄，而如今则被认为是相对温和的雪茄。这种变化特别符合刚开始品吸雪茄的狂热爱好者。选择制作优良的塞万提斯雪茄一定不会让人失望，因为它虽然温和，但是却给人以愉快的香味，提供一种柔软圆润的口感。

Chambrair 香布莱尔

说到气候柜，它是为葡萄酒准备的而不是雪茄。因为葡萄酒和雪茄定是适应了有沧桑阅历的口味共生现象，所以，阿恩·布滕申（Arne Butenschön），

哈代·罗登斯托克。

也就是现在香布莱尔公司的负责人之一，将圣多明各（Santo Domingo）的雪茄从他作为总管事的一次旅途中带到奢华的帆船上便是必然之事了。这种雪茄在一个经验丰富的雪茄制造商，一个流亡的古巴人的工厂里制造而成。布滕申稳住了手工制造的长芯叶雪茄的销售，并且从20世纪90年代开始，便以"香布莱尔美食雪茄"（Gourmet Cigare de Chambrair）之名推出了许多尺寸规格的雪茄。

1996年年底还能购买到香布莱尔雪茄，但不是那种有美食之称的雪茄。香布莱尔私人（Cigare de Chambrair Privee）系列有四种规格可供雪茄爱好者们选择。这种精致手工制作的上等长芯叶雪茄香味种类从温和到中等浓烈，深受雪茄狂热爱好者和长久抽雪茄者的青睐。

之后在1998年，葡萄酒收藏家、雪茄爱好者哈代·罗登斯托克（Hardy Rodenstock）设计了和香布莱尔雪茄一

样的丘吉尔和罗伯斯特雪茄，并将它们合称为 HR 雪茄。这个相对温和但又带有清香的长芯叶雪茄是用三种不同圣多明各烟草做的烟芯和茄衣，这些烟草至少成熟了 7 年，保证了纯净的品吸口感。

Charles Fairmon
查尔斯·费尔蒙

这种雪茄是来自加勒比海和中美洲国家以及荷兰多种雪茄品牌，经由查尔斯·费尔蒙公司供应，在德国能够买到。当然这家公司也有自己的产品，其价格也是从中档到高档不等。不管这些雪茄是荷兰风味的，还是用来自加勒比海和中美洲的烟草制成并贴上标签，它们绝对值其卖价。

查尔斯·费尔蒙公司在烟草生意上已有 25 年的历史。1978 年汉萨城汉堡成立，1996 年将公司总部迁往图林根的丁格尔施泰特市。这一迁址并不是没有原因的，因为烟草之都丁格尔施泰特市 1912 年起就开始生产雪茄了。

"查尔斯·费尔蒙·贝尔莫尔"系列（Charles Fairmorn Belmore）和"查尔斯·费尔蒙传统"系列（Charles Fairmorn Tradition）之后又分成了洪都拉斯包装（Honduras Wrapper）和纯菲诺斯（Puros Finos）两种。除了这两个年代悠久的旗舰品牌，还有查尔斯·费尔蒙·科罗拉多系列（Charles Fairmorn Colorado）和查尔斯·费尔蒙·马杜罗系列（Charles Fairmorn Maduro）也值得称道。而所有的这些雪茄品种都是优等的长芯叶雪茄。

贝尔莫尔雪茄是增速最明显的系列。它一方面可以被称为"查尔斯·费尔蒙·贝尔莫尔 E.R.P. 选集"（Charles Fairmorn Belmore E.R.P.Selection）。这种雪茄在公司银色周年庆上第一次问世，并且以中等浓烈纯香拥有了数不胜数的追随者。另一方面，作为最年轻的"孩子"，它又被称之为"查尔斯·费尔蒙·贝尔莫尔·喀麦隆精选"（Charles Fairmorn Belmore Cameroon Selection）。这种规格的雪茄以其较重的浓度和卓越的喀麦隆茄叶让人折服。

但是并不只有加勒比海的雪茄制造商替查尔斯·费尔蒙公司生产，如之前所说的，在德国，确切地说，在丁格尔施泰特市，也生产着经典短芯叶雪茄。

有些长久以来代表公司财政状况的雪茄品牌在当时已经不再供应，但是却在这里得到生产。艾哈德雪茄（Erhard）绝对不是人们所想象的那样，代表着德国前经济部长和总理，而是指代"经济复苏之父"的名字。他的名字叫汉斯·艾哈德（Hans Erhard），他负责刻画带有他名字的线条。这两个艾哈德之间的联系还要归功于他们对雪茄的挚爱。菲尔特的路德维希负责抽雪茄，而海德堡的艾哈德则负责生产雪茄（当然，他自己也会抽雪茄）。这大概持续了近四分之三世纪。因为汉斯·艾哈德在99岁高龄的时候去世，而且在他临死前还在忙着生产雪茄！

最后还有一个系列不能不提。也就是"查尔斯·费尔蒙·尼加拉瓜"雪茄（Charles Fairmorn Puros de Nicaragua）。但是这里所侧重的不是雪茄而是其烟草。就像它的名字所预示的，这种烟草源于尼加拉瓜。而Puro一词在西班牙语中就是"雪茄"的意思。也可以说，这种手工制作的长芯叶雪茄让中等浓烈的香味满嘴留香，这使它和许多来自中美洲的雪茄有了共同之处。

总之，查尔斯·费尔蒙（Charles Fairmorn）公司在优质领域提供了广阔的长短芯叶雪茄平台，并且对于雪茄狂热爱好者来说，它则是专业而又优质的最佳选择品牌。

Cifuentes 西富恩特斯

在雪茄界，西富恩特斯这个名字已经有了100多年的声誉。在这期间，这个朝代的祖先，唐·拉蒙（Don Ramon），是个传奇人物。19世纪下半叶初期一直到进入20世纪之后，他开始经营位于哈瓦那中心的帕塔加斯雪茄工厂，以确保能在19世纪80年代负责生产出帕塔加斯雪茄。

1876年，第一款西富恩特斯雪茄问世，由唐·海梅·帕塔加斯（Don

Jaime Partagas）投入市场，他是这个历史悠久品牌的创始者，所以该雪茄也是以他的名字命名的。不久，西富恩特斯雪茄变成了当时雪茄狂热爱好者一直追求的哈瓦那雪茄之一。

拉蒙的儿子也叫作拉蒙，他将他

父亲的帕塔加斯雪茄事业继承并发展起来。老拉蒙是他儿子的榜样，而且他绝对称得上他那个年代最好的雪茄卷制商。后来，他的儿子也获得了卓越的雪茄制造商的美名。当老拉蒙的名字渐渐远去时，小拉蒙立志要将他父亲的事业发扬光大并且将传统的西富恩特斯雪茄流传下去。

当卡斯特罗获取政权之后，这位最高领导者让年轻的拉蒙接管整个国家的雪茄生产一职。但是这位立志生产顶级哈瓦那雪茄的年轻人并不满足于古巴的这种新的生产环境，于是他毅然离开自己的家乡去了多米尼加共和国。在这里他监督着至今仍由美国通用雪茄公司生产的多米尼加帕塔加斯雪茄的生产。但正如其商标名字"西富恩特斯"和"拉蒙·阿罗那"所显示的，他在20世纪70年代初买下了这个美国公司的所有权。

古巴西富恩特斯雪茄因此不再生产了。这的确有点可惜，也让人感到难过。因

为对于金典哈瓦那雪茄的收藏爱好者来说，以前的那个大牌子更受欢迎。

C.Mendoza
C．门多萨

C是代表"Cardenal"，字面意思是"枢机主教"，Mendoza就是其本意。将来那个词合成的"C.Mendoza"则是奥古斯特·舒斯特的顶尖雪茄品牌。其公司在东威斯特伐利亚的宾得市（Ostwestfälischen Bühde），生产的是一流的短芯叶雪茄。

Cohiba 高希霸

它绝对是一个优质的哈瓦那雪茄，许多专家把这个牌子归入加勒比岛国品质最好的雪茄品牌。

不管高希霸是否是最棒的雪茄，每个雪茄迷的口感和钟爱才是关键。这个雪茄品牌无疑有种影响力，让其能与其他哈瓦那雪茄品牌一一角逐。

虽然面市了不到40年，高希霸雪茄在一开始就引来不少迷恋的目光。这可以用它那些无以计数的问世传说来证明。这些传说故事在雪茄爱好者

的圈子里一直流传，比如切·格瓦拉（Che Guevara），据说他与高希霸雪茄的起源也有联系。

到底谁真正让高希霸雪茄问世，恐怕永远都是个迷。虽然菲德尔·卡斯特罗（Fidel Castro）在其30岁生日的盛装宴会上，有说明这种古巴雪茄产生的事迹。至少这个最高领导者一直致力于弄清高希霸雪茄的起源。"我想就高希霸雪茄说上两句。我偶然发现，我的贴身保镖总是抽一种很浪漫而又温和的雪茄。他告诉我，这不是什么了不起的品牌，他只是从他的一个制造这种雪茄的朋友那儿拿来的。我试了下这种雪茄，发现自己很喜欢，所以我就说，我们去看看你的那个朋友吧。我们遇到了那个朋友并且问他，是怎么生产出这种雪茄的。之后我们就在 El Laguito 建立工厂，他则向我们讲解烟草混合术。他是这么跟我们讲的，他用哪些种植场的哪些烟叶，哪些烟叶做哪些茄叶，等等。我们还找了其他一些雪茄制造商，给他们一些必要的原料，这样就开始了我们的雪茄生产。我也想为妇女们提供工作，所以现在的工厂主要是由她们经营。那时候，高希霸雪茄可是举世闻名的。这还得追溯到30年前呢。"

那个贴身保镖的朋友就是当时还

没有名气的爱德华·里贝拉（Eduardo Ribera）。他在被卡斯特罗发现之后，便着手生产了三种规格的雪茄并命名为 Laguito No.1、Laguito No.2 和 Laguito No.3。这几种规格都是卡斯特罗个人非常喜爱的。对此深信不疑的还有一个人物，她就是 1994 年至 2003 年掌管 El Laguito 的总裁埃米莉亚·塔马约（Emilia Tamayo）。这个公司在哈瓦那郊区的名字为美丽华（Miramar）。那里可以看到很多殖民地风格的建筑，用来纪念当年的时光。每天晚上伯爵和王侯们，不受拘束的艺人和冒险家在那儿相聚，他们在黑暗中游离于游戏和女人之间，沉溺于沁人的烟云之中，并由此来消磨时间。

"司令官"确定无误的实行肯定有许多既定的事实。当然，每个人内心都有自己认定的主观事实，所以这种情况下一些问题也就悬而未决了。阿韦利诺·拉腊（Avelino Lara）生前作为雪茄制造商是一个传奇，而且作为"世纪"（Siglo）雪茄和之后的"高希霸"雪茄之父，他在雪茄爱好者的圈子里享有举世瞩目的尊敬。在一次宴会中，他很谦虚地说："当高希霸雪茄制成的时候，我只是参与其中而已。这就足够了。"

1997年1月28日在哈瓦那，确切地说是在世界有名的热带歌舞夜总会（Cabaret Tropicana）举办的盛装宴会上，来了600位烟草界人士。被邀请的还有让人期待的美国嘉宾，首当其冲的是阿诺德·施瓦辛格（Arnold Schwarzenegger）和罗伯特·德尼罗（Robert De Niro）。但是他们本已预订好的飞往哈瓦那的飞机不得不被迫取消，因为华盛顿政府对古巴实行了禁运措施，并且威胁要制裁那些胆敢赴邀并踏入共产主义领土半步的美国公民。可怜的沙文主义……这些迫不得已待在家中的名流没注意到，一个被拍卖的奢华小盒子上面是总统的亲笔签名。这个小盒子连同所含之物以及这个签名以13万美元的拍卖价换了主人。

究竟里面所包含的90根高希霸雪茄的价值有多少，也没人知道。

再回到这个品牌本身。20多年来就只有以上所提到的三种规格的雪茄，其中Vitolas de galera 不久与Vitolas de salida 合伙，形成了Corona Especial（No.2）、Lancero（No.1） 和Panetela（No.3）三种雪茄规格。Vitola de salida 其实就是表示"商标名"，但是在高希霸雪茄一如既往地被购买和抽食之前，它被沿用了近15年。之前只有国家贵宾，当然包括卡斯特罗本人，才有幸尝试那个古巴雪茄艺术之最的样品。

20世纪80年代，许多雪茄狂热爱好者们的愿望终于实现了，他们也能随时买到和抽到高希霸雪茄了。因为，自从古巴雪茄流入市场，高希霸负责人就思考着，要把它们的产品生产数额固定在一个相同水准上。就在这个年代末期，雪茄狂热爱好者们再一次了却了更高的心愿，因为他们能买到更多的高希霸雪茄了！一方面 Explendido、Exquisito 和 Robusto 雪茄闪亮登场；另一方面，按照医生的嘱咐，菲德尔·卡斯特罗戒了烟。随后科罗娜雪茄也问

高希霸（Cohiba）雪茄

商标名称	产品名称	长度（mm）（≈in）	环径（mm）	国际标准描述	品吸时长（min）
金典（Clasica）系列					
Coronas Especiales	Laguito No.2	152（6）	38（15.1）	Panatela	45~60
Esplendidos	Julieta No.2	178（7）	47（18.7）	Churchill	90~105
Exquisitos	Seoane	126（5）	33（13.1）	Small Panatela	30
Lanceros	Laguito No.1	192（7 ½）	38（15.1）	Long Panatela	75~90
Panetelas	Laguito No.3	115（4 ½）	26（10.3）	Cigarillo	15
Robustos	Robusto	124（4 ⅞）	50（19.8）	Robusto	45~60
世纪（Sglo）系列					
Siglo I	Perla	102（4）	40（15.9）	Petit Corona	30
Siglo II	Mareva	129（5 ⅛）	42（16.7）	Petit Corona	30~45
Siglo III	Corona Grande	155（6 ⅛）	42（16.7）	Long Corona	60~75
Siglo IV	Corona Gorda	143（5 ⅝）	46（18.3）	Grand Corona	60~75
Siglo V	Dlia	170（6 ¾）	43（17.1）	Lonsdale	75~90
Siglo VI	Canonazo	150（5 ⅞）	52（20.6）	Toro	75~90

❶ ❷ ❸ ❹ ❺ ❻

从左至右依次为：
1. 长矛 ˝Lanceros˝
2. 光芒万丈
˝Esplendidos˝
3. 皇冠特制
˝Coronas Especiales˝
4. 精美 ˝Exquisitos˝
5. 壮汉 ˝Robustos˝
6. 宾丽 ˝Panetelas˝

L：113mm
$：40/ 支

L：125mm
$：41/ 支

L：124mm
$：52/ 支

L：153mm
$：51/ 支

L：178mm
$：40/ 支

L：191mm
$：106/ 支

世，临时的包含标准规格的金典（Clasica）系列雪茄则停产了。

　　Cohiba 这个名字源于古巴的最初居民泰诺印第安人的语言，但为什么它被借用而来，又究竟是什么意思，按照著名的语言研究者的观点，对其最简单最直接的解释就是"雪茄"。为什么高

希霸雪茄备受众多专家的青睐，可能是因为其烟草的茄叶以及其加工方式吧。阿韦利诺·拉腊从 1968 年至 1994 年主管 El Laguito 公司，他定下了重要的原则，并且每个负责生产高希霸雪茄的参与者都必须严格遵守。

　　首先，只有在布埃尔塔阿瓦霍地区建立的 10 个顶级烟草园（Vegas）里生产的烟叶，才被列入制作高希霸雪茄的考虑范围内。在一定的时间里，Vegas 烟草园里的植株被仔细地看护着，以确保哪些种植面积适合哪种烟草种植。最后，在头两个烟草园里收获茄衣，在接下来的两个烟草园里收获茄套，在再接下来的两个烟草园里收获浅

叶、干叶和淡叶。此外，浅叶和干叶还要进行第三次发酵，这次发酵要比前两次发酵更加有利于调节烟草的质量。最后保留最好的古巴卷烟师（Torcedores或者称之为 Torxedoras），他们能够使高希霸雪茄最终定型。在 El Laguito主要是女人做出贡献，而赫门亚普曼·乌普曼（H.Upmann）和帕塔加斯（Partagas）两个生产高希霸雪茄的公司，则主要归功于男人。

1992 年，这个古巴品牌进行了一次大革新。这次以系列品牌为形式，包

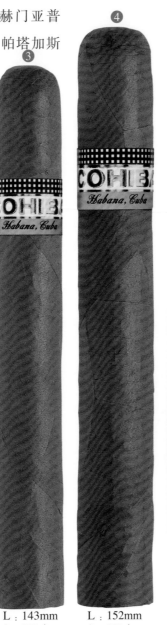

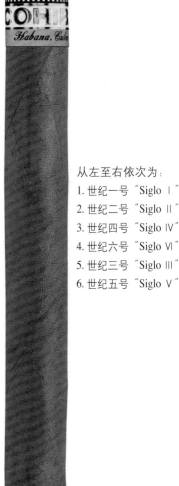

从左至右依次为：
1. 世纪一号〝Siglo Ⅰ〞
2. 世纪二号〝Siglo Ⅱ〞
3. 世纪四号〝Siglo Ⅳ〞
4. 世纪六号〝Siglo Ⅵ〞
5. 世纪三号〝Siglo Ⅲ〞
6. 世纪五号〝Siglo Ⅴ〞

L：102mm
$：40/ 支

L：129mm
$：44/ 支

L：143mm
$：50/ 支

L：152mm
$：48/ 支

L：155mm
$：43/ 支

L：170mm
$：52/ 支

Robusto 雪茄。同时，最初提到的 Vitola 保持了一段可悲的纪录，而 Esplendido 雪茄则世界有名。因为它大量被仿造，甚至可以说，生产和销售这种仿造的雪茄要比正版的多得多。所以，在古巴购买哈瓦那雪茄得留个心眼才行，要在哈伯纳斯（La Casa del Habano）店或者在国家授权的商店购买雪茄，千万别在街头小贩那儿买。不仅在古巴，在所有中美洲地区购买雪茄时都要谨慎。

据说，一个雪茄狂热爱好者在美国逗留期间发现了一盒高希霸雪茄，如果这是合法商品的话，他将会把它和在多米尼加共和国的美国通用雪茄公司生产的同品牌雪茄进行对照。因为这个美国公司在 1980 年将高希霸这个商标名引入了美国，并且让其本土化。虽然仍然沿用了先前的名字，但是比起最初的高希霸雪茄，美国的高希霸却有着不同的口感。

虽然多米尼加高希霸雪茄是手工制作而成，但是谁要在哈瓦那雪茄和多米尼加雪茄中做出个选择，他就不能自己陷入选择的烦恼，自己决定选择产于10 个顶级烟草园的哪个雪茄。

含了 5 种尺寸规格，被称为 Linea 1492。每个尺寸规格的名字都是 Siglo。这两个名字指代的是哥伦布发现新大陆和雪茄。Siglo 的意思就是世纪，而每个尺寸代表了一个世纪，这样就可以将其与 1492 年联系起来了。一次庆祝会上公开亮相之后的一年，Linea 1492 在伦敦克拉里奇（Claridge）饭店的盛宴上闪亮登场。

金典系列雪茄的香料以及着实令人印象深刻的香味，让人回忆起传统古巴雪茄风格，也就是金典哈瓦那雪茄。但是新推出的混合系列雪茄尺寸更加庞大，口感更加浓郁，以至不少专家把新推出的 Siglo VI 雪茄看成是高希霸雪茄品牌的旗舰雪茄。

金典系列中，有两种尺寸的雪茄为了这一美名而争夺着，Esplendido 和

Condal 孔达尔

这种长芯叶雪茄也是一个畅销品种。因为孔达尔雪茄产自加那利群岛，

包含近 10 种尺寸规格，并且长久拥有忠实的拥护者。这也许归功于其罕见的烟草混合，它将康涅狄格遮阴茄衣，墨西哥茄套，以及巴西、哈瓦那和圣多明各的烟草作为烟芯，制造出有吸引力的香味。

Cuaba 库阿巴

高希霸雪茄问世 30 年后，1996 年生产的第二个哈瓦那品牌的库阿巴雪茄也随即上市，它也是卡斯特罗所涉及的雪茄品牌之一。为了明确库阿巴是雪茄品牌，它由古巴最高艺术卷烟师协会颁发了证明。和高希霸的 Linea 1492 系列雪茄的国际亮相一样，库阿巴也选择伦敦作为亮相地点，让国际雪茄狂热爱好者们在盛宴上品尝美味的库阿巴雪茄，并为其定位。

除此之外，这个品牌还获得了和高希霸雪茄类似的名字 Cuaba，源自古巴原始居民泰诺印第安人的语言。Cuaba 指的是一种灌木，这种灌木生长在古巴岛上，其木料易燃。它被用于点燃雪茄，并流传至今。

所有的库阿巴雪茄都有一个尖锥顶，被称为双尖鱼雷（Fiurados），确切地说是 Perfectos。Perfectos 不是指古巴的一种名为 Perfecto 的雪茄，而是指

一种尺寸规格。库阿巴雪茄的 Perfectos 是指那种圆柱形的雪茄，它的尖燃烟头和半尖烟头往上逐渐变细，燃烟头是开

从左至右依次为：
1. 独家 "Exclusivos"
2. 慷慨 "Generosos"
3. 典藏 "Tradicionales"
4. 圣地 "Divinos"

| L：145mm | L：132mm | L：120mm | L：101mm |
| $：28/ 支 | $：25/ 支 | $：37/ 支 | $：36/ 支 |

库阿巴

商标名称	产品名称	长度（mm）（≈in）	环径（mm）	国际标准描述	品吸时长（min）
Exclusivos	Exquisito	145（5 ¾）	46（18.3）	Perfecto	60~75
Generosos	Generoso	132（5 ¼）	42（16.7）	Perfecto	30~45
Tradicionales	Favorito	120（4 ¾）	42（16.7）	Short Perfecto	30~45
Divinos	Petit Bouquet	101（4）	43（17.1）	Short Torpedo	30

放的而烟头则是封闭式的。

库阿巴雪茄是为了纪念逝去的世纪变迁，因为那个时代，Perfectos 属于最受欢迎的雪茄尺寸。20 世纪 30 年代，Figurados 雪茄渐渐从货架上消失，因为它越来越不受欢迎了。

Cuesta-Rey
科斯塔·雷伊

其故乡是圣地亚哥市，不过其产地还要追溯到佛罗里达州的坦帕市。坦帕市在刚刚过去的 19 世纪里是美国东南部生产雪茄的重镇，其"纯哈瓦那"雪茄在雪茄界拥有很高的声

望。1884 年安赫尔·尔·马德里·科斯塔（Angel LaMadrid Cuesta）和他的合伙人佩雷格里诺·雷伊（Peregrino Rey）创立了奎斯塔·雷伊烟厂，并开始生产"纯哈瓦那"雪茄。

确切地说，自 1990 年开始，奎斯塔·雷伊的故乡便是多米尼加共和国。也就是在那一年，在这个国家的宜博市入驻了无数雪茄生产厂，其中甚至有一家烟厂传说是生产富恩特雪茄的。

单单富恩特这个名字就是优良品质的代名词，人们也很快意识到，虽然奎斯塔·雷伊雪茄是订单生产，但是优质雪茄仍然是要仔细卷制

（Centenario Coleccion）系列以及 No.95 系列。而 No.95 这个名字则是暗指纽曼烟厂的成立年，纽曼烟厂就是后来 M&N 雪茄公司的前身。这一系列雪茄主要是在美国市场销售，而其他两种长芯叶系列则是在世界各地销售。

世纪（Centenario）雪茄只在本地销售。但是这已经让雪茄狂热爱好者们很满意了。这种雪茄无与伦比的品质，只吸上一口，其香醇浓郁之感便让人难以忘却。

Cumpay

"我相信，Cumpay 雪茄以其爽口和浓郁一定会带引来惊叹。"

这句话是是 Cumpay 的创始人玛丽亚·皮娅·塞尔瓦（Maria Pia Selva）说的。这个女人因其不停地往返于巴黎（她的主要住所）和中美洲而给人留下深刻印象，她的第一个雪茄品牌弗洛尔·德·塞尔瓦（Flor de Selva）

才行。这个品牌的所有权在美国 M&N 雪茄公司手上，该公司是坦帕第二大雪茄工厂。这个家族企业成立于 1895 年，有超过 100 年的传统，20 世纪 50 年代末，从奎斯塔的儿子卡尔手上购得奎斯塔·雷伊烟厂的品牌权，直到 20 世纪 80 年代末其将生产权交给富恩特公司，它都一直从事着雪茄生产。

总体来讲，奎斯塔·雷伊包含了四个系列。除了在坦帕用机器生产的标准系列，还有"盒装精选"（Cabinet Selection）系列，"世纪精选"

Cumpay 雪茄创始人，玛丽亚·皮娅·塞尔瓦

163

又给雪茄界带来了惊喜。当这个妩媚的女人脑瓜里有了些想法时，随之而来的就是巨大的事业心和为目标而努力的干劲来实现其设想。

这些投入在 Cumpay 雪茄的生产中得到了成功回报。这些努力的结果就是制造出了超级浓烈香味的雪茄尺寸规格，在任何时候，对于雪茄初学者来说都值得尝试一下。

D Dannemann
丹纳曼

1851 年在不来梅出生的他，洗礼的时候被取名为格哈德（Gerhard），一直到 1872 年移民到巴西，他都用的这个名字。此后，他便改名为杰拉尔多（Geraldo）。但他仍然沿用着引以为傲的姓——丹纳曼（Dannemann）。

他到达南美这个大国之后的一年，便在圣圣非利斯（Sao Felix）建立了他的第一家雪茄工厂。圣保罗·菲利克斯是位于巴西北部环巴伊亚湾区帕拉瓜苏河（Rio Paraguacu）上的小镇。在巴伊亚联邦州，巴西前首府萨尔瓦多，其全名是"Sao Salvador da Bahia de Todos os Santos"，那里经常会有许多充满激情的舞女跳桑巴舞的场景。也就

丹纳曼在巴西圣圣非利斯市的总店。

是离那儿不远的地方，这个移民者发现了他一直寻找的东西——含沙量很高的土壤，适合烟草种植的气候以及那个拥有港口的萨尔瓦多市，这里会有许多穿越大西洋的船只停靠。因为在大洋彼岸是曾经有着雪茄辉煌时代的欧洲大陆！再回到之前提到的第一家雪茄工厂，当时从事生产的只有 6 个女工，这个小但很实用的房子就是这个烟草帝国的原型。后来杰拉尔·丹纳曼 1921 年去世后把它留给了后代。据说那时候，在 Rio Paraguacu 下面还流淌着很多水源。

丹纳曼在不来梅生活的那段时间

164

正值经济大复苏。这还要追溯到 1848 年废除了禁烟条列。在威悉河旁的城市很快就成了转运来自世界各地生烟草的中心，并且至今仍是欧洲的转运中心，主要运输的烟草除了来自古巴和苏门答腊岛，最多的还是来自巴西。那几年里在不来梅几乎每一周都有雪茄工厂成立，要数的话，估计得有上百家了。那时候的汉萨城市，每十个市民中就有一个人从事烟草生意或是雪茄生产。

杰拉尔·丹纳曼在 1870~1871 年德法战争中受伤，康复之后便在弗莱堡静养了一段时间。在那里他很快又从事起了原材料的生意，也就是他在不来梅觊觎很久的烟草买卖。弗莱堡是德国烟草种植的中心，在这里他丰富了其雪茄生产领域的知识，但又认识到了一些本质的东西，那些能够让他事业平步青云的东西——只有一直保持高品质才能确保成功，只有那些亲历亲为的人才能确保所追寻的品质。总之，保障是关键。

杰拉尔·丹纳曼从起步开始就遵循这个准则。渐渐的烟厂工人从 6 名女工变为 60 人，之后又扩大到 600 人。于是，1893 年，当时的巴西国王唐·佩德罗二世（Dom Petro II）参观了圣圣非利斯，并授予它"丹纳曼皇家雪茄工厂"的称号，从此一炮而红。

❶ ❷
L：128mm
$：8/ 支

L：118mm
$：8/ 支

❸
L：145mm
$：10/ 支

❹
L：144mm
$：15/ 支

新一代 丹纳曼 "Artist Line" 型号雪茄。

❶　❷　❸　❹

L：117mm
＄：12/ 支

L：127mm
＄：12/ 支

L：164mm
＄：18/ 支

L：165mm
＄：18/ 支

厂房、仓库和办事处。建立第一家雪茄工厂之后的 20 年，杰拉尔·丹纳曼被称为巴伊亚联邦州最大的企业家。一些数据可以证明，例如 1895 年他的 4 家大公司和 70 家小公司单单为巴西市场就生产了七千万支雪茄。不算其他的销售市场，就看销往欧洲的那 90% 的产品，就足以让人猜测到，丹纳曼工厂在那时的雪茄生产量是个多么庞大的数目。因此，丹纳曼雪茄是进入欧洲市场的第一个巴西雪茄品牌。这一成功首先要归功于这位不来梅人在起步时精细建立起来的牢靠的欧洲关系。另外就是背后的艰辛工作。不仅仅是杰拉尔·丹纳曼和他的合伙人，自 1885 年就一直协助丹纳曼的烟草商路德维希·克伍德（Lduwig Kruder），也不光是所有领导圈儿的成员，还有数不胜数的烟草种植商和在丹纳曼公司拿薪水的所有员工。

　　杰拉尔·丹纳曼拥有许多在欧洲的大企业家所称颂的社会责任心。像工业巨头在鲁尔区以及纺织巨头在下莱茵区一样，丹纳曼也着眼于公共利

　　在接下来的几年里，这个丹纳曼皇家雪茄工厂经历了爆炸式的发展。在整个环巴伊亚湾区，随处可见丹纳曼的

益，这在当时的巴西确是首例。他建立了向公众开放的大楼，负责社会公共设施，还操办了这一带的基本设施，例如新铺石子路和改建下水道。是的，他还认为在圣圣非利斯第一个安装公路照明和电话系统也是他应有的责任。

他的这腔热情首先从建立铁路桥拉开序幕，这座桥至今还横跨 Rio Paraguacu，连接圣圣非利斯和卡舒埃拉（Cachoeira）市，于 1885 年正式通行。这发生在德国经济繁荣年代时前欧洲以及一些殖民地国家，那些作为大工业巨头的企业家们不仅要扩大自己的财富，身为创始人的他们还要将社会利益作为己任，所以他们得把所在区域的富强当作分内之事。杰拉尔·丹纳曼的声望到底有多大，我们可以从 1889 年古巴共和国成立后，他被选举为圣圣非利斯市的第一任市长看出来。当年的小镇发展成为备受尊敬的乡镇，在市长选举前夕，通过杰拉尔·丹纳曼的倡议，它又颁布了城市法，成为了市。

所有这些投入并没有让这个工业巨头丧失其帝国前途。他很期望他的儿子能继承他的事业，但是他的 13 个儿子没有一个对此感兴趣，直到最后阿道夫·约纳斯（Adolf Jonas）在 19 世纪末加入了他的公司。这个烟草专家和丹

纳曼的经营哲学一拍即合，也就是之前丹纳曼所制定的保障质量的那条基本原则。知道自己的公司有了保障，杰拉尔·丹纳曼重返德国。不久后便发生了第一次世界大战。

战争结束后，这位近 70 岁的老人再次回到巴西，他得看看过去的这几年行业的竞争有多激烈。他很快意识到，比起大量的烟草出口，雪茄的出口要少得多。因此，杰拉尔·丹纳曼做出了最后一次决定来确定公司未来的发展方向。他再次投入大笔资金和斯坦德&Co 公司合作成立了一个股份制公司。最后丹纳曼雪茄公司（Companhia de Charutos Dannemann）于 1922 年成立，也就是丹纳曼逝世后的一年，该公司即

丹纳曼集团的母公司。丹纳曼是为数不多的几个能给雪茄界带来影响的人，最著名的就是其公司生产的温和香醇的巴西雪茄，这种雪茄在德国特别受欢迎。

丹纳曼公司现在的地址在奥斯纳布吕克西边的吕贝克，一个位于维恩山脉北边的的小城。而瑞士贝格子弟股份公司也落户于此。丹纳曼公司和巴西有着非常密切的联系，在印度尼西亚也有一席之地。这些雪茄公司在图林根的特雷弗特（Treffurt）市和荷兰的费嫩达尔（Veenendaal）市经营生意，并向世界各国提供各种系列品牌的雪茄，而这些雪茄的包装上却总能看到公司创始人的肖像。

提到包装，丹纳曼公司也有，名字叫作"Humidorpack"（意思是雪茄包装盒），是用铝纸做成的环保型包装。这种材质的纸包裹在每支雪茄上面，在打开前都能够保住干而新鲜的烟草的芳香。此外，它还能保护雪茄不受损害和外界环境的影响。

丹纳曼丰富的雪茄品种以其不同的小雪茄品牌为典型。最值得一提的是"情绪"（Moods）雪茄，它是一种芳香型小雪茄，在最短的时间内以不可阻挡之势占据了这个领域的市场。吕贝克也有一些普通雪茄。如丹纳曼管状雪茄，无论是它醇香的巴西茄衣和淡淡的苏门答腊岛茄衣，还是内含的哈瓦那短芯叶，都是以金典科罗娜尺寸规格为参照，而且烟草含量都是100%。

丹纳曼公司当然也生产长芯叶雪茄。一种是在巴西生产的"玛塔菲纳艺术家系列"（Artist Line Mata Fina），另一种是在尼加拉瓜的埃斯特利（Esteli）手工制作的 Artist Line HBPR 雪茄。在制造这些优质雪茄的过程中使用了一种生产方法，虽然人们听说过，但是很久没有被应用于实际生产，即填埋法，也就是 HBPR 法。HBPR 是"手揉、压、卷"（hand bunched pressed rolled）的缩略语。这样，制作长芯叶用的多余压石就不再使用了。当然还有知识渊博的卷烟师来生产丹纳曼 Artist Line 雪茄。这两种系列的雪茄在雪茄狂热爱好者心中占据一席之地。它们力争在较大雪茄规格中（但是小规格的雪茄也不容轻视）获得舒适雪茄的称号，并用优质的品牌和诱人的香味来征服抽雪茄者。

凡是以丹纳曼之名生产和销售的所有雪茄品牌恐怕都能占据一席之地。但是值得敬佩的是，这个公司，如何在 100 年前从巴西巴伊亚联邦州的一个小镇崛起，并没有满足于已有的成就，而是继续开辟新路。"安逸等于倒退"

这句话出自一个聪明人之口，即杰拉尔·丹纳曼。

Davidoff 大卫杜夫

日内瓦，一个和它所依伴的同名城市，自从成立之后，一方面由于在整个城市占统治地位的自由思想；另一方面由于其20世纪40年代前作为瑞士国一个慷慨的政治避难处，不停地有人往这个城市涌入。比如将日内瓦作为宗教改革中心的约翰·加尔文（Jean Cauvin），1536更名为约翰内斯·加尔文（Johannes Calvin），以及一些移民。19世纪中期将这座城市作为移民目标的人不断上升。

成功的胚胎：大卫杜夫在日内瓦步行街的商店。

在这个阿尔卑斯共和国寻求避难的人不在少数，他们有的是因为在自己的祖国受到政府的迫害，还有些是因为战争和政治动乱威胁到他们的生存，或者是觉得自己的前途受到了限制。其中就有怀揣某种目的的希勒尔·大卫杜夫（Hillel Davidoff），身为犹太人的他为了逃避沙皇俄国的大屠杀，于1911年离开家乡基辅。经过长达3个月的艰辛旅途，这个乌克兰人举家来到了日内瓦。他在哲学大道旁开了家店，干起了他在基辅的老本行。全家都从事着这份工作，即将来自东方产地的纯种烟草进行挑选、归类和混合，以加工成不同雪茄所需要的不同混合烟草。他所设计的烟草混合不仅仅是用于制造雪茄，还用于烟斗。后来希勒尔·大卫杜夫还将特制的混合技术传授给他的儿子季诺（Zino），当年移民到日内瓦的时候季诺才5岁。

1924年，年轻的季诺·大卫杜夫为了训练自己，搬到了大量生产烟草和雪茄的拉丁美洲。为了看看雪茄之国古巴，他途经阿根廷后，成功到达玛塔菲纳（Mata Fina），即巴西烟草种植的中心。季诺·大卫杜夫在海外度过的这五年里，不仅认清了烟草的秘密和本质，即不少种植、干燥、发酵以及混合

大卫杜夫生产的
Entreacto 雪茄。
L：89mm
$：18/支

季诺·大卫杜夫

和味道的基本知识；他还懂得了雪茄生产的高超艺术，他在卷烟师们，特别是在奥约·德·蒙特雷（Hoyo de Monterrey）工厂的那些卷烟师们工作时所观察到的。

1929年他回到了瑞士，首先在洛桑开了家烟草店，3年后在日内瓦定居。他生意的一个重点是一个雪茄贮藏室，那是一个明亮的地下室，专门用于雪茄的贮藏。这样的贮藏在全世界还是首例。

季诺·大卫杜夫回到瑞士之后，仍然与古巴联系密切，之后，这个年轻的企业家准备进口哈瓦那雪茄。在接下来的几年里，他们的联系越多，进口的概率就越大。第二次世界大战爆发后，这个奔波的乌克兰人在一个法国免关税的地方，囤积了数不尽的哈瓦那雪茄。他后来接管了卷制高品质雪茄的技术，也圆了古巴一直以来向欧洲销售雪茄的愿望。所以，直到二战结束，1940年成立的位于步行街的大卫杜夫雪茄店是唯一有哈瓦那雪茄库存的商店。

不久之后，这个城市通过来自世界各地的烟友走向了麦加。当这个乌克兰籍世界主义者在1946年，根据他最喜欢的奥约·德·蒙特雷雪茄的"盒装"（Cabinet）系列，为古巴传统雪茄品牌创造出了自己的"城堡"（Chateau）雪茄系列，大卫杜夫这个名字就在雪茄狂热爱好者以及其他领域拥有了坚固而高大的形象。Chateau这种规格的雪茄是他用长期寻找到的波尔多顶级葡萄园"Grand Crus"命名的。

如今很多年老的哈瓦那雪茄爱好者们仍然很怀恋"城堡"（Chateau）雪茄，这一系列的雪茄包含了"红颜"（Haut Brion），"拉菲"（Lafite），"拉图"（Latour），"玛歌"（Margaux），"伊奎姻"（Yquem）以及后来举世无双的"木桐·罗斯乔德酒庄"（Chateau Mouton Rothschild）雪茄。但古巴的雪茄工厂已经不再生产这种雪茄了，所以，光听到这个名字，再加上点燃一支Chateau雪茄，不少雪茄爱好者们就因为幸福而激动得晃动眼珠子了。后来唐·培里侬（Dom Perignon）雪茄问世，这是一种双科罗娜雪茄，生产这种雪茄所需要的烟叶生长在6个不同收获期，在很多烟草专家们看来，它是那个时期值得购买的最好的雪茄，甚至到今天，它仍是一个传奇。

前面说到的那个大系列雪茄诞生后的20年，也就是1968年，这个乌克兰领导人向古巴国有烟草公司Cubatabaco——1966年供应着整个古巴烟草工厂的巨头，提议建立一个以他的名字命名的哈瓦那雪茄品牌。大卫杜夫在当时不仅是世界有名的哈瓦那雪茄巨商，而且精通雪茄。这个不寻常的产品的推广获得了尊重和感激，因为季诺·大卫杜夫，特别在卡斯特罗"西波涅"（Siboney）雪茄问世，"女皇"（Königin der Zigarren）雪茄的产量和销量持续下滑时期，古巴备受爱戴的烟草一次次受重创，虽然他也备受打击，但他仍然自始至终真诚对待古巴人民，而

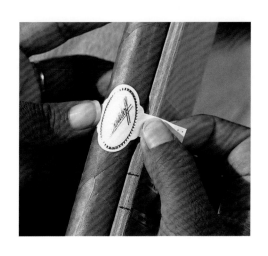

且多年亲身致力于哈瓦那雪茄事业。幸好那些打击没有持续多久，大卫杜夫当时守护老品牌的建议产生了魔力，他将"罗密欧与朱丽叶"（Romeo Y Julieta），"帕塔加斯"（Partagas）以及"奥约·德·蒙特雷"（Hoyo de Monterrey）的名字联系起来。这一建议在当时的负责人当中渐渐起到了作用。最后"Siboney"这个主题便被搁置起来。创伤愈合后，希望就升起了，古巴烟草又憧憬着更好的未来。

是否那时候所说的感激之情最后导致了前面提到的产品的问世，至今还不能证实。也没必要去证实。重要的是，这个产品得到正式生产，且冠名为季诺·大卫杜夫已成为事实。这个伟大的行家对每种烟叶的挑选，烟草的发酵、再加工，再到混合包装，以及固定的质量监控方面的影响有多大，说法各不相同。有的说，大卫杜夫在每个工作环节都施加了影响，还有的则认为，大卫杜夫只是说说他的想法，这就足够了。我们没必要对这个问题刨根问底，因为共产主义者和资本主义享乐主义者的结合所带来影响才是真正有趣的事。

即将流入市场的名为大卫杜夫的哈瓦那雪茄，大部分都是在著名的El Laguito工厂生产的。首先是两种名为

大卫杜夫 No.1（Davidoff No.1）和大卫杜夫 No.2（Davidoff No.2），以及 Ambassadrice（意思为大使）的小雪茄，同样畅销的还有千（Thousand）系列雪茄。要是哪个雪茄爱好者在那个时候没听过名贵的哈瓦那雪茄的话，他真是没救了，特别是当大卫杜夫公司从它的诞生地，日内瓦的步行街，转战到世界各个大都市开了自己的分店以后，那些人就更没得救了。

这一扩张首先要追溯到一个人的贡献。他的名字是恩斯特·施耐德博士。他是季诺·大卫杜夫多年的好友和知己，也是奥廷格集团（Oettinger-Gruppe）的总裁，1970 年接管了大卫杜夫在日内瓦的商铺。在一次婚礼上，两个雪茄狂热爱好者相遇。所以这个婚礼（Hochzeit）就寓意着大卫杜夫雪茄即将来临的鼎盛时期。

奥廷格公司那时在烟草商业中有 100 多年的历史。于 1875 年由马克思·奥廷格在巴西创立。这个公司的原址所在城市位于瑞士、法国和德国交界的三角洲。奥廷格公司主要致力于进口、销售和买卖雪茄、小雪茄、香烟、烟丝和鼻烟，同时还供应与烟有关的必需品，主要是烟斗和打火机。

如之前提到的，这两家公司的结合不但给大卫杜夫带来了新生，而且非常成功。大卫杜夫已成为顶级哈瓦那雪茄的代名词，同时也成为美容和时尚界的奢侈品（这也是瑞士人所从事的两个领域）。这些雪茄不是在日内瓦的总店才能买到，随着时间的推移，其他分店也能够买到。这些分店由恩斯特·施耐德博士经营，位于阿姆斯特丹、柏林、伦敦、莫斯科、香港、纽约、新加坡、

L：160mm
$：30/ 支

大卫杜夫周年纪念 No.3 雪茄

172

东京甚至北京，以便随时为人们供应雪茄。

人们对雪茄的热爱不是突如其来的。这要回顾到1977年季诺这个雪茄品牌的问世。季诺雪茄在洪都拉斯制成，其第一个目标就是打入美国市场。因为在美国的大卫杜夫烟铺由于美国针对古巴产品的禁令，任何哈瓦那雪茄都无法销售，而且在雪茄的商标纸圈上也看不到大卫杜夫的商标名。这种现象被认为是一种嘲讽。

后来，在美国也能买到产自欧洲或其他一些国家的大卫杜夫牌雪茄。这不是由于冷战时期导致的经济大萧条，使得美国废除了对古巴部分产品的禁令，最根本最直接的原因是，在哈瓦那再也不生产大卫杜夫雪茄了。因为在1988年，古巴国营烟草局（Cubatabaco）和大卫杜夫烟厂发生了严重的争端，9月份双方不再续订合同，并由大卫杜夫烟厂终止了合同。当然，从前合作亲密到如今的分道扬镳，双方都有一定的责任。其原因到底如何，哪一方应该承担更多的责任，也没必要去探究了。但是季诺·大卫杜夫很老练地说，这是因为合作前景不好。但对于为什么会分道扬镳，经历过大起大落的他，很智慧地说："我和古巴的婚姻的

恩斯特·施耐德博士（Dr.Emst Schneider），季诺·大卫杜夫多年的好友和知己。

确不错，而且持续了很多年。但是现在是改变的时候了。我发现了一个更年轻更苗条的少女，所以我再婚了。"

回到事实，回到让人能理解而不是不靠谱的事上面。事实之一：1991年，名为大卫杜夫的新一代雪茄引入世界市场，在专业顾问亨德里克·克尔纳（Hendrik Kelner）的监管下，由多米尼加共和国生产。亨德里克·克尔纳是多米尼加烟草 S.A. 公司，简称"Tabadom"。事实之二：多米尼加生产的大卫杜夫雪茄一直到现在都无法和哈瓦那生产的大卫杜夫雪茄相媲美。因为圣多明各用来制造大卫杜夫雪茄的烟草，平均要比古巴生产的非浓烈口味雪茄还要温和得多，这也是大部分哈瓦那

L：152mm

173

大卫杜夫在多米尼加共和国的厂址。

雪茄的共同点。但是这里生产的雪茄其质量的差异也是个大问题。古巴的雪茄就是与多米尼加共和国、洪都拉斯或者尼加拉瓜的雪茄不同。估计也没有人会想到要将果味浓郁的莫泽尔雷司令葡萄酒与酸度低的巴登灰皮诺进行比较。事实之三：就质量而言，多米尼加生产的大卫杜夫雪茄绝对算是雪茄市场上供应得最好的雪茄。这主要表现在，卷烟工人无可指责的工作所形成的该雪茄卓越的燃烧和品吸品质，以及纯正香味的享受，抽一口雪茄后便会自然流露出这种沁人的香味。这些又得益于对烟叶的精心培植与挑选，以及后来将各种烟叶的融合。如果卷烟工人加工成较低级的品质，那么这样生产出来的雪茄产品就根本不会进入优质品牌之列。大卫杜夫雪

茄最为人称道之处，即拥有精选的品质，这种品质一直保持至今，这也许才是更重要的。所以，Tabadom 的一个负责人之前说的话就强调了，大卫杜夫质量监控的高标准。他的原话是这样的：我觉得，在雪茄生产过程中，大卫杜夫是唯一一个驳回多余采纳的公司。

当 1991 年大卫杜夫公司推出其多米尼加生产的雪茄时，那些一直抽哈瓦那生产的大卫杜夫雪茄的人首先得适应才行。相比之下新的以下几个规格比较有名：大卫杜夫 No.1、大卫杜夫 No.2 和大使（Ambassadrice）雪茄保留了以前的尺寸，另外还增加了大卫杜夫 No.3 和铝管装（Tubos）雪茄。就连

雪茄界年老的巨头季诺·大卫杜夫。

174

"城堡"（Chateau）也以 Grand Crus 之名保留下来。还有一直到 1977 年仍有名的 Thousand 雪茄也更名为 Mille 系列雪茄，并保留了原 Thousand 雪茄的大小。后来"周年纪念"（Aniversairo）雪茄系列，"美味"（Exquisitos）雪茄系列和"特别"（Special）雪茄系列也相继推出，其中的 Special 系列，在"鱼雷"（Torpedos）雪茄很受欢迎的时候，反映了"美丽年代"（Belle Epoque）那个时期的流行趋势。后来，

Specia-C 系列的问世，为 Special 系列增加了一个规格，它其实是一种库莱布拉（Culebra）雪茄，这种雪茄是由三个 Panatelas 雪茄相互扭卷而成的。"千年混合"（Millennium Blends）雪茄作为大卫杜夫供应的最后却短暂的雪茄，其风味最为浓郁。这恰恰最符合那些喜欢浓郁口感的雪茄爱好者们。

如果季诺·大卫杜夫在多米尼加共和国烟草种植区的选择上没有足够的分量，他也许就成不了现在人尽皆知

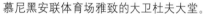

慕尼黑安联体育场雅致的大卫杜夫大堂。

的季诺·大卫杜夫。在这块土地上，至今仍种植着大卫杜夫雪茄所需要的烟草植株。即使是那些已经成熟和发酵过的烟叶，在它们被选择制成雪茄之前，卷烟工人们还要和以前一样将它们再贮存3~7年，然后才能分别对每个系列进行混合加工。所有这些都保证了大卫杜夫雪茄香味和口感的持久稳定以及最优品牌的名声。

当时，大卫杜夫公司的人不仅仅在多米尼加共和国的全部生产上分量十足，而且他们还承担着相应的责任，因为在此期间 Tabadom 公司合并到了奥廷格大卫杜夫集团。所以，大卫杜夫烟厂就成了世界上唯一一个生产优质雪茄的生产商。该公司的每一支雪茄从种植

到销售整个垂直过程都严格把关，有必要的话，不同的步骤都要对其加以监管。

大卫杜夫雪茄的香味范围从温和到浓烈，其中，"标准"系列的雪茄最温和，其次是米尔（Mille）系列以及"周年纪念"（Aniversario）系列，而含量充实的 Grand Crus 雪茄，和最新出来的"千年混合"（Millennium Blend）雪茄一样，在口感和香味上让人有快感。而 Special 雪茄系列则是建立在 Grand Crus 系列成分基础上混合出来的。

从一开始在日内瓦的一间后室里为雪茄和烟斗制造烟丝，发展到一个国际有名的大公司，在全世界拥有25个分公司，50多个旗舰店，现有员工2700多名，其中仅在多米尼加共和国烟厂就有1100多人，另外还有500多个产品供应商。他们除了生产质量备受专家和喜欢享受的人称赞的雪茄，还有其他一些产品，如科涅克白兰地酒（Cognac），领带及相应的装饰品，眼镜以及与眼镜相搭配的各种装饰，皮质品等。所有这些产品因其标签为大卫杜夫，都成了独家产品。

这就是季诺·大卫杜夫，于1994年去世，享年88岁，他一生都彬彬有礼，并且宣扬文雅礼仪。日内瓦是他的

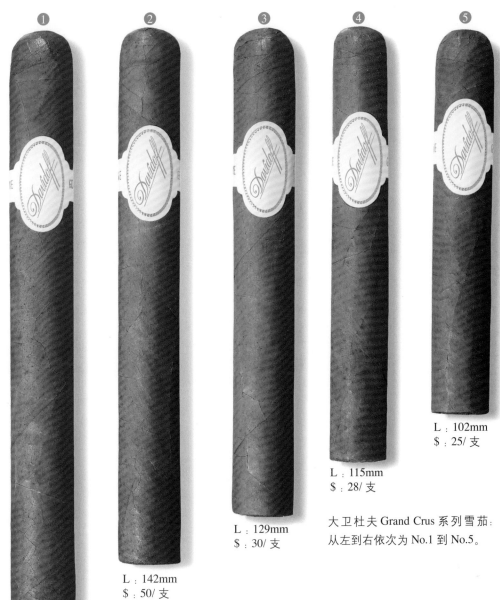

L : 102mm
$: 25/ 支

L : 115mm
$: 28/ 支

大卫杜夫 Grand Crus 系列雪茄：
从左到右依次为 No.1 到 No.5。

L : 129mm
$: 30/ 支

L : 142mm
$: 50/ 支

L : 155mm
$: 80/ 支

第二故乡。加尔文（Calvin）曾经在这座城市开创了新纪元——对城市性质进行彻底的变革。并且通过他的努力、教诲和文章，影响了新的民主结构体系的发展，其影响一直延续到今天。同样，季诺·大卫杜夫也在为开辟新时代的路途上扮演着重要角色，即一个生活品位优雅而奢华的新时代。

对于季诺·大卫杜夫全力以赴所产生的进步，人们也许会热烈欢迎，也许

会认为那没什么好处，也许还会怀疑，但是绝不可以否认这个进步。所以对于许多行家而言，大卫杜夫雪茄就是高生活标准的象征。比如一次奢华宴席的高潮部分，就是抽一口 Double R 雪茄。就算时代还没那么开明，点上一支大卫杜夫雪茄，再美美吸上一口又有何不可呢?

De Heeren van Ruysdael

在最好的荷兰传统雪茄中，De Heeren van Ruysdael 这个品牌可算是首屈一指了。其短芯叶雪茄是由 100% 纯

DE HEEREN VAN RUYSDAEL

烟草混合而成，给雪茄疯狂爱好者们提供了中等浓香口味的雪茄。

De Olifant 大象

其产地应该是在叫作坎彭烟草博物馆（Kamper Tabakmuseum）的地方，因为其第二个品牌是在坎彭生产

Sigarenfabriek
DE OLIFANT
~
sinds 1832

的。不要被博物馆这个词给吓着了，因为大象（De Olifant）牌雪茄每天都会有新系列产生。虽然这个雪茄的生产，一部分是为了纪念博物馆时期。因为在雪茄临时鉴定前，以及把它们装进相配的印有一只仰天吼叫的大象标志的木盒子前，手把手的操作都是必不可少的，比如说每种规格茄叶的卷制。

这一切都在大象烟草工厂（Tabakfabriek De Olifant）进行着。该工厂位于荷兰的一个小城——坎彭，位于艾瑟尔湖东面，小城里古老的巴基斯坦式三角墙建筑尽显了那种砖石建筑物的魅力。就连这个工厂及其生产车间也传递着这种魅力。所以，称这里为坎彭烟草博物馆（Kamper Tabakmuseum）一点也不为过。

对大象（Olifant）雪茄而言，最重要的是来自不同产地的精选烟草。苏门答腊岛提供茄衣和茄叶，用来制造每种烟芯的高级烟叶则来自巴西、爪哇岛以及古巴。再配上制作方法，便确保了该种雪茄无可挑剔的美味。

Diplomáticos 外交官

这是种浓度由普通到浓烈、口味突出的哈瓦那雪茄，正好符合了那些喜

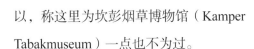

178

Diplomáticos（外交官）

商标名称	产品名称	长度（mm）（≈in）	环径（mm）	国际标准描述	品吸时长（min）
Diplomaticos No.1	Cervante	165（6 ½）	42（16.7）	Lonsdale	75~90
Diplomaticos No.2	Piramide	156（6 ⅛）	52（20.6）	Pyramid	90~105
Diplomaticos No.3	Corona	142（5 ⅝）	42（16.7）	Corona	45~60
Diplomaticos No.4	Mareva	129（5 ⅛）	42（16.7）	Petit Corona	30~45
Diplomaticos No.5	Perla	102（4）	40（15.9）	Petit Corona	30

欢传统古巴风格的雪茄疯狂爱好者的口味。

还有两件值得高兴的事。一是，Diplomáticos 雪茄所有的规格都是手工制作而成；二是，这个品牌是哈瓦那价廉物美的雪茄品牌之一。

Don Diego 唐迭戈

这是唐迭戈雪茄美国综合雪茄公司（Consolidated Cigar Corporations）最有名的雪茄品牌之一。该品牌雪茄之父是佩佩·加西亚（Pepe Garcia），古巴最有名和最好的雪茄生产商之一，也是卡斯特罗上台后形成的一个著名协会中的一员。因此，这个口感温和至中等浓郁的多米尼加雪茄在 20 世纪 60 年代中期以来就已经在市场上畅销了。所以它绝对算得上是上等雪茄，其中最新的"庆典"（Aniversario）系列口感较浓郁，也是值得推荐的一款雪茄。

自 1996 年后期以来，唐迭戈又有了新的品牌系列。名字叫"唐迭戈之花花公子"（Playboy by Don Diego）。这个有着生活气息的名字估计是为了纪念

某种时代精神，具体来讲，它体现的是花花公子的制造者。至于该"花花公子"指的是杂志还是雪茄，也许只能让

他们自己来断定了。

还有种可能，温和香醇的"花花公子"雪茄就完全值得尝试。

Don Stefano
唐·斯特凡诺

该雪茄正式开始生产是在 1994 年，但是 19 世纪时就有了发展苗头。那时候，斯特芬·林恩（Steffen Rinn），斯特凡诺（Stefano）后来就是指斯特芬（Steffen）1870 年出生的祖父在吉森（Giessen）附近的小地方开始雪茄专家的学徒生涯。毕业后，他觉得自己对烟草和雪茄生意已足够了解，他相信，有了自己的雪茄工厂，就不仅可以养活自己和全家，而且还能过上富裕的生活。此外，实现自有生产雪茄这一设想也诱惑着他。

当然，要建个小公司是需要资金的。他的资金来源是一个有钱的商务顾问，后者作为公司股东，是必要资金的提供者。但是公司的现任主管是路德维希·林恩（Ludwig Rinn）。因为那个商务顾问的名字叫作克洛斯（Cloos），所以后来成立了林恩 & 克鲁斯（Rinn & Cloos）公司。据记载，该公司是在 1895 年创立的。不久这个年轻的公司就因为其来自维腾堡（Wettenberg）高品质的雪茄而小有名气。由于这个公司发展神速，经济繁荣，以至路德维希·林恩在 20 世纪 20 年代初就能够支付其股东的资金了。

二战之后，林恩 & 克鲁斯公司在德国雪茄公司中仍然拥有举足轻重的地位。这可以通过两组数据来显示。20 世纪 50 年代末，该公司拥有近 6000 名工人，细木工场部门则在一个月内加工了 20 万个雪茄盒！那时候，这个公司创立者的儿子汉斯·林恩（Hans Rinn）已经在这个公司工作了 30 年，后来在 1958 年接管公司。1967 年，汉斯的儿子施特芬也进了公司，和他的兄弟克劳斯一起，获得了越来越多的权利，一直到 1972 年进入现在这个股份公司的董事会。克劳斯经营公司，而施特芬除了生产主管一职，还负责原烟草生产。

如今，那一切已不再属于林恩 & 克鲁斯公司，而是唐·斯特凡诺公司。在 1991 年林恩 & 克鲁斯公司关闭之后，他于 1994 年建立了这个雪茄工厂。这个公司很长一段时间属于瑞士 Burger 兄弟公司，具体来说，是自 1975 年以来。林恩 & 克鲁斯公司在关闭时还有 250 名员工，这在当时可是个不小的数目。

唐·斯特凡诺公司只有 20 名员工，但是却是烟草加工领域为数甚少的坚持加工金典短芯叶雪茄的私人企业。他们只加工高档次的原料，并由唐·斯特凡诺公司的一个雪茄朋友决定生产什么样的产品，这些产品都是绝对高品质高混合而成的！

Dos Hermanos 多斯·赫曼诺斯

提到印度尼西亚，就会让抽雪茄的人想到其产地苏门答腊岛、爪哇岛，还有 Vorstenlanden 岛，同时还会想到

那儿到处生长的一级烟草，这些烟草被运往世界各国制作成烟芯、茄套以及茄叶。与其不同的是，多斯·赫曼诺斯牌雪茄虽是在印度尼西亚纯手工制造的，但其烟芯所用的烟叶并不是来自世界最大的岛国。

Dunhill 登喜路

提到登喜路这个名字，就令人想到抽烟。无论是在装饰品、烟斗用的烟丝、香烟，还是在雪茄和小雪茄上，都能找到登喜路公司的蓝色印章。

登喜路这个名字当然与雪茄这一行也息息相关。阿尔弗雷德·H.登喜路（Alfred H.Dunhill）于 19 世纪末便进行雪茄的供应生意，他在伦敦公爵街（Duke Street）建了一个雪茄仓库，此后，这一行才于 1907 年真正兴旺起来。那时还没有通用的雪茄盒，只是用香柏木做成的四方形空间装来自古巴的雪茄。这种古巴雪茄运到伦敦后，还要让其再成熟一年才会上市。行家们只认烟草，所以，品质是拥有可观顾客的最好保障。这一座右铭也深受温斯顿·丘吉尔的喜爱，他不久便成为公爵街上登喜路雪茄店里最有名的顾客之一。

因为阿尔弗雷德·登喜德在本世纪初不断扩大其优质哈瓦那雪茄的数量，所以，也难怪古巴国有烟草公司（Cubatabaco）在一周前刚对季诺·大卫杜夫提议之后，立刻也向他提议，生产其名下的哈瓦那雪茄。和瑞士人一样，英国人对那场投标很是看好，所以，1968 年第一批标签为登喜路的哈瓦那雪茄上市，其大部分都是在罗密欧 & 朱丽叶工厂生产的。

古巴人和那两位欧洲人的联姻差不多有 20 年，后者生产的雪茄则长久以来成为优雅雪茄的象征。当然，万事都有双重性。不久，古巴国有烟草公司和大卫杜夫以及登喜路雪茄公司的关

系越来越差，最后破裂。和大卫杜夫一样，登喜路雪茄公司也不再生产哈瓦那系列雪茄。

要是像登喜路这样的世界知名品牌大公司不再生产雪茄，那将是不可想象的事情，所以现在还是能买到登喜路名下雪茄的。长久以来有三个系列：一是产自多米尼加共和国的"陈年"（Aged Cigar）雪茄系列；一种是产自危地马拉、尼加拉瓜和萨尔瓦多三者之间的一个国家的"洪都拉斯精选"（Honduran Selection）系列；最后一种是产自荷兰的

"柔和口味雪茄"（Mild Cigars）系列，它是最好的荷兰传统金典短芯叶雪茄。

Aged Cigar 吸引人的是其烟芯。该烟芯的成分用的是在多米尼加共和国经常看到的两种烟草，名为"皮洛托·古巴里格路"（Piloto Cubano）和"多米尼加奥罗"（Olor Dominicano）。此外它还用了第三种稀有烟草，一种产自伊斯帕尼奥拉岛东部的巴西烟草，这种烟草可以让雪茄风味独特，口味温和到中等浓郁，并通过制作方法满足很多高要求。

登喜路"陈年雪茄"（Aged Cigar）是

手工卷制而成，并在黑黑的，用香柏木做的盒子里贮存，这样雪茄就可以有至少90天的成熟期。这种香柏木同时还能保持并协调舒适的湿度、芬芳的香味以及香醇的口感，让抽雪茄成为一种享受。

同样做法优良的登喜路"洪都拉斯精选"（Honduran Selection）系列雪茄则适合喜欢浓郁口味的抽烟者。登喜路伦敦烟草公司在洪都拉斯的埃斯特利建了一个烟草工厂，并在这里生产了好几年的 Honuran Selection 系列雪茄。该雪茄口味适中，配以香醇的特色，这种雪茄就更加符合那些雪茄疯狂爱好者们的需要了。

2005 年以来，这个有伦敦雪茄界诺贝尔之家称号的公司又推出了其新系列——登喜路"签名系列"（Signed Range）雪茄。这种雪茄在浓郁程度上可以和 Aged Cigar 媲美，并且制作精良，混合恰当。有趣的是，每一个雪茄盒上都有负责该盒雪茄制作的卷烟工人以及质量检验员的签名，这样在被退回的产品中就可以很快找出那个没有百分之百工作的责任人了。这对每一工人来说，带来的更多是激励而不是压力。

还有一件有趣的事，三种烟草中，有一种是用来制造温和香味雪茄的烟芯，名叫 Cubita。它是一种植株种类，其种植方式用的是原始的撒种，这种植株来自古巴，主要在南美能见到。"签名"雪茄用的就是来自哥伦比亚北部卡门的 Cubita。

E El Credito
埃尔·克雷蒂特

埃内斯托·佩雷斯·卡里略（Ernesto Perez-Carrillo），一个雪茄制造商，自 20 世纪 90 年代起在多米尼加的圣地亚哥负责这个优质雪茄品牌的质量问题。当然，关于这个雪茄，还有一个悠久感人的故事。

埃内斯托·佩雷斯·卡里略家族在上个世纪初，1907 年起，其祖父和父亲就从事烟草生意。埃尔·克雷蒂特（El Credito）雪茄的历史就从是这个家族拉开序幕。和许多古巴人一样，这

埃内斯托·佩雷斯·卡里略。

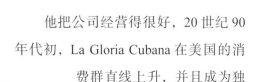

个家族在卡斯特罗革命时期离开祖国，迁往佛罗里达，在那里获得了著名品牌"古巴荣耀"（La Gloria Cubana）的品牌权和生产配方。最后，其父亲于1968年在迈阿密建立了埃尔·克雷蒂特雪茄公司，并于1972年推出了 La Gloria Cubana 雪茄。

埃内斯托·佩雷斯·卡里略首先走的是自己的音乐之路并乐于其中，他在很多乐队中都很有成就，但是却没有和家族失去联系。当他的父亲身体不再那么硬朗的时候，他毅然投身到家族事业当中，经营着雪茄生意，1980年他的父亲去世，他接管公司。

他把公司经营得很好，20世纪90年代初，La Gloria Cubana 在美国的消费群直线上升，并且成为独占鳌头的雪茄品牌。由于销售需求太大，不得不在多米尼加共和国再建一家工厂。

La Gloria Cubana 雪茄一直成为畅销货，并且传到了欧洲。不过因为产权问题（也可称之为"复制版本"），用"埃尔·克雷蒂特"（El Credito）这个名字代替了 La Gloria Cubana。

埃内斯托·佩雷斯·卡里略对 El Credito 的特征是这么描述的："这种雪茄中等浓郁至浓郁。我们用来自尼加拉瓜和多米尼加共和国的烟草来制作烟芯。茄衣来自厄瓜多尔，用苏门答腊岛的种子种植而成。El Credito 雪茄

口感多样，还带有淡淡的清香。在杂交混合的时候我就很注意让自己置身于古巴烟草的香味中，以寻找出使用来自不同种植区和产地烟叶的要点所在。要是有人喜欢古巴烟草，特别是对新手来讲，选择我们的 El Credito 雪茄就对了。"理由就没必要再多说了吧。

这一例外就是一种哈瓦那雪茄的命名。安东尼奥·阿万斯（Antonio Allones）公司的负责人对 1882 年创立的一个雪茄品牌，信心十足，并冠以响亮的名字"世界之王"（König der Welt）。事实上，埃尔雷伊·德尔蒙多（El Rey Del Mundo）在 20 世纪后期就属于最尊贵的哈瓦那雪茄了。每天，工厂里

El Rey Del Mundo
埃尔雷伊·德尔蒙多

雪茄制造者通常是少数同时代人。他们知道雪茄的艺术，这就足矣。

当然，世界上没有无例外的常规。

埃尔雷伊·德尔蒙多

商标名称	产品名称	长度 (mm) (≈in)	环径 (mm)	国际标准描述	品吸时长 (min)
Choix Supreme	Hermoso No.4	127 (5)	48 (19.1)	Robusto	45~60
Coronas de Luxe	Corona	142 (5⅝)	42 (16.7)	Corona	45~60
Demi Tasse	Entreacto	100 (3⅞)	30 (11.9)	Small Panatela	15
Elegantes	Panetela Larga	175 (6⅞)	28 (11.1)	Slim Panatela	30~45
Gran Coronas	Corona Gorda	143 (5⅝)	46 (18.3)	Grand Corona	60~75
Grandes de Espana	Delicado	192 (7½)	38 (15.1)	Long Panatela	75~90
Lonsdales	Cervante	165 (6½)	42 (16.7)	Lonsdale	75~90
Lunch Club	Franciscano	116 (4⅝)	40 (15.9)	Petit Corona	30
Petit Coronas	Mareva	129 (5⅛)	42 (16.7)	Petit Corona	30~45
Tainos	Julieta No.2	178 (7)	47 (18.7)	Churchill	90~105

会生产出近 7000 支，有时甚至是 8000 支"世界之王"雪茄，该工厂后来很快更名为世界生产雪茄的大公司——埃尔雷伊·德尔蒙多雪茄烟草公司。

那如今呢？和以前一样，埃尔雷伊·德尔蒙

从左至右依次为：
Grande de Espana,
Choix Supreme,
Petit Coronas

L：192mm
$：18/ 支

L：127mm
$：39/ 支

L：129mm
$：15/ 支

多以其油油的茄衣成为该品牌众种类中口味较淡的代表，所以特别适合那些刚刚开始学抽哈瓦那雪茄的人。

Ermuri 艾姆瑞

这个名字背后掩藏着一个采购协会，该协会将雪茄和装饰品归类到每一个生产商，并将这些产品，部分还以其他名字，在烟草产品零售时供应给其合约人。

这个协会位于德特莫尔德市，其产品种类是最全最多样的，比如，雪茄品牌"阿姆宾特"（Ambiente），"指挥官"（Comendador），以及"菲尔梅萨"（Firmeza），这些产品的报价在同类产品中也是首屈一指的。

Flor de Copán 弗洛尔德·科潘

弗洛尔德·科潘公司生产的与公司同名的弗洛尔德·科潘雪茄，这个洪都拉斯品牌的雪茄，但闻其名，人们立刻就会想到其优良的品质。弗洛尔德·科潘公司除了生产其他一些优质雪茄外，还会生产季诺牌雪茄，就是在美国市场上有名的大卫

开始，这些种子就从 Vuelta Abajo 流入 El Paraiso，圣罗莎德科潘（Santa Rosa de Copan）以及圣塔巴巴拉（Santa Barbara），它们是关塔那摩和萨尔瓦多边境的丘陵地带，在那里，玛雅人种植了好几个世纪的烟草。

用于制作这种雪茄的烟草，其种子是来自古巴 Vuelta Abajo 区最好的品种，1962 年引入了哈瓦那地区。这种哈瓦那种子就在不同的地区开始种植。

还有一点必须要说的。弗洛尔德·科潘雪茄真的非常实惠，这在一级优质雪茄中是很少有的。

Flor de Juan López
弗洛尔德·约翰·洛佩慈

这种历史悠久的哈瓦那雪茄规格尺寸少，数量也有限。尽管如此，其"约翰·洛佩慈之花"（Blume des Juan

杜夫雪茄。

除了在市场上站稳脚的标准系列雪茄，Puros Finos（意为精美的雪茄）系列也被推出。2004 年，该雪茄上市，其烟草都是在本国生长的，制作非常精良，并拥有香醇的芳香。

其香味要归功于那些古巴种子生长出来的用于混合的烟草。从 1962 年

Lopez）雪茄在好的专业商店里还是能买到的。那里，喜爱者们还可以找到主

要由科罗拉多·马杜罗类型中的茄衣制成的中等浓郁雪茄。

谁喜欢哈瓦那雪茄的持久香味，并且更钟爱中等浓郁雪茄，那他选择一款弗洛尔德·约翰·洛佩慈雪茄肯定没错！

从左至右依次为：
小皇冠 ″Petit Coronas″
″Selection No.1″
″Selection No.2″

L：129mm
$：22/ 支

L：142mm
$：30/ 支

L：124mm
$：25/ 支

弗洛尔德·约翰·洛佩慈

商标名称	产品名称	长度（mm）（≈in）	环径（mm）	国际标准描述	品吸时长（min）
Coronas	Corona	142 （5 ⅝）	42 （16.7）	Corona	45~60
Panetela Superba	Placera	125 （4 ⅞）	34 （13.5）	Small Panatela	30
Petit Coronas	Mareva	129 （5 ⅛）	42 （16.7）	Petit Corona	30~45
Selection No.1	Coronas Gorda	143 （5 ⅝）	46 （18.3）	Grand Corona	60~75
Selection No.2	Robusto	124 （4 ⅞）	50 （19.8）	Robusto	45~60

Flor de Rafael González
拉斐尔·冈萨雷斯之花

这个哈瓦那品牌是乔治·塞缪尔（George Samuel）和弗兰克·沃里克（Frank Warwick）1928 年特别针对英国市场制造的，如今仍在生产。它在刚刚开始进入哈瓦那世界的雪茄客中尤其受欢迎，但是这个雪茄的香味适度地清淡一些，风味也比较适度。

尽管"拉斐尔·冈萨雷斯之花"的历史并不像古老的哈瓦那那么长，但它也撰写了雪茄的历史。因为在 20 世纪 30 年代预订盒装"拉斐尔·冈萨雷斯"的正是高贵的龙狮戴尔（Lonsdale）伯爵，他要订的是一个到那时为止还没有出现的规格。因为这个英国贵族是工厂最好的客人，所以他的愿望同时也是命令，这样就产生了如今仍然很受欢迎的"Lonsdale"规格。

在这个时候人们已经可以在离开哈瓦那港口的"拉斐尔·冈萨雷斯"雪茄盒上看到下面这个建议："雪茄应在船运后一个月之内或者在一年成熟后品吸。"据说，第一个将这些话在 20 世纪 30 年代手写在"拉斐

拉斐尔·冈萨雷斯之花

商标名称	生产名称	长度（mm）（≈in）	环径（mm）	国际对应名称	品吸时长（min）
Cigarritos	Laguito No.3	115（4 ½）	26（10.3）	Cigarillo	15
Coronas Extra	Corona Gorda	143（5 ⅝）	46（18.3）	Grand Corona	60~75
Lonsdales	Cervante	165（6 ½）	42（16.7）	Lonsdale	75~90
Panetelas	Panetela	117（4 ⅝）	34（13.5）	Small Panatela	30
Panetelas Extra	Veguerito mano	127（5）	37（14.7）	Short Panatela	30
Petit Coronas	Mareva	129（5 ⅛）	42（16.7）	Petit Corona	30~45
Petit Coronas	Mareva	175（6 ⅞）	28（11.1）	Slim Panatela	30~45

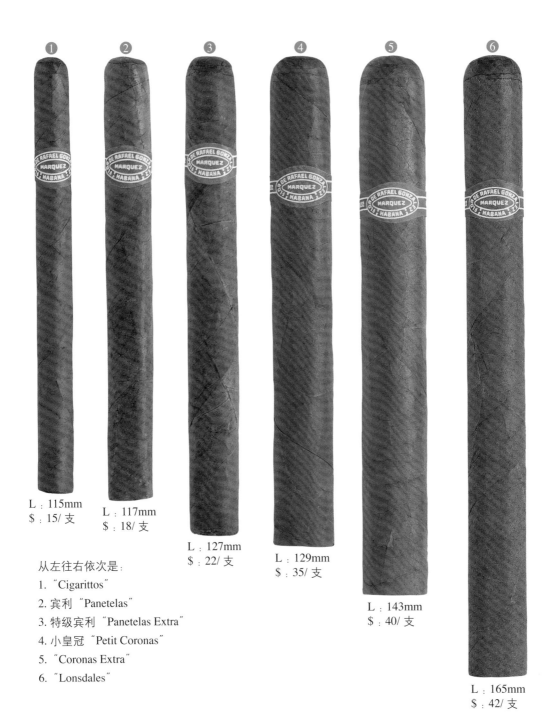

L：115mm
$：15/ 支

L：117mm
$：18/ 支

L：127mm
$：22/ 支

L：129mm
$：35/ 支

L：143mm
$：40/ 支

L：165mm
$：42/ 支

从左往右依次是：

1. "Cigarittos"
2. 宾利 "Panetelas"
3. 特级宾利 "Panetelas Extra"
4. 小皇冠 "Petit Coronas"
5. "Coronas Extra"
6. "Lonsdales"

尔·冈萨雷斯"雪茄盒上的是一个英国进口商。直到今天人们还能在这个品牌的每个雪茄盒上看到这个完全有根据的建议。因为所有哈瓦那雪茄在储存时都会继续发酵，大多在夏末会将茄体内的天然油分排出来。因此要么在最短的时间内品吸，要么就一年后等到发酵完成时再品吸，因为这个时候雪茄已经完成了第一次发酵。

Flor de Selva
塞尔瓦之花

"塞尔瓦之花"已经进行贸易很长时间，在往往不那么简单明了的雪茄市场上发展到一个固定的大小，不管怎样，总有一些雪茄客在他的保湿烟盒内储存着这个白金品牌这种或那种规格。

在雪茄行业的一位伟人——尼斯特·普拉森西亚（Nestor Plasencia）的领导下，"Tabacos de Oriente"工厂使用精选出来的烟草生产雪茄。创造这个品牌的是一位女士，玛丽亚-皮娅·塞尔瓦（Maria-Pia Selva）夫人。凭借着"塞尔瓦之

玛丽亚-皮娅·塞尔瓦。

花"，这位女士能使一个老资历的雪茄制作者脸红，由这个原籍洪都拉斯女性创造的"塞尔瓦之花"是中美洲出口的最好的白金雪茄。

Fonseca 丰塞卡

这个用创造者名字来命名的哈瓦那品牌于19世纪90年代被创造出来。如今它只生产少量几个规格——但它们很引人注意。原因在于，每支"丰塞卡"都手工卷在一张薄薄的白绢纸里，外边用商标纸环固定——纪念主要在"美丽年代（Belle Epoque）"时期发展的友情。

丰塞卡

商标名称	生产名称	长度（mm）（≈in）	环径（mm）	国际对应名称	品吸时长（min）
Cosacos	Cosaco	135（5 ⅜）	42（16.7）	Corona	45~60
Delicias	Standard mano	123（4 ⅞）	40（15.9）	Petit Corona	30~45
Fonseca No.1	Cazadores	162（6 ⅜）	43（17.1）	Long Corona	75~90
KDT Cadete	Cadete	115（4 ½）	36（14.3）	Short Panatela	30

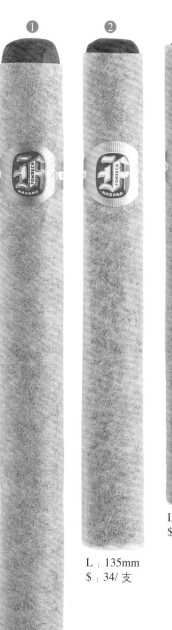

L：115mm
$：31/支

L：123mm
$：31/支

L：135mm
$：34/支

L：162mm
$：36/支

从左往右依次为：

1. ″Fonseca No.1″
2. ″Cosacos″
3. ″Delicias″
4. ″KDT Cadetes″

在德语国家"丰塞卡"越来越多，但它主要在西班牙大受欢迎。尤其在雪茄客的欧洲中心巴塞罗那，大量雪茄客抽过这个风味温和的雪茄后都不再改口。

顺便提一下，"丰塞卡"雪茄盒上还印着位于哈瓦那的莫罗（Morro）城堡和纽约的自由女神像，这是纪念古巴和美国之间还没有因为不幸的美国禁运政策而损害两国关系的时期。

Fundadores 创建

这个风味中等强烈的长雪茄是在牙买加生产的，也就是在曾经生产了著名的"马卡努多"（Macanudos）的工厂里。

因为手艺纯熟的烟草专家就在金士顿（牙买加首都）工作，所以"创建"（Fundadores）不需要藏在其他品牌后面。这个使用深红褐色包叶的手卷雪茄因为其调味特色，完全值得一试。

其中一个规格尤其引人注目，尽管它从长度上来说是最小的。它就是

"Petit Robusto"，虽然环径与常用的 "Robusto" 一样，但远没有达到"正常的"最小长度——邀请人们享受一次短暂但是强烈的品吸体验。

Fürst Bismark
俾斯麦公爵

"铁血宰相"是给这个在深层含义上也与食物有关的产品起名的人。因此，除了各种各样的矿泉水之外，也有在"俾斯麦庄园酒厂舍瑙弗里德里希斯鲁庄园"（Fürstlich von Bismarckschen Kornbrennerei Schönau Friedrichsruh）"生产的以他的名字来命名的高度红酒。上世纪末，还出现了一个也以这个之前的宰相名字为名的享乐品——"俾斯麦公爵（Fürst Bismark）"雪茄。

奥托·冯·俾斯麦（Otto von Bismark）喜欢喝水还是喜欢喝威士忌，不是我们这里要讨论的问题，我们要讨论的是他过于喜欢抽的一支雪茄。也许爱德华·卡尔·冯·俾斯麦（Carl Eduard von Bismarck），那个"普鲁士容克大地主"的曾孙，同时也是一个热情的雪茄客，想以此纪念当他与迈克尔·科尔哈泽（Michael Kohlhase）——来自汉堡附近雷林根，可惜早逝的烟草和雪茄进口商，一起去往多米尼加共和国，并立即与手艺纯熟的雪茄制作者一起创造这个雪茄品牌的过程。

在拉罗马纳（La Romana，多米尼加共和国），"俾斯麦"雪茄至今仍然是手工卷制的。它是一流的长雪茄，风味浓烈，同时混合协调。

Gebrüder Berens
贝伦斯兄弟

已经发展到第五代，成立于1867年的烟草和雪茄工厂，位于藻厄兰（Sauerland）的伦纳施塔特（Lennestadt），专营细烟斗丝，但也会进口一些高级的长雪茄，例如产自尼加拉瓜的"烟草之心"（Corazon del Tabaco）和产自多米尼加共和国的"拉科罗纳"（La Corona）。

Gispert 基斯伯

　　这个传统老品牌来源于比那尔得里奥（Pinar del Rio）省，属于19世纪末20世纪上半叶使哈瓦那雪茄在全世界打响名声的雪茄之一。

　　如今在欧洲几乎没人知道的基斯伯只生产一个机卷规格"Standard"，它以商标名"哈瓦那2号"（Habaneros No.2）进行贸易。

Guantanamera 关塔那摩

　　"关塔那摩"是最年轻的古巴品牌，2002年投入国际市场，主要适合刚刚接触雪茄的人群，因为"关塔那摩"是物美价廉的机卷雪茄，风味温和。

从左往右依次是：
1. 水晶美冠 ″Cristales″
2. ″Decimos″
3. 良朋 ″Compay″
4. 小雪茄 ″Puritos″

L：150mm	L：134mm	L：123mm	L：106mm
$：30/支	$：8/支	$：9/支	$：6/支

基斯伯

商标名称	生产名称	长度（mm） (≈in)	环径 (mm)	国际对应名称	品吸时长 (min)
Habaneros No.2	Standard	123（4⅞）	40（15.9）	Petit Corona	30~45

关塔那摩

商标名称	生产名称	长度（mm）（≈in）	环径（mm）	国际对应名称	品吸时长（min）
Compay	Standard	123 （4 ⅞）	40 （15.9）	Petit Corona	30~45
Cristales	Cristales	150 （5 ⅞）	41 （16.3）	Long Corona	45~60
Decimos	Universales	134 （5 ¼）	38 （15.1）	Short Panatela	30~45
Puritos	Chico	106 （4 ⅛）	29 （11.5）	Small Panatela	15

H

Hacienda 庄园

在一段时间的沉寂后，这个产自加那利群岛的长雪茄又再次获得昔日的荣誉，原因在于一些品牌保障的卓越的质量，许多雪茄客越来越重视标上"加那利群岛完全机器卷制"（Hecho a mano en las Islas Canarias）的雪茄，卓

越的质量会使他们感到高兴。"庄园"也为这个发展做出了贡献，它是加那利雪茄制作者创造出来的一个绝对顶尖的品牌，就由拉帕尔马岛（La Palma）上位于圣克鲁兹（Santa Cruz）的"瓦尔加斯烟草（Tabacos Vargas）"生产。

尽管手卷"庄园"雪茄风味相对温和，但在品吸过程中它也散发出令人舒适的香味。

Hajenius 哈耶纽斯

它绝对是"雪茄的圣殿"，在全世界范围内也是。"哈耶纽斯"商店用德国石英石建成，延伸到街道上的深红色圆形遮棚令人印象深刻。但对于走进商店的客人来说，这种印象不会持续很久。事实上它应当叫作"礼堂"，因为它足有几米高——为悬挂在屋顶下，来自阿姆斯特丹还使用煤气灯时代的沉重巨大的枝状吊灯提供空间。自从商店1915年开张以来，内部的装潢一点儿

都没有改变，一切都保持装饰艺术风格
（Art-deco-Stil），从开张起使用的装潢
材料就只有木头、皮革和大理石。

但是"哈耶纽斯"（Hajenius）出现
的时间比它早了 90 多年（可能是 1915
年）。公司的全名为"P.G.C. Hajenius"，
成立于 1826 年，庞达隆·格哈德·昆拉
德·哈耶纽斯（Pantaleon Gerhard Coenraad
Hajenius）在费根丹（Vijgendam）开了
一家雪茄店。这是一个好选择，因为这
里不仅有具有购买力的客户群，而且附

"烟草圣殿"哈耶纽斯商店。

近还有 30 家小雪茄工厂。年轻的哈耶纽
斯——他刚到阿姆斯特丹时才 19 岁——
在这些企业中挑选出最好的，然后在那
里用顶级烟草生产雪茄。

成功没让他等太久，连皇室也成为
他的顾客，很快商店的面积就不足以接
纳客人了。他搬到了 Dom 街，这个通
航运河城市里一条繁华的大街。不知道
什么时候这个地点也不够大了，因此他
产生了寻找一个更大地方的想法。这个
计划最终导致了 Rokin 街旁气派商店的
诞生，还带来了"P.G.C. Hajenius"如今
的所在，这个地方更受人们的欢迎。

以公司建立者的名字命名的雪茄
一直都有。如今阿姆斯特丹不再生产雪
茄，因为这个荷兰中心曾经繁荣一时的
雪茄工业已经不复存在。但那里还有其
他声誉良好的生产地。"Hajenius"跟
从前一样让它们加工顶级烟叶，生产符
合最好的荷兰传统的雪茄。如今，阿姆

施米特客舱踏板车"（Messerschmidt Kabinenroller）"欧宝船长"（Opel Kapitän）的汽车品牌；会让人想起老虎窗的"大众"（Volkswagen）的"甲壳虫"（Käfer）的尾窗还没有打开，三个轮子的小卡车已经足够使用并拥有"克虏伯"（Krupp）和"马吉鲁斯 - 多伊茨"（Magirus Deutz）这样响亮的名字了。

在有轨电车和（长途）公共汽车以及车站的广告海报上几乎都能看到"亨利"那画着地球的标志。这是经济奇迹的时期，"亨利"是其中一部分，

斯特丹通过提供用尼加拉瓜烟草卷制的顶级长雪茄——它按照 HBPR 措施完全是手工卷制——跳出了"传统的"阴影。这些雪茄以保证质量的名字进行销售：哈耶纽斯。

Handelsgold 亨利

它可以说是最著名的德国雪茄品牌，即使不是对所有人都是，至少对于五十岁以上的那代人是这样。

"亨利"的辉煌时代在二十世纪五六十年代，当德国城市的街道上都是诸如"宝马 Isetta"（BMW Isetta）"宝沃伊莎贝拉"（Borgward Isabella）"梅赛德斯 170"（Mercedes 170）"梅塞

特奥多尔·豪斯（Theodor Heuss）

一个组成成分，这个奇迹的创造者路德维希·艾哈德（Ludwig Erhard）跟联邦总理特奥多尔·豪斯（Theodor Heuss）一样也抽着东威斯特法伦联盟生产的雪茄。当时还没有"白金雪茄"这个概念，广大抽雪茄者对来自加勒比海的雪茄的了解几乎为零，他们甚至会把哈瓦那雪茄归入"纯奢侈品"（Purer Luxus）。

"亨利"跟从前一样，仍然贴着"百分之百烟草"的"质量验讫章"，如今它仍然存在。当这个年代错误的品牌达到预定的数量时，一些生产商的心情不仅仅是高兴。尽管在局部的雪茄友中，当他们点燃一支这样的"棕色传说"时，某些怀旧的情绪发挥了作用，但对他们而言，就跟在东欧（主要出口市场）发现了适合自己的"亨利"的许多抽雪茄者一样，"亨利"的价格极低，这个低廉的价格促使他们抽这个"经济奇迹雪茄"。

H. de Cabanas y Carbajal

这个现存的最古老哈瓦那品牌的名字也许会唤起人们对过去的记忆，因为"Cabanas"的生产量很小，并只在

几个特定国家出售。

即使这个品牌只生产机卷规格的雪

茄，但它们还是会让执着的哈瓦那爱好者跃跃欲试，因为这个品牌的雪茄会令人想起古老的古巴风格，茄体十分粗大。

Henry Clay 亨利·克莱

这个历史动荡的雪茄品牌的名字来源于同名的美国政治家（1777— 1852），1811 年他作为共和党人被选入众议院，他多年担任众议院的发言人，即使中间有间隔，之后接管"美国国务院"，他的政治生涯达到顶峰。这位 1825 年至 1829 年的美国外交部部长是一位热情的雪茄爱好者，因此，一个在 19 世纪才出现的雪茄品牌会使用"亨利·克莱"（Henry Clay）的名字也就不足为奇了。

因为当时在哈瓦那，与其他地方一样，品牌名与工厂名大多统一，也就是一致，因此"亨利·克莱"（Henry Clay）工厂立刻开始生产"亨利·克莱"雪茄品牌，这个品牌很快就在市场上出现，并在不久后就成为哈瓦那大品牌之一。20 世纪 30 年代，当雪茄生产被安排到美国新泽西州时，工厂和品牌名都与古巴首都告别。不过，如今"亨利·克莱"的生产地点已经不再在美国的联邦州，而是位于多米尼加共和国。

多米尼加的"亨利·克莱"不能忘记自己的出身，因为与大量其他多米尼加品牌不同，"亨利·克莱"凭借其中等浓郁直至浓郁的香气，可以达到许多古巴制作工艺的雪茄的强度（这主要在"H-2000"系列上得到体现）。还有一点会令人想起它的起源，当人们打开雪茄盒时，会在盖子的内部看到一张 Vista，上面画着当初位于哈瓦那的"亨利·克莱"工厂。

Hommage 1492

这个品牌名会让人联想起克里斯托弗·哥伦布以及他为西班牙皇室意外发现美洲的那一年。

但直到现在，只有一些雪茄客发现这个长久以来就出现在市面上的"Hommage"，并认为把它们保存在自己的保湿烟盒中是值得的，尽管它是在多米尼加共和国手工卷制的很好的长茄芯雪茄，口味丰满完整。

Hoyo de Monterrey 奥约·德·蒙特雷（好友）

在德语中"Hoyo"的意思是"山谷"，"Monterrey"是一个地名。因此，这个属于哈瓦那品牌的雪茄真正表达的意思是"蒙特雷山谷"。但这个名字后还隐藏了古巴最著名的种植园（Vegas finca）之一，这个种植园里生产了阳植烟草品种，用于绝对一流的卷叶和包叶。

这一切从大约19世纪中期开始，正如下边的证据表明的那样："奥约·德·蒙特雷，约瑟·根那（Jose Gener），1860。"这个证据以铭文的形式刻在铁制的大门上，人们从村庄里的广场上出发便能到这个大门前。这个村庄的全名叫 San Juan y Martinez Monterrey，位于 Vuelta Abajo。

品牌名中的地名不会引起人们多大的兴趣，因为对于这样一个常常出现的哈瓦那品牌来说，位于 Pinar del Rio 省的 Vuelta Abajo 种植区是意料之中的事，并不是例外。"山谷"则有趣得多了，因为有低洼地的土地十分适合烟草种植，过量的水分可以通过自然方式轻松地排出，这里有充足的水分，尤其在古巴的夏季，常常伴有丰富的降水。

在这个位于最大的加勒比海岛西部的小省城里，约瑟·根那开始发迹（如今我们还能在每个古巴"奥约·德·蒙特雷"的雪茄盒上看到他的名字）。但这里说的发迹是越过他农田的界限的，因为约瑟·根那的活动不局限于一个烟农的工作，还扩展到商界，他在这个领域发现了一个值得投入的活动范围。

根那先生建立了"La Esccepcion"工厂，在他的领导下，这个工厂不久就生产了1865年出现的品牌。之后，1867年，约瑟夫与他的叔叔Miguel Jane y Gener——原籍加泰罗尼亚——一起成立了"Jose Gener y Miguel"公司，之后不久他又与兄弟们一起创立了"Jose Gener y Cia"公司，最后是他单独领导的"Jose Gener y Batet"公司。

当这位经验丰富的雪茄制作者兼成功的商人在1900年去世时，他留下了一个鼎盛的公司。它被卖给了拉蒙·费尔南德斯（Ramon Fernandez）和费尔南多·帕利西奥（Fernando Palicio），他们俩领导着一个财团，购买了这个公司后，他们将它作为"总店"进行单独运营，之后发展出了其他生产地点。如今"蒙特雷"（Monterreys）主要在"Miguel Fernandez Roig"工厂生产。在这个名字后还隐藏着历史悠久的"拉科罗纳"生产商，它与哈瓦那其他所有大型雪茄

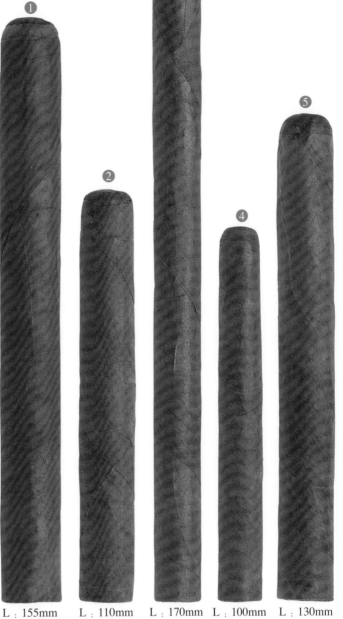

L：155mm
$：32/支

L：110mm
$：20/支

L：170mm
$：25/支

L：100mm
$：35/支

L：130mm
$：25/支

L：142mm
$：28/支

工厂一样，在几年前都改了新名字。

专家们一致认为，在"奥约·德·蒙特雷"的规格中"Double Corona"最突出，但"Epicure No.1"和"Epicure No.2"也满足最高要求，这两种都是雪茄捆包，25或50支一捆，不带商标纸圈，作为"Cabinet Selection"出售。

从左至右依次是：
1. "Le Hoyo des Dieux"
2. "Le Hoyo de Député"
3. "Le Hoye du Gourmet"
4. "Le Hoyo du Maire"
5. "Le Hoyo du Prince"
6. "Le Royo du Roi"

回到历史中来，"Cabinet Selection" 雪茄在很久以前能媲美季诺·大卫杜夫，也属于著名的 "Chateau"。在 20 世纪 70 年代，对 "拉科罗纳"（La Corona）的雪茄制造者来说，"Chateau" 又再次充当了 "Le Hoyo" 系列的 "榜样"。"Le Hoyo" 系列的雪茄就像 "Chateau" 这个标准系列的雪茄一样，风味突出，香气完整，并且还是对已经存在的分类方法一个意义重大的补充。因此，如今 "奥约·德·蒙特雷" 与 "Chateau" 这个标准系列和 "Le Hoyo" 系列覆盖了范围广阔的规格品种，这当中包括了最不同的口味区别和香气层次。

奥约·德·蒙特雷

商标名称	生产名称	长度（mm）（≈in）	环径（mm）	国际对应名称	品吸时长（min）
Clasica 系列					
Churchills	Julieta No.2	178 (7)	47 (18.7)	Churchill	90~105
Double Coronas	Prominente	194 (7⅝)	49 (19.5)	Double Corona	120~135
Epicure No.1	Corona Gorda	143 (5⅝)	46 (18.3)	Grand Corona	60~75
Epicure No.2	Robusto	124 (4⅞)	50 (19.8)	Robusto	45~60
Coronations	Mareva	129 (5⅛)	42 (16.7)	Petit Corona	30~45
Hoyo Coronas	Corona	142 (5⅝)	42 (16.7)	Corona	45~60
Palmas Extra	Crema	140 (5½)	40 (15.9)	Corona	30~45
Short Hoyo Coronas	Mareva	129 (5⅛)	42 (16.7)	Petit Corona	30~45
Le Hoyo 系列					
Le Hoyo des Dieux	Corona Grande	155 (6⅛)	42 (16.7)	Long Corona	60~75
Le Hoyo du Député	Trabuco	110 (4⅞)	38 (15.1)	Short Panatela	30
Le Hoyo du Gourmet	Palma	170 (6¾)	33 (13.1)	Slim Panatela	30~45
Le Hoyo du Maire	Entreacto	100 (3⅞)	30 (11.9)	Small Panatela	15
Le Hoyo du Prince	Almuerzo	130 (5⅛)	40 (15.9)	Petit Corona	30~45
Le Hoyo du Roi	Corona	142 (5⅝)	42 (16.7)	Corona	45~60

再回顾一下，这次看看古巴革命后的那段时期。当 1960 年美国针对这个岛国的禁运政策生效时，不久后美国的雪茄商店里就再也买不到一支"奥约·德·蒙特雷"雪茄了。人们很快便拒绝承认用针对古巴的经济制约来解释这个情况，因为其根本的原因实际是另一个。卡斯特罗夺权后古巴处于内部的变革之中，这个变革自然也包括了烟草工业在内。所有雪茄工厂都被国有化，有一段时间这个领导者甚至对烟草田产生了这样一种想法，以后古巴只生产一种雪茄品牌。

这种对于一个至今十分重要的经济分支的想法当然不会促使烟农将他们全部的工艺都用在（浪费在）生产卓越的雪茄上。这个想法是有缺陷的。结果，古巴革命后的雪茄工业再也不是革命前那样了。

❶

❷

❸

❹

❺

❻

L：129mm
$：18/ 支

L：124mm
$：41/ 支

L：129mm

L：143mm
$：42/ 支

L：178mm
$：42/ 支

从左至右依次是：
1. 丘吉尔 ″Churchills″
2. 丽冠铝管 ″Coronations″
3. 双皇冠 ″Double Coronas″
4. 逍遥一号 ″Epicure No.1″
5. 逍遥二号 ″Epicure No.2″
6. ″Short Hoyo Coronas″

203

L：194mm $：45/ 支

跟其他许多雪茄品牌一样，很快在美国人们也买不到"奥约·德·蒙特雷"了，因为商人们可动用的库存——反正本来也不是很充足——很快便用完了。

从1963年开始，美国的雪茄客们才能缓口气，因为这一年一个新的"奥约·德·蒙特雷"使得美国的烟草商店开始好转。这些雪茄产于洪都拉斯，质量卓越，在香气上甚至比古巴的"奥约·德·蒙特雷"还要完整，一直到20世纪70年代，它从外表上看还会让人想起一支好的老哈瓦那雪茄，在洪都拉斯生产的"奥约·德·蒙特雷"雪茄盒上人们还可以看到"Made with real Havana leaf"这句话。这个标签完全符合事实，因为在古巴革命前很久，禁运政策前更久，美国便储存了大量古巴烟草（烟草又从这里出发到达洪都拉斯）。因为这些烟草早就用光了，所以如今洪都拉斯生产的"奥约·德·蒙特雷"雪茄盒上当然不再贴上边的标签。

但关于"Hoyos"介绍得还不够。例如，还有另一个用这个名字生产的雪茄品牌，当然，这只是一个补充。这个品牌是"Excalibur"，许多专家认为，它的背后隐藏着一个可以算作最好的非古巴雪茄品牌之一的品牌。"Excalibur"雪茄创造于20世纪70年代末，之后便用欧洲神话中最著名的剑来给这个品牌命名。

这里要提示一下，这种雪茄在世界的大部分范围内可以作为"Hoyo de Monterrey Excalibur"购买到，但是在欧洲只用"Excalibur"这个名字。

H.Upmann 乌普曼

那些比较喜欢风味中等浓郁的雪茄，但又不想放弃典型哈瓦那口味雪茄的雪茄客们，对乌普曼二者兼容的味道非常满意。

品牌名中的"H"代表赫尔曼（Hermann），"U"则起源于一个欧洲的银行王朝。赫尔曼·乌普曼（Hermann Upmann）是这个王朝的后裔。他属于这个王朝，因此他也要遵循王朝的传统。他开始了作为银行家的职业生涯。没人知道他对自己的银行工作是否投入了激情，但可以确定的是他着迷于好雪茄，完全无法自拔。对于他的未来，我们这位行家思路十分清晰。1840年，他计划在哈瓦那开设一家分行，并逐渐有了眉目。之后，赫尔曼·乌普曼没有一直待在新支行里上班，但是人们每天都能看到他在烟草商店或烟草种植园里与那些同样对雪茄情有独钟的人们交谈。但无论他进行什么活动，这个哈瓦那雪茄的爱好者都没有忘记祖国的雪茄友。他不断给他们捎自己可以买到的香醇美味的雪茄。

当一件事情开始运转，并进行得越来越快时，便会发展并创造出自己的规律。接下来的这件事也同样如此，它发生了并且也一定会发生。1844年，

L：117mm
$：20/ 支

从左至右依次是：
"Singulares"
"Coranas Major"
"Coronas Minor"

L：132mm
$：35/ 支

L：117mm
$：35/ 支

银行家乌普曼建立了自己的工厂，不久后"H.U"品牌便流行开来。

历史悠久的雪茄品牌的产生和与该品牌联系在一起的前前后后的人物与工厂总是会成为历史和传说的素材。"H.U"充满波折的发展历程也同样如此。

当然上述的历史不一定都是真的，至少经常被人们误传，而谣传当然也不会变成更真的事实，但这无疑是一个美好的故事。

你可以在另一个版本中找到一些与上一个故事大体相同的特点。但是这个版本

中的雪茄制造者从根本上与上一个不同。这个版本说的是德国一对兄弟当时在哈瓦那开了一家烟草商店，为了推出一个雪茄品牌，其中也包括制造厂，所以不久后便建立了必要的制造厂，它与古老的古巴居留地没有任何关系。一年之后这对兄弟得到一些合伙人的资助，其中一个是恩里克·克劳弗森（Enrique Claufsen），也是德国人。雪茄、商店和制造厂当然都需要一个牌子，因此人们很自然地建议使用两兄弟的姓——"H.U"品牌由此诞生。

但是，"H"并不是源于两兄弟的名字，而是来自姓氏的一部分，发音是

乌普曼

商标名称	生产名称	长度（mm）（≈in）	环径（mm）	国际对应名称	品吸时长（min）
Aromaticos	Petit Corona	129（5 ⅛）	42（16.7）	Petit Corona	30~45
Belvederes	Belvederes	125（4 ⅞）	39（15.5）	Short Panatela	30~45
Connoisseur No.1	Hermoso No.4	127（5）	48（19.1）	Robusto	45~60
Coronas Junior	Cadete	115（4 ½）	36（14.3）	Short Panatela	30
Coronas Major	Eminente	132（5 ¼）	42（16.7）	Petit Corona	45~60
Coronas Minor	Coronita	117（4 ⅝）	40（15.9）	Petit Corona	30
Epicures	Epicures	110（4 ⅜）	35（13.9）	Short Panatela	15~30
Magnum 46	Corona Gorda	143（5 ⅝）	46（18.3）	Grand Corona	60~75
Majestc	Crema	140（5 ½）	40（15.9）	Corona	30~45
Monarcas	Julieta No.2	178（7）	47（18.7）	Churchill	90~105
Petit Coronas	Mareva	129（5 ⅛）	42（16.7）	Petit Corona	30~45
Petit Upmann	Petit	108（4 ¼）	31（12.3）	Small Panatela	15
Regalias	Petit Corona	129（5 ⅛）	42（16.7）	Petit Corona	30~45
Singulares	Coronita	117（4 ⅝）	40（15.9）	Petit Corona	30
Sir Winston	Julieta No.2	178（7）	47（18.7）	Churchill	90~105
Upmann No.2	Piramide	156（6 ⅛）	52（20.6）	Pyramid	90~105

从左至右依次是：
1. ″Aromaticos″
2. ″Connoisseur No. 1″
3. 初级皇冠
″Corohas Junior″
4. ″Epicures″
5. 玛瑙 ″Magnum 46″
6. 君主 ″Majestic″

L：129mm
$：18/ 支

L：127mm
$：40/ 支

L：115mm
$：34/ 支

L：110mm
$：20/ 支

L：143mm
$：42/ 支

L：140mm
$：33/ 支

"赫普曼"（Hupman），不是"乌普曼"（Upmann）。奥古斯汀（Augustin）和赫尔曼选择"H"这一字母，其实是取自"赫尔曼诺斯"（Hermanos），在西班牙语中即"兄弟"的意思，然而在品牌的"姓氏"中人们将"H"去掉了，因为反正也不会有人用西班牙语来说它的名字。

赫 尔 曼·乌 普 曼（Hermann Upmann）有两个侄子，阿尔贝托（Alberto）和日耳曼（Germannistik）。他们也在银行业获得了成功，两人在哈瓦那成立了"银行金融中心"，"H.U"公司正式参与其中。

接下来事情发生了本质的变化。无论是银行，还是烟草厂（同时拥有

L：108mm
$：24/ 支

L：129mm
$：33/ 支

L：156mm
$：41/ 支

L：178mm
$：40/ 支

L：178mm
$：56/ 支

从左至右：
1. 帝王雪茄 ″Monarcas″
2. 短皇冠 ″Petit Upmanns″
3. 特许 ″Regalias″
4. 温斯顿 ″Sir Winston″
5. ″Upmann No. 2″

三家），都取得了事业上的繁荣。那么 "H.U" 这个品牌的声望到底有多高呢？它在 1885 年至 1893 年间获得的荣誉可以做出证明，它共获得了 7 枚金牌，其中有 6 块至今还印在 "乌普曼" 的雪茄盒上，前 6 次获奖在巴黎（两次）、伦敦、波多、莫斯科、维也纳，最后一次获奖是在芝加哥，这是对当时品牌的见证（也是对其众多艺术创造者的肯定）。

19 世纪 20 年代初，"H.U" 品牌将艺术与商业完美地结合在一起，但那时经济危机的乌云开始弥漫，到 1922 年银行不得不先行关闭，之后不久，烟厂也无力偿还银行债务，无法生存，之后英国的 "弗朗科"（Frankau & Co.）公司 [顺便提一下，即今天英国进口哈瓦那雪茄和加勒比雪茄最大的公司 "亨特斯·弗朗科"（Hunters & Frankau）公司] 接管了这家公司。这个英国公司虽然做成了生意，但并没有进行雪茄的生产，而是把这个雪茄公司出租给了一家德西合资的公司，由这家公司继续生产，并在很长一段时间内生产了很多大雪茄品牌。

这个雇主公司也带来了包装上的一个革新——带雪松木的铝套。

虽然如此，这次联姻只维持了14年，因为缺少必要的资本，公司老板不能保证高质量雪茄的生产顺利进行。1936年，"弗朗科"公司最终宣布解除租约，"梅南德茨·卡西亚"（Menendenz y Carcia）——以"梅南德茨·西亚"（Menedenz y Cia）闻名——接管了这个工厂和品牌。

不久后"H.U"制造厂得到了它想要的。一个必不可少的原因就是一个新品牌的出现，它的出现得到了极大重视，包括今天的大品牌哈瓦那雪茄在内。它的名字是："蒙特克里斯托"（Montecristo）。

此后，1944年，就在乌普曼或赫普曼斯建立的工厂成立100年的时候，这个品牌在古老的哈瓦那出现了，并开始生产。

直到最近还有大约50个规格的品牌，而现在只有不到20个还在生产，其中"H.Upmann No.2"和"Magnum 46"是表现突出的两个品牌。

John Aylesbury
约翰·埃尔森波利

就在德国第二次获得世界杯冠军的这一年，另一个领域里发生了一些事情，虽然不像足球一样让人无法舍弃，但是对雪茄客来讲，同样也是一件非比寻常的事件——1974年发生了一些对于雪茄客们来讲非常重要的事情。

这一年，代表七个烟草制品的八个零售商聚在一起。他们的目标是建立一个烟草制品贸易网络，旨在建立一个高质量产品的共同平台。这个平台当然需要一个名字，这个名字必须有个性、独特、令人难忘，另外它还要代表人们对产品质量的追求，这就是人们想要的名字，但是寻找的过程比人们想象中更难。最后，外界给了一个建议："约翰·埃尔森波利"（John Aylesbury），品牌名终于找到了！

这个主意同样使约30位零售商很兴奋。30多年前，在伦敦温布尔登市的一个郊区，出现了四种名叫"约翰"（John）的烟丝，同时得到了人们的肯定。几年后，第一批雪茄问世了，今天的"约翰·埃尔森波利"展现给人们的不是附属品、烟斗或烟丝，而是精美的雪茄和小雪茄的花色品种以及中等的价格定位。

近25年来，店铺从以前的30家增加到现在的不足50家，增长幅度并不大，因为这就是"约翰·埃尔森波利"。它有一个理念，目标是使店铺拥有顶级的声誉并且要保护这份声誉。所有成员会共同决定最终是否接受一个申请人的申请。同时，店铺不能只有好的名声，还必须有好的管理。当申请人符合这样或那样的标准时，但如果在涉及的城市已经有一家店铺，那么申请也没有意义，这是"约翰.埃尔森波利"公司的宣传理念。每个城市只有一家供应商——这是出于对产品特性与质量保证要保持一致的考虑。

José Gener 约瑟·根那

约瑟·根那是约瑟·根那公司除"蒙特利"（Hoyo de Monterrey）之外生产的另一种雪茄。"根那斯"（Geners）雪茄印有"约瑟·根那特制"（Jose Gener La Escepcion）和"特制"（La Escepcion）的产品图标，曾一度十分畅销。如今，这种雪茄已经不再生产了。对于认为哈瓦那雪茄味道过于浓郁的初尝者来说，这款雪茄很适合他们，可以抚慰他们。

José L. Piedra 比雅达

比雅达是哈瓦那烟厂在19世纪末创造的另一个雪茄品牌。创造者是一个西班牙移民，他来自阿斯图灵省（Asturien），后来在雷梅迪奥

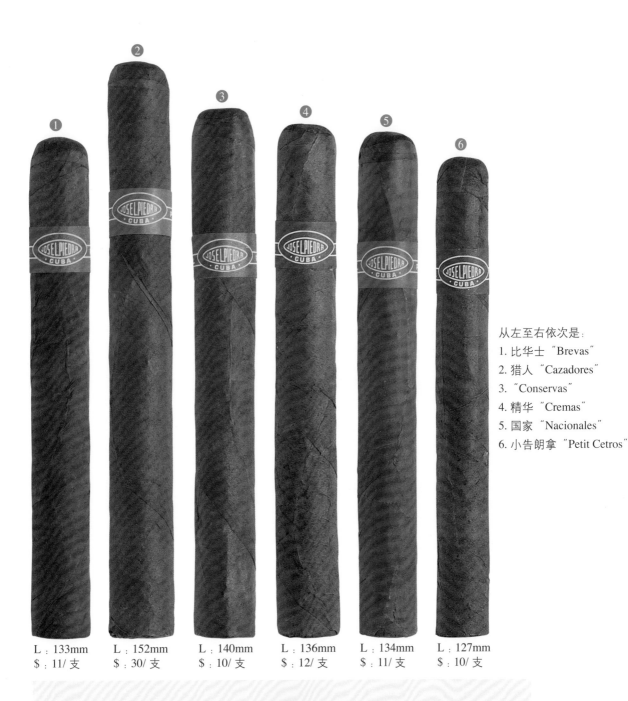

L：133mm L：152mm L：140mm L：136mm L：134mm L：127mm
$：11/ 支 $：30/ 支 $：10/ 支 $：12/ 支 $：11/ 支 $：10/ 支

从左至右依次是：
1. 比华士 "Brevas"
2. 猎人 "Cazadores"
3. "Conservas"
4. 精华 "Cremas"
5. 国家 "Nacionales"
6. 小告朗拿 "Petit Cetros"

比雅达

商标名称	生产名称	长度（mm）（≈in）	环径（mm）	国际对应名称	品吸时长（min）
Brevas	Breva JLP	133（5 ¼）	42（16.7）	Corona	30~45
Cazadores	Cazadores JLP	152（6）	43（17.1）	Long Corona	75~90
Conservas	Conserva JLP	140（5 ½）	44（17.5）	Corona	45~60
Cremas	Crema JLP	136（5 ⅜）	40（15.9）	Corona	30~45
Nacionales	Nacionales JLP	134（5 ¼）	42（16.7）	Corona	45~60
Cetros	Petit Cetro JLP	127（5）	38（15.1）	Short Pantela	30

斯（Remedios）里一个叫圣塔克拉拉（Santa Clara）的城市定居。他从 16 世纪开始制作烟草，"比雅达"是手工制作的小雪茄，味道浓烈。

Joya de Nicaragua
尼加拉瓜珍宝

"尼加拉瓜珍宝"（Juwel Nicaragua）可以追溯到一个悠久的历史，这期间值得注意的是繁荣和低迷的交织。在美国的禁令下，不少古巴人返回他们的岛屿并在尼加拉瓜找到新的家园。

烟草种植园得到了一些发展，开始生产优质雪茄。人们从一块被土耳其放弃很棒的土地上取得了下面这些成果。1965 年市场上出现了"尼加拉瓜珍宝"，并建立了稳固的家族体系，因此"尼加拉瓜珍宝"也成为真正意义上的好雪茄。"尼加拉瓜珍宝"的烟草种植于尼加拉瓜境内土地肥沃多产的地域，茄芯在哈瓦那城种植，由神秘的烟草组成，茄衣由哈拉帕（Jalapa）烟叶制成，而烟草的包叶也在尼加拉瓜和康涅狄格州种植。

到了 1978 年 1 月，进步的反对党政客夏莫洛（Chamorro）在选举委员会被专制者索摩查（Somoza）的追随者谋杀，不久后中美洲就爆发了暴力

的南北战争，左倾的桑地诺主义者遭到射杀。在 1980 年组织会议的桑定主义者和 1981 年登台的右倾武装反桑定主义者两者中，美国支持后者，并在 1985 年对尼加拉瓜实施了禁运令（直到 1990 年才废除）。

这些年尼加拉瓜停止了发展，主要是由于外部的力量干预使得政局动荡，经济也随之萎靡。当然也波及到雪茄行业。农田成为荒野，工厂被轰炸，专业的卷烟师死亡。但跟其他经济部门一样，之后烟草业也从长达 10 年之久的、几近分裂这个国家的流血冲突中慢慢恢复过来。

在这种背景下，为什么"尼加拉瓜珍宝"在南北战争后已经恢复并且味道逐渐趋于清淡？今天这款雪茄又回到了起初的高标准，并在近些年越来越好。

Juan Clemente
胡安·克莱门特

正如大多数人所知道的那样，天才总是和疯子联系在一起，有些时候人

总要疯狂一下，至少要痴迷某件事物，最后让世界为他的作为震惊。

这件令人震惊的事发生在1982年，但实际上发生在更早些时候。法国人胡安·克莱门特（Juan Clemente），一个热爱雪茄的行家，走遍列国——为什么会这样呢？这与拉丁美洲有关，那里不仅有加勒比海的美景，还有他非常珍惜和享受的自然产物。1975年前他追随着热爱的职业在两个大洲的一半地域度过了好几年的时间。

这个精力充沛的企业家在多米尼加的圣地亚哥卡巴罗（de los Caballeros）开了一家小烟厂——并在刚刚提到的1982年制造出了第一款"克莱门特"（Clementes）雪茄。

所有雪茄，共分三大系列，都拥有质量上乘的茄衣（圣地亚哥）和来自康涅狄格的科罗拉多包叶。这种情况是令人满意的，但它并不是特例，因为烟叶的排行榜中我们还可以看到另一个品牌——但并没有像"克莱门特"那样的腹带。尽管看起来像——实际上那个并不是腹带，而是从雪茄"诞生"时便开始保护它脆弱部位的护具。

Justus van Maurik
尤斯图斯·冯·马里克

荷兰的雪茄制造可以追溯到18世纪。著名的雪茄品牌之一是殖民统治早期的"尤斯图斯·冯·马里克"，也拥有着悠久的历史。

以悠久的历史闻名的"尤斯图斯·冯·马里克"是在18世纪下半期出现的，确切地说，是在1794年。除了200年的历史之外，它还是荷兰制造艺术的标志之一。

La Aurora
拉奥罗拉

这里说的是多米尼加共和国最古老的烟厂生产的长雪茄。因为传统的规范标准在质量上总是会遭到质疑，因此这里必须对"宠爱"（Preferidos）——一个拥有不同生产线的高级系列雪茄——

拉奥罗拉总部。

进行更深入的讨论。"拉奥罗拉精选系列"（La Aurora Preferidos Editionen）远没有传统规范标准那么悠久，它是一些可以追溯到当初那个年代的新数据，因为这些数据来自爱德华·莱昂·杰蒙斯（Eduardo leom Jimenes）1903年创制的标准，在这个标准中唐·爱德华（Don Eduardo）注重的是"Preferidos"（Torpedo）规格。除了"白金宠爱"（Preferidos Platinum）方向外，这个系列还有三条生产方向："荫植烟草黄金"，"马杜罗奢华"（Maduro de Luxe），和"蓝宝石"（Sapphire）。

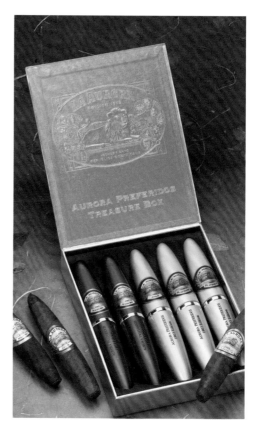

214

"奥罗拉宠爱"（Aurora Preferidos）是按照严格的质量标准生产的，这个系列是完全手工卷制的（因此一天的产量最多不会超过100支）。烟草需要在贮藏室里经历一个持续几年的中间步骤。雪茄要在橡树桶中放置一年后成熟，在进入港口前还要在老化室中放置6个月才能完成，并用金属外壳进行包装。

"宠爱"（Preferidos）所呈现的完美品质令爱好者兴奋。卷制完美的茄芯价格也不菲。但这肯定是值得的。

La Corona 拉·科罗纳

"拉·科罗纳"诞生于1845年，是哈瓦那品牌之一，确切地说，曾经是。因为1999年古巴的"拉·科罗纳"停产了。这很可惜，因为这个老字号品牌体现的是传统古巴风格。"王冠"（La Coronas，意为王冠）有很长时间是在多米尼加境内生产的，并出口到许多国家。

这是不同于浓郁的哈瓦那雪茄的另一种雪茄，为世界众多雪茄爱好者所称赞。同时多米尼加人一定会向你推荐味道温和、中等浓郁的雪茄，以做工细致见长。气味细微，适合抽雪茄者，因而向世界迈出了第一步。

La Flor de Cano 卡诺之花

"卡诺之花"这个名字源于品牌创造者——约瑟（Jose）和托马斯·卡诺

卡诺之花

商标名称	生产名称	长度（mm）（≈in）	环径（mm）	国际对应名称	品吸时长（min）
Petit Coronas	Standard mano	123（4⅞）	40（15.9）	Petit Corona	30~45
Predilectos Tubulares	Standard	123（4⅞）	40（15.9）	Petit Corona	30~45
Preferidos	Veguerito	127（5）	36（14.3）	Short Panatela	30
Selectos	Cristales mano	150（4⅞）	41（16.3）	Long Corona	45~60

L：127mm
$：5/ 支

L：123mm
$：8/ 支

从左至右依次是：
″Selectos″
″Preferidos″
″Predilectos Tubulares″

L：150mm
$：6/ 支

（Tomas Cano）兄弟。他们给这种雪茄赋予了特殊的茄芯，最终这个雪茄在1884年得以在公众面前出现。

La Fotana 拉·冯塔纳

"拉·冯塔纳"在一些国家以"芳婷（Lang Fotana Vintages）"的名字出售，它适合初尝者以及每个第一次抽雪茄的人。

读这个商标名称很容易让人产生

这个牌子的产地是意大利的印象。事实并非如此。"拉·冯塔纳"是在洪都拉斯的丹弗（Danlf）生产的，手艺精湛的卷烟师在这个艾洛阿（Eiroa）家族的工厂里工作，因为这里生产的香味温和的雪茄卷制得十分优秀。

La Gloria Cubana
古巴荣耀

实际上，"古巴荣耀"这款在帕塔加斯工厂生产的雪茄并不符合一直生产浓郁型雪茄的产品计划，同样在这个工厂生产的还有"玻利瓦尔"（Bolivar）、"帕塔加斯"、"拉蒙阿万斯"（Ramon Allones）这些属于浓郁型哈瓦那雪茄的品牌。但"古巴荣耀"与上述品牌却截然不同，味道与强度都是适中的。

"古巴荣耀"的出现对于喜欢中等浓郁哈瓦那雪茄的人们而言是幸运的。更确切地说应该是它的再次出现，因为这个品牌曾一度销声匿迹，尽管它出现在古巴革命之前并曾一度热销。但同时它与其他从高贵耀眼的传统品牌中被除名的品牌雪茄一样，在"厄尔思博尼"（El Siboney）（作为哈瓦那雪茄的代表）这个小插曲后再次出现。同时令人高兴的是"古巴荣耀"再次有越来越多的追随者——同样高兴的还有那些熟识哈瓦那的人。"古巴荣耀"除了口味中等浓郁之外，还跟其他哈瓦那雪茄一样拥有独特的香味。

古巴荣耀

商标名称	生产名称	长度（mm）（≈in）	环径（mm）	国际对应名称	品吸时长（min）
Medaille d´ Or No.1	Delicado Extra	185（7 ¼）	36（14.3）	Long Panatela	60~75
Medaille d´ Or No.2	Dalia	170（6 ¾）	43（17.1）	Lonsdale	75~90
Medaille d´ Or No.3	Panetla Larga	175（6 ⅞）	28（11.1）	Slim Panatela	30~45
Medaille d´ Or No.4	Palmita	152（6）	32（12.7）	Slim Panatela	30~45
Tainos	Juliet No.2	178（7）	47（18.7）	Churchill	90~105

La Rica 拉黎加

Rico 这个形容词代表富裕、富有，另外还有好吃、美味的意思，这显示了创造者对这个年轻品牌名称的刻意挑选。

产自尼加拉瓜的"拉黎加"雪茄对香气的扩散进行了控制，它还有另一个优点，口味浓郁，还特别添加了来自加勒比海和中美洲地区的不同种类甜酒的纯净味道。关于茄芯还有另一个值得一提的优点，那就是价格低廉。

Laura Chavin 劳拉柴文

此品牌是用赫尔姆特·比勒（Helmut Bührle）女儿的名字命名的。赫尔姆特·比勒出生于斯图尔特一个接触烟草生意几十年的商人家庭，他长期担任一家大型跨国公司的设计师，创立了"劳拉柴文"这个品牌，还在专家的协助下创立了"塔巴卡拉·卡西亚"（Tabacalera de Carcia）品牌。在多米尼加共和国生产的"劳拉柴文"是手工卷制的。

特别值得一提的是"康克斯"（Concours des meilleurs Connaisseurs）和"普桑"（Pur Sang）这两个系列，

L：152mm
$：15/支

L：170mm
$：20/支

L：175mm
$：16/支

L：185mm
$：20/支

从左至右依次是：
1. 奖章一号 "Medaille d´ Or. No.1"
2. 奖章二号 "Medaille d´ Or. No.2"
3. 奖章三号 "Medaille d´ Or. No.3"
4. 奖章四号 "Medaille d´ Or. No.4"

当然，这两款雪茄价格也十分高昂。产品是否值得这个价格，那就要雪茄客自己判断了。

León Jimenes 狮王

与其他多米尼加生产的雪茄品牌一样，"狮王"也属于中等浓郁型雪茄。这得益于茄芯、卷叶和包叶间的完美平衡。

"狮王"有着悠久的历史传统。它1903年第一次投入生产，是仍存在的最古老的多米尼加品牌。但制造者并不满足于长期以来获得的荣誉，他知道要不断完善现有的混合物。因此我们便不用惊奇它有那么多热烈的追随者了。

Los Statos de Luxe 奢华斯塔图

品牌名开头的"L"代表"奖赏"（Los），"L"的前一部分也有"不幸"（Leider）的意思，因为哈瓦那雪茄不成气候，产量较低，"不幸"指的是品牌中的"斯塔图"，与传统风格相符的雪茄就叫作"斯塔图"（Statos），口味相对浓郁——那些对哈瓦那雪茄情有独钟的爱好者们十分喜爱"强劲的雪茄"。

奢华斯塔图

商标名称	生产名称	长度（mm）（≈in）	环径（mm）	国际对应名称	品吸时长（min）
Brevas	Nacionales	140（5 ½）	40（15.9）	Corona	30~45
Cremas	Nacionales	140（5 ½）	40（15.9）	Corona	30~45
Delirios	Standard	123（4 ⅞）	40（15.9）	Petit Corona	30~45
Slectos	Nacionales	140（5 ½）	40（15.9）	Corona	30~45

M Macanudo 马卡努多

人们可以在古巴找到许多加勒比雪茄的源头。它实际上是"庞奇"（Punch）品牌的一种，每个19世纪下半期的哈瓦那品牌都是独立于英国市场的，"马卡努多"也很快获得了独立。之后，1868年，第一种规格在牙买加一个古巴持有者的手工作坊内生产，90年后这种态势确定了下来。

之后卡斯特罗的革命爆发，在这场风暴中，"马卡努多"的古巴持有者被迫放弃这款雪茄的生产，并将商标权转让给了一家牙买加公司，如今这家公司专卖"马卡努多"品牌。几年之后又出现了新情况，这个牙买加人无法像他预想的那样进行雪茄的生产和销售，于是卖掉了品牌的专利。这是一个坦帕的公司，又过了一段时间，品牌权又被"通用雪茄"（General Cigar）——一家美国领先的烟草雪茄跨国公司购得，至今只在多米尼加共和国进行生产。

然而几年前并不是这样。德高望重的雪茄生产者本杰明·梅内德斯（Benjamin Menendez）移居加那利群岛之后，开始了"帕塔加斯"品牌的生产，也是"通用雪茄"的一个品牌。多米尼加共和国明确地记载着，他在20世纪80年代投身于"马卡努多"的生产。因此他被称为"世界漫游者"。牙买加和多米尼加共和国生产的这种历史悠久的品牌雪茄都是相同的。

这种销往欧洲的雪茄，主要产自牙买加——对于这种情况有个充分的理由，属于英国共同财产的加勒比海岛有一个极其合适的税收政策，这种友好的行为一直延伸至"祖国"，因为大不列颠属于欧洲，这对在欧洲出口牙买加货物时保持相对的收支平衡十分有利。

尽管税收优惠到处都有——几年前美国人决定，转让所有在多米尼加生产的"马卡努多"的生产，这样可以显著降低物流成本。税收条款中还规定了物流成本降低而带来的更多支出，但是"马卡努多"的质量和工艺不会因为任何一个决定而降低，这个品牌一直属于供给国际雪茄市场的最好的雪茄。它一共有5个系列，但是"罗伯斯特"是一个例外，它不能按照创造者所期待的方式发展，因此在5个系列中第一个贬值，与此相反还有两个系列可以在人们提到的品牌中找到。

接下来第一个是"年份贮藏精选"（Vintage Cabinet Selection），这个雪茄第一次出现在市场上是1989年——使用经过十年才能成熟的康涅狄格包叶做茄衣，在"1979年代"（Vintage 1979）品牌之后"1984年代"（Vintage 1984），"1988年代"（Vintage 1988）

和"1993年代"（Vintage 1993）先后问世，这些雪茄包有分别注册过的传统腹带。所有温和的"马卡努多（Macanudo）"的"年代"（Vintages）雪茄都是出自专业人员丹尼尔涅兹（Daniel Nunez）之手，他的作品结构紧密，组合和谐，各个烟草种类相当出色。

"马卡努多"也同样如此。这种雪茄的外形使初尝者形成一种短小的、容易识别的印象。但是结果出现的却是一个个头特别大的雪茄，每个雪茄客都会消除脑海中一开始的印象，爱上"马卡努多马迪罗"（Macanudo Maduro），并吃惊于这种雪茄的温和口味以及多样的芳香，这主要是因为黑色的康涅狄格州的阔叶烟草包叶，它经过长时间的阳光照射，富含油质，因此带有强烈的甜味。

Maria Mancini
玛利亚·曼奇尼

"他拿掉雪茄盒上的汽车皮革和银色字母组合的包装，'玛利亚·曼奇尼雪茄'——顶级雪茄的标本。他无比珍爱地用一个有棱角的小剪刀裁掉雪茄燃烧端，用手表链抬着，使雪茄燃烧，短

托马斯·曼

茄呢？它带给我的，可以说是生命中最棒的一部分，至少是一种卓越的享受！当我醒来时，我非常高兴，因为我白天可以抽雪茄，当我在白天抽雪茄的时候，我非常期待。是的，可以说仅仅是抽雪茄就让我相当期待，当然这其中有些夸大。但如果哪天没有

而扁的雪茄慢慢燃烧起来，烟雾慢慢升起。"

"我不明白，怎么能有人不抽雪

了雪茄，那肯定会是一个乏味无聊到极点的一天！"

上边这段话是托马斯·曼（Thomas Mann）写的，而说这些话的人是"汉斯·卡斯托普"（Hans Castorp），长篇小说《魔山》的主人公。

人们在很长一段时间内曾经遗忘了"玛利亚·曼奇尼"这个品牌，直到几年前它才重获新生，这是一定的。那么，这些洪都拉斯茄芯烟叶有什么优势呢？答案可以从1929年诺贝尔文学奖获得者的身上找到。即便在今天，这样形

容"玛利亚·曼尼奇"的尺寸和整体也是合适的:"一支气味芳香、口感柔和的雪茄。人们很喜欢它,当别人弹掉长长的烟灰时,我最多只弹过一次。当然这其中会蕴藏着自己的微妙情绪,但是它的生产控制必须是特别精确的,因为玛利亚(Maria)的属性是稳定完美的。"

Montecristo
蒙特克里斯托

许多专家认为,高希霸是不折不扣的哈瓦那品牌,然而也有很多人认为蒙特克里斯托的A系列才是众多产自古巴的哈瓦那雪茄中的王者。我们不能盲从于专家的观点。如果只听信专家的观点,有时可能会令我们大失所望。因为在个人品位这件事上往往是仁者见仁智者见智的。到底喜欢哪个,只有自己尝试了才知道。和其他的奢侈品一样,世界上并没有所谓最好的雪茄。正如世人公认的雪茄行家季诺·大卫杜夫所说,世界上最好的雪茄,就是在某个特定的时候,令你情有独钟的那一支。

毋庸置疑,蒙特克里斯托的A系列,是哈瓦那上市品牌中最好的雪茄之一。同样毫无争议的还有,每支蒙特克里斯托名下生产的大号雪茄都是当今世界上最贵的雪茄之一。除了哈伯纳斯之外,在哈瓦那面市的普通雪茄中,蒙特克里斯托无疑是人们在市场上可以购得的雪茄中售价最高的。

然而使蒙特克里斯托成为继高希霸之后享誉世界的古巴雪茄品牌的功臣不仅仅A系列一支,还有蒙特克里斯托的其他型号。

所有的这些还要追溯到约瑟夫曼努埃尔冈萨雷斯(Jose Manuel Gonzalez)。在当时的两大市场占有者梅内德斯和加西亚家族搬走之后,冈萨雷斯开始负责生产蒙特克里斯托系列雪茄。冈萨雷斯被世人公认为世界上最好的雪茄制作大师。他对雪茄的做工严苛考究,不允许一丝一毫的差错。也是从他开始,才有选取不同位置烟叶的做法。这一方面造就了每一支蒙特克里斯托雪茄的独一无二,另一方面更使得每种型号的蒙特克里斯托雪茄都无可替代。连素来偏爱浓郁型哈瓦那雪茄的雪茄迷都对中等强度芳香型的蒙特克里斯托一见倾心。1935年,两位创始人阿隆索梅内德斯(Alonzo Menendez)和佩佩加西亚（Pepe Garcia）在创立该品牌之初并没有预想到蒙特克里斯托雪茄会取得如此大的成功。起初蒙特克里斯托并不是作为独立的品牌出现，而是作为两人联手创立的另一个品牌中的一个型号。蒙特克里斯托面市不久，就迅速从乌普曼蒙特克里斯托特选（H. Upmann Montecristo Selection）成长为一只独立的品牌——蒙特克里斯托。 不久之后该品牌一炮打响，从而踏上了辉煌的成功之路。

由左至右依次为：
1. Montecristo No.1
2. Montecristo No.2
3. Montecristo No.3
4. Montecristo No.4
5. Montecristo No.5

L：165mm
$：43/ 支

L：156mm
$：45/ 支

L：142mm
$：42/ 支

L：129mm
$：38/ 支

L：102mm
$：36/ 支

① ② ③ ④

　　两位创始人把这个品牌命名为蒙特克里斯托的缘由，我们如今已无从知晓。和许多产自古巴的雪茄一样，他们的命名或多或少都带些奇幻的色彩。很多人认为，可能是其中一位创始人对法国作家大仲马的著作《基督山恩仇记》中基督山伯爵一角喜爱至深，遂将自己创作的雪茄以该名命名。

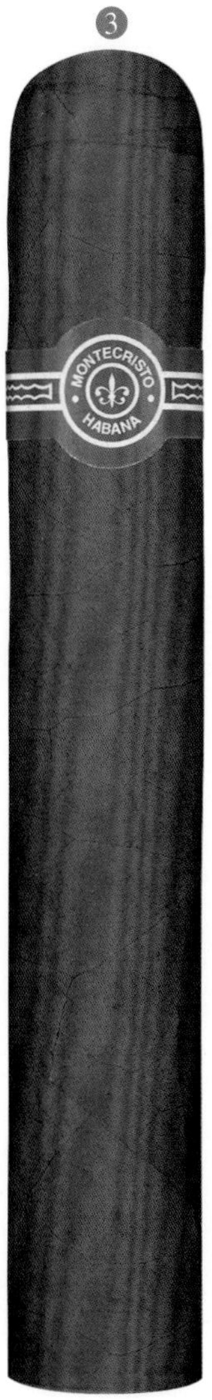

L：115mm
$：36/ 支

L：129mm
$：41/ 支

L：135mm
$：43/ 支

由左至右依次为：
1. ″Tubos″
2. ″Petit Tubos″
3. ″Edmundos″
4. ″Joyitas″

L：155mm
$：45/ 支

蒙特克里斯托

商标名称	生产名称	长度（mm） （≈in）	环径 （mm）	国际对应名称	品吸时长 （min）
Edmundos	Edmundo	135（5 ⅜）	52（20.6）	Robusto	90~105
Especiales No.1	Laguito No.1	192（7 ½）	38（15.1）	Long Panatela	75~90
Especiales No.2	Laguito No.2	152（6）	38（15.1）	Panatela	45~60
Joyitas	Laguito No.3	115（4 ½）	26（10.3）	Cigarillo	15
Montecristo A	Gran Corona	235（9 ¼）	47（18.7）	Giant	150
Montecristo No.1	Cervante	165（6 ½）	42（16.7）	Lonsdale	75~90
Montecristo No.2	Piramide	156（6 ⅛）	52（20.6）	Pyramid	90~105
Montecristo No.3	Corona	142（5 ⅝）	42（16.7）	Corona	45~60
Montecristo No.4	Mareva	129（5 ⅛）	42（16.7）	Petit Corona	30~45
Montecristo No.5	Perla	102（4）	40（15.9）	Petit Corona	30
Petit Tubos	Mareva	129（5 ⅛）	42（16.7）	Petit Corona	30~45
Tubos	Corona Grande	155（6 ⅛）	42（16.7）	Long Corona	60~75

N

Nobel
诺贝尔

诺贝尔是一家丹麦公司。由艾米硫斯·诺贝尔（Emilius Nobel）创立于1835年。该公司主要以生产小型雪茄闻名，因此我们在这里简单提及一下。在生产小型雪茄领域该公司在世界首屈一指，也因此丹麦人成了最先生产机器卷制的纯烟叶小型雪茄的领头羊。

由左至右依次为：
蒙特 A ″Montecristo A″
″Especiales No.1″
″Especiales No.2″

L：235mm L：192mm L：152mm
$：100/ 支 $：80/ 支 $：60/ 支

O

Oud Kampen
奥德卡普曼

每只贴着奥德卡普曼商标的雪茄箱上都如是写着：Sumatra cum Laude（意为苏门答腊的优等生）。这一方面表明该雪茄使用了由苏门答腊岛细碎烟叶制成的茄衣，同时还表明该雪茄是一个著名的荷兰品牌。此外这种雪茄由烈马（Ritmesster）公司监督生产，从茄套到茄芯全部采用最优产地的上等烟叶制作而成。

奥德卡普曼是一款按照荷兰传统工艺手工卷制的温和型短茄芯雪茄。茄体由百分之百纯烟草制成。点燃后释放出多种混合的芬芳。

P

Partagas
帕塔加斯

帕塔加斯雪茄于1845年面市，属于至今依然在产的最老的哈瓦那雪茄品牌。帕塔加斯雪茄自面世以来深受市场欢迎，特别深受那些喜爱哈瓦那浓郁型雪茄的雪茄迷的追捧。唐热姆帕塔加斯（Don Jaime Partagas）创造了世界上第一支帕塔加斯雪茄，并以自己的名字命名。同时该雪茄也由同名公司生产，旨在纪念它的创作者于1845年接手该公司。

如今各种型号的帕塔加斯雪茄依然在帕塔加斯古老的厂区生产着。其中有一些是机器卷制的雪茄，之前叫作机制（Fabrica），如今更名为弗朗西

斯科·佩雷斯·赫尔曼（Francisco Perez German）。乍一听这个名字好像毫不起眼，其实帕塔加斯的工厂是至今依然在产的最古老的机制哈瓦那雪茄工厂。

正如上文所述，帕塔加斯最突出

由左到右依次为:

1. ″Lusitanias″
2. ″8-9-8 Cabinet Selection″
3. 皇冠 ″Coronas″
4. ″Petit Coronas Especiales″
5. ″Aristocrats″
6. ″Habaneros″
7. ″Chicos″

L：194mm L：155mm L：142mm L：132mm L：129mm L：125mm L：106mm
$：49/支 $：25/支 $：22/支 $：33/支 $：33/支 $：32/支 $：29/支

L：117mm
$：15/ 支

上：Coronas Junior
下：Coronas Senior

L：132mm
$：17/ 支

帕塔加斯

商标名称	生产名称	长度（mm） （≈in）	环径 （mm）	国际对应名称	品吸时长 （min）
8-9-8 Cabinet Selection	Corona Grande	155 （6 ⅛）	42 （16.7）	Long Corona	60~75
8-9-8 Cabinet Varnished	Dalia	170 （6 ¾）	43 （17.1）	Lonsdale	75~90
Aristocrats	Petit Corona	129 （5 ⅛）	40 （15.9）	Petit Corona	30~45
Chicos	Chico	106 （4 ⅛）	29 （11.5）	Small Panatela	15
Churchills de Luxe	Julieta No.2	178 （7）	47 （18.7）	Churchill	90~105
Coronas	Corona	142 （5 ⅝）	42 （16.7）	Corona	45
Coronas Junior	Coronita	117 （4 ⅝）	40 （15.9）	Petit Corona	30
Coronas Senior	Eminente	132 （5 ¼）	42 （16.7）	Petit Corona	45
Culebras	Culebra	146 （5 ¾）	39 （15.5）	Panatela	45~60
Habaneros	Belvederes	125 （4 ⅞）	39 （15.5）	Short Panatela	30~45
Lonsdales	Cervante	165 （6 ½）	42 （16.7）	Lonsdale	75~90
Lusitanias	Prominente	194 （7 ⅝）	49 （19.5）	Double Corona	120~135
Mille Fleurs	Petit Corona	129 （5 ⅛）	42 （16.7）	Petit Corona	30~45
Partagas de Luxe	Crema	140 （5 ½）	40 （15.9）	Corona	30~45
Partagas de Partagas No.1	Dalia	170 （6 ¾）	43 （17.1）	Lonsdale	75~90
Petit Coronas Expeciales	Eminente	132 （5 ¼）	44 （17.5）	Petit Corona	45~60
Presidentes	Taco	158 （6 ¼）	47 （18.7）	Perfecto	75~90
Princess	Conchita	127 （5）	35 （13.9）	Short Panatela	30
Serie D No.4	Robusto	124 （4 ⅞）	50 （19.8）	Robusto	45~60
Serie Du Connaisseur No.1	Delicado	192 （7 ½）	38 （15.1）	Long Panatela	75~90
Serie Du Connaisseur No.2	Parejo	166 （6 ½）	38 （15.1）	Panatela	45~60
Serie Du Connaisseur No.3	Carlota	143 （5 ⅝）	35 （13.9）	Panatela	30~45
Serie P No.2	Pyramide	156 （6 ⅛）	52 （20.6）	Pyramid	75~105
Shorts	Minuto	110 （4 ⅜）	42 （16.7）	Petit Corona	30
Super Partagas	Crema	140 （5 ½）	40 （15.9）	Corona	30~45

L : 110mm
$: 36/ 支

L : 127mm
$: 18/ 支

L : 129mm
$: 33/ 支

L : 143mm
$: 27/ 支

L : 140mm
$: 33/ 支

L : 166mm
$: 29/ 支

L : 170mm
$: 26/ 支

L : 192mm
$: 35/ 支

由左至右依次为:

1. ″Partagas de Partagas No.1″
2. 帕塔加斯鉴赏家 1 号 ″Serie Du Connaisseur No.1″
3. 帕塔加斯鉴赏家 2 号 ″Serie Du Connaisseur No.2″
4. 帕塔加斯鉴赏家 3 号 ″Serie Du Connaisseur No.3″
5. 帕塔加斯超级雪茄 ″Super Partagas″
6. ″Princess″
7. 千里之花 ″Mille Fleurs″
8. 帕塔加斯短型雪茄 ″Shorts″

$: 38/ 支

上图为盘蛇 ″麻花型″ Culebras

L：158mm
$：40/支

L：140mm
$：19/支

L：124mm
$：26/支

由左至右依次为：总统 Presidentes，
铝管 Partagas de Luxe，喜维雅 4 号 Serie D No.4

的是它那浓郁的强烈香气，该种雪茄以带有泥土芬芳的香气闻名。

帕塔加斯雪茄由具有丰富经验的雪茄大师亲自督导，做工精细，品质上乘。该厂坐落在工业街 520 号，地处老

城心腹位置，直对市中心。

Peñamil 佩娜米尔

佩娜米尔雪茄于 1939 年在加那利群岛首次问市。该雪茄由他的创始人约瑟夫马丁莱丝蒙斯（Jose Martin Lesmes）先生按以妻的娘家姓命名。自问市以来这种手工卷制的雪茄深受市场厚爱。首先是在加那利群岛，之后至西班牙大陆，最后风靡整个欧洲。直到 20 世纪 70 年代才逐渐淡出人们的视线。在 1991 年卡纳里亚斯烟草公司（Cita-tabacos de Canarias）接手该公司之后，佩娜米尔雪茄迎来了它又一次飞跃。直至今日依然深受欢迎。

之所以再次受到如此的欢迎，是

因为在前不久推出的"佩娜米尔之山"（Penamil Oro）系列中，使用了产自古巴布埃尔塔的烟草制作茄芯，口感虽然相对温和，但却拥有独特香气。

佩娜米尔雪茄并不是在位于加那利群岛的雪茄主产地拉帕玛岛（La palma）生产，而是在古巴裔雪茄大师

231

约瑟夫曼努埃尔冈萨雷斯的带领下产自圣克鲁斯蒂（Santa Cruz de Tenerife）。

P. J. Landfried
P .J. 兰特弗里德

坐落在贝克海姆大街（Bergheimer Strasse）直对着海德堡主火车站的兰特弗里德雪茄厂是德国现存最老的雪茄制造厂。

1810年，飞利浦雅克布兰特弗里德（Philipp Jakob Landfried）创立了该厂，随后这个年轻的手工雪茄制作公司陆续接到大量的订单，雇员的人数也随着纷至沓来的订单越来越多。到19世纪末，该公司已经拥有雇员2000名，成为行业中的大户。

在此期间迪特莘茨（Dieter Schinz）带领25名同事秉承最优良的欧洲传统工艺研发出了第六代短茄芯雪茄。

Plasencia 普拉辛西娅

普拉辛西娅雪茄产自尼加拉瓜的艾斯特利（Esteli）。单从名字就能看出，它是采用上等烟叶手工卷制的长茄芯雪茄。诺斯特普拉辛西娅（Nestor Plasencia）是加勒比海地区最大的雪茄制造商。该公司不断创新开拓，常有新品问市。

在茄芯的选材上，诺斯特普拉辛西娅采用厄瓜多尔当地的烟叶，然后覆以色浅口味温和的科罗拉多州茄衣。最后制成令品鉴者舒适享用的长茄芯，口感温和、多种混合香型的普拉辛西娅雪茄。

Pléiades 普莱雅迪斯

每一支普莱雅迪斯雪茄在到达雪茄迷手上之前都有很长的一段路。因为产自多米尼加拉罗马纳的普莱雅迪斯，在完成加工的最后一道工序后还要被装入带有保湿器的雪茄箱中，最后被长途跋涉运往法国的斯特拉斯堡（Strassburg），并在那里贮存6个月之久。

早在20世纪80年代初期普莱雅

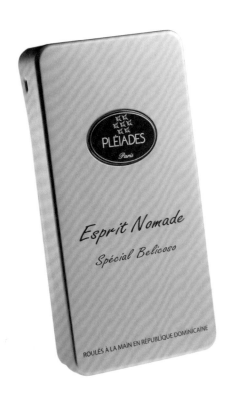

迪斯首次问世以来，就和少数流传至今实至名归的顶级品牌一样，被列为多米尼加共和国的白金雪茄（Premium-Zigarren）。也是最畅销的雪茄。并在接下来的时间里风靡加勒比海国家。

普莱雅迪斯做工精细，口感温和，是手工卷制的长茄芯雪茄。茄衣采用产自美国科罗拉多州浅色清新的康涅狄格烟草，制作茄芯的烟草则来自多米尼加共和国。两种烟草互相调和，相得益彰。

Por Larrañaga
波尔加腊尼西亚

这就是波尔加腊尼西亚雪茄，它是如今依然在产的最老的哈瓦那品牌雪茄。单从卡瓦尼亚斯（Cabanas）一词就能看出该雪茄背后跌宕起伏的历史。该雪茄曾经是最著名的雪茄。

这恐怕要归功于英国的小说家鲁德亚德（Rudyard）。他曾在一首诗中反复写到：一个女人永远只是一个女人，但是一支好的雪茄则是一种吸烟体验。

Smoke 一词所包含的意思远远超过吸烟过程这个意思。历代的译者总是在翻译这个词时绞尽脑汁，特别是那些一生中从来没有享用过一支好雪茄的人。Smoke 几乎没法翻译成德语，因为在德语中，找不到能够完美诠释它的德语词。幸亏在古代英语中有许多与之相对应的词。这些词可以直接被引用到德语中。"经理"（Manager）就是这样的一个词。

Smoke 也是直接被引用到德语中来的一个词。相比"吸烟享受"（Rauchgenuss）一词来说，Smoke 其实蕴含了更多的含义。虽然这个词已经成为一个概念，但是这个词一定比"吸烟"（Rauchen）一词要有分量得多。"吸烟经历"（Raucherlebnis）一词在意

由左至右依次为：
蒙特卡洛斯
"Montecarlos"，
宾利"Panetelas"，
"Lolas en Cedro"

L：159mm
$：33/支

L：127mm
$：31/支

L：129mm
$：15/支

思上已经基本接近Smoke。试想一下在静谧的夜晚，点燃一支雪茄，让白天所有的纷纷扰扰在脑海中重新演绎。这对很多雪茄行家来说确实是一种体验。然而这需要品鉴者用心感受。人们只有细细品味，才能品出其中的真味。只有这样，Smoke才不仅仅只是品吸雪茄而已。

有时候如果我们单看名言警句可能会感到迷惑。前面的那句话也是。还有另外一种诠释。如果人们不用心感受，细细品味的话，那么一支雪茄就只是一支雪茄。和人一样，如果你不想进一步地了解他或者她，那么他或者她就只是一个人。因此品吸雪茄和用心感受两者是缺一不可的。

对于偏爱哈瓦那中等强度的雪茄迷来说，在波尔加腊尼西亚（Por larranaga）现有的产品中有四种型号符

波尔加腊尼西亚

商标名称	生产名称	长度（mm） （≈in）	环径 （mm）	国际对应名称	品吸时长 （min）
Juanitos	Chico	106（4 ⅛）	29（11.5）	Small Panatela	15
Lolas en Cedro	Petit Corona	129（5 ⅛）	42（16.7）	Petit Corona	30~45
Montecarlos	Delicioso	159（6 ¼）	33（13.1）	Slim Panatela	30~45
Panetelas	Veguerito mano	127（5）	37（14.7）	Short Panatela	30

合他们的口味。最先提到的便是"蒙卡洛斯"（Montecarlos），因为这种雪茄是在同尺寸和型号（Vitola）的雪茄中唯一盖有纯手工卷制长茄芯（Totalmente a mano-Tripa Larga）印章的雪茄。其他三种型号的雪茄，不是机制的茄芯，就

是手工卷制的短茄芯。因此有时候可能很难得到一支波尔加腊尼西亚雪茄。因为这种雪茄既不大批量生产，也不是随处都能买得到的。

Private Stock 私人专供

私人专供是大卫杜夫旗下生产的多米尼加共和国白金雪茄中最值得推荐的雪茄。制作茄套和茄芯的烟草皆挑选产自锡瓦奥谷地（Valle Del Cibao）的上等烟叶，口味温和。再加以淡棕色的康涅狄格茄衣（Connecticut-Shade-Deckblatt），茄芯和茄衣的完美结合，使

整个雪茄浑然天成，相得益彰。

该品牌旗下从"Cigarillo"到"丘吉尔"（Churchill）的所有10种型号皆为长茄芯雪茄。每支雪茄都独一无二，不可替代。因为无论是茄衣的色泽还是每支烟体的尺寸都会有小小的不同。这一方面证明该雪茄的的确确是纯手工打造，另一方面也回馈了广大的雪茄迷。厂家把在色泽分类和其他事项中省下来的费用，回馈给顾客。使得广大雪茄迷能够以相对便宜的价钱购得顶级享受的雪茄。

自1999年以来，私人专供雪茄设立了一系列尺寸规范标准，开创了白金雪茄领域改革创新的新时代（而且还在不断创新）。该系列雪茄被命名为"私人专供浓郁烟芯"（Private Stock Medium Filler）。她的独特之处就在于"浓郁"（Medium）（另见浓郁茄芯）。

和所有大卫杜夫生产的私人专供系列的雪茄一样，该雪茄由经验丰富的雪茄大师汉德里·克凯尔纳（Hendrik Kelner）亲自督导，采用多米尼加顶级的烟草制成烟芯，康涅狄格茄套，再配以产自厄瓜多尔的康涅狄格烟草制成的茄衣，最后制成温和的芳香型浓郁茄芯雪茄。该雪茄主要适合那些初学者。

Pro Cigar 精品雪茄

精品雪茄是由多米尼加杰出的雪茄制造商组成的联合会推出的,他们致力于使多米尼加所产的雪茄走向世界,享誉海外。这其中就包括胡安克莱门特(Juan Clemente)、汉德里克凯尔纳(Hendrik Lelner)和马努埃尔克萨达(Manuel Quesada)在内的众多成员,他们共同代表该机构,评选出最杰出的雪茄制作大师。

该同盟的成员还有多米尼亚雪茄公司(General Cigar Dominicana)、拉奥罗拉、加西亚烟草公司(Tabacalera de Garcia)和UST国际商业公司(UST Industries International)。

遗憾的是与稳定的古巴哈瓦那集团(Habanos SA)相比,多米尼亚雪茄联合会成立不久就分崩离析了。所以雪茄迷们从来也没看到过标着精品(Pro Cigar)标签的雪茄。

Profesor Sila 特级西拉

特级西拉是多米尼加的一个雪茄品牌,他们的雪茄是温和到中等浓郁雪茄的杰出代表。

1997年,特级西拉迁往伊斯帕尼奥拉岛(Hispaniola)。在这之前该厂

位于加那利群岛的拉斯帕尔马斯(Las Palmas de Gran Canaria)。特级西拉雪茄于1934年首次在拉斯帕尔马斯岛生产,并推向市场。直到第二次世界大战之后,这个品牌才被加那利群岛的雪茄制造商们当作招牌吸引顾客。虽然它并不像丘吉尔雪茄(Winston Churchill)那么畅销,但是在市场上也有自己的一席之地。

1986年后,随着西班牙加入欧盟,加那利群岛的税收优势随之取消,虽然特级西拉一直保持着独特的品质,但

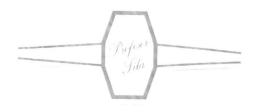

是销量却逐年下滑。公司陷入垂死挣扎。直到1993年才迎来转机。当时叙利亚裔黎巴嫩商人那达波兹德(Nadar Bayzid)博士买下了该公司及其商标的使用权,他命令公司继续坚守在加那利群岛上,直到1997年年初,该公司才被迁往多米尼加首都圣多明各。

自加那利时期以来,每种型号茄芯的制作成分都蒙着一层神秘的面纱,鲜为人知。但是随着时代的变迁,如今顾客的知情权已经成为一个重要的销售

准则。这些都要归功于几年前特级西拉率先做出的表率。

Punch 庞奇（潘趣）

1840 年最先发明庞奇雪茄的可能是个德国人，之后庞奇雪茄逐渐成为最著名的哈瓦那雪茄品牌，并被冠以该名。除去库巴纳斯（Cabanas）外，庞奇是继波尔加腊尼西亚（Por Larranaga）和拉蒙阿万斯（Ramon Allones）之后依然在产的最古老哈瓦那品牌雪茄。

每个时代都会有一支古巴雪茄风靡全球，英国市场更是被看作重中之重。每年都会有一大群雪茄制作者费尽心力，绞尽脑汁地思考，英国人到底喜欢哪种口味的雪茄，怎样才能为哈瓦那吸引更多的英国粉丝。

同样被这个问题困扰的还有上文提到的广大雪茄制造商们。最终他们从备受重视的英国本土得到了意想不到的帮助。

1841 年，名为《庞奇》（Punch）的周刊成立。该杂志幽默中捎带着讽刺的风格大受欢迎。每期杂志的夹页被预设为搞笑卡通专栏。而这个令人发笑的标志性人物庞奇（和德语中小丑傻子意思相近）定期出现在每一期的杂志中。随着这个周刊的流行，雪茄的制造者们忽然有了灵感，不妨凭借公众对这个周刊的厚爱，给自己还没有名字的雪茄冠以该名。为了让英国人更喜爱他们的雪

L：129mm
$：35/ 支

L：117mm
$：34/ 支

左：加冕 "Coronations"
右：小加冕 "Petit Coronations"

从左至右依次为：
丘吉尔 "Churchills"
皇冠 "Coronas"
双皇冠 "Double Coronas"

L：142mm
$：25/ 支

L：178mm
$：45/ 支

L：194mm
$：45/ 支

茄，制造商们将每只雪茄盒上都印上了庞奇的画像。画上庞奇先生正舒舒服服、春风得意地享用一支雪茄，他的忠狗趴在他的脚下。此举使庞奇雪茄迅速脱颖而出。时至今日，每个雪茄盒上还都印着大名鼎鼎的庞奇先生。如今不仅在英国，全世界这种中等浓郁的雪茄依旧大受欢迎。

曼努埃尔洛佩斯（Manuel Lopez）——庞奇雪茄的标签上如是写着。单从这上面人们就能对他跌宕起伏的发展史窥见一斑。19 世纪 80 年代中期，在曼努埃尔洛佩斯的领导下，Juan Valle y Cia 公司开始生产庞奇雪茄。在此之前，该公司已经更换过一次主人，后来曼努埃尔的哥哥费尔南多（Fernando）买下了该公司及商标的

使用权，所以该厂生产的雪茄被命名为"曼努埃尔洛佩斯"。

随着产品畅销全球，也出现了一些小问题。因为一些雪茄型号在不同的

238

由左至右依次为：

1. 潘趣潘趣 ″Punch Punch″
2. 皇家精选 11 ″Royal Selection No. 11″
3. 皇家精选 12 ″Royal Selection No. 12″
4. 超级精选 1 号 ″Super Selection No.1″

L：129mm
$：28/ 支

L：143mm
$：41/ 支

L：143mm
$：31/ 支

L：155mm
$：52/ 支

国家销售时使用的名字不一样，所以如果想买到正宗的庞奇雪茄，一定要去经验丰富值得信赖的商家那里购买，否则可能被混淆。

庞奇

商标名称	生产名称	长度（mm）（≈in）	环径（mm）	国际对应名称	品吸时长（min）
Belvederes	Belvederes	125 （4 ⅞）	39 （15.5）	Short Panatela	30~45
Churchills	Julieta No.2	178 （7）	47 （18.7）	Churchill	90~105
Cigarillos	Chico	106 （4 ⅛）	29 （11.5）	Small Panatela	15
Coronas	Corona	142 （5 ⅝）	42 （16.7）	Corona	45~60
Coronations	Petit Corona	129 （5 ⅛）	42 （16.7）	Petit Corona	30~45
Double Coronas	Prominente	194 （7 ⅝）	49 （19.5）	Double Corona	120~135
Margaritas	Carolina	121 （4 ¾）	26 （10.3）	Cigarillo	15
Petit Coronas del Punch	Mareva	129 （5 ⅛）	42 （16.7）	Petit Corona	30~45
Petit Coronations	Coronita	117 （4 ⅝）	40 （15.9）	Petit Corona	30
Petit Punch	Perla	102 （4）	40 （15.9）	Petit Corona	30
Punch Punch	Corona Gorda	143 （5 ⅝）	46 （18.3）	Grand Corona	60~75
Royal Coronations	Conserva	145 （5 ¾）	43 （17.1）	Corona	45~60
Royal Selection No.11	Corona Gorda	143 （5 ⅝）	46 （18.3）	Grand Corona	60~75
Royal Selection No.12	Mareva	129 （5 ⅛）	42 （16.7）	Petit Corona	30~45
Super Selection No.1	Corona Grande	155 （6 ⅛）	42 （16.7）	Long Corona	60~75

Quai d'Orsay
凯道赛（凯多赛）

光从名字上就能看出，凯道赛冥冥中与法国有着某种渊源。事实也的确如此。该雪茄以巴黎塞纳河畔的一条著名大街命名，是长茄芯手工卷制的哈瓦那雪茄。这个始于20世纪70年代的哈瓦那年轻品牌最初只在法国的烟草专卖店销售，之后才有几个型号被销往法国以外的其他国家。

与哈瓦那传统的浓郁口感不同，凯道赛口感温和，是刚刚踏入哈瓦那王国的雪茄迷们的理想之选。

左："Gran Coronas"
右：帝国"Imperiales"

L：155mm
$：35/支

L：178mm
$：45/支

凯道赛

商标名称	生产名称	长度（mm）（≈in）	环径（mm）	国际对应名称	品吸时长（min）
Coronas Claro	Corona	142（5⅝）	42（16.7）	Corona	45~60
Gran Coronas	Corona Grande	155（6⅛）	42（16.7）	Long Corona	60~75
Imperiales	Julieta No.2	178（7）	47（18.7）	Churchill	90~105
Panetelas	Ninfa	178（7）	33（13.1）	Slim Panatela	45

金特罗

商标名称	生产名称	长度（mm）（≈in）	环径（mm）	国际对应名称	品吸时长（min）
Brevas	Nacionales mano	140（5 ½）	40（15.9）	Corona	30~45
Londres Extra	Standard mano	123（4 ⅞）	40（15.9）	Petit Corona	30~45
Nacionales	Nacionales mano	140（5 ½）	40（15.9）	Corona	30~45
Panetelas	Veguerito mano	127（5）	37（14.7）	Short Panatela	30
Puritos	Chico	106（4 ⅛）	29（11.5）	Small Panatela	15

Quintero 金特罗（君特欧）

金特罗雪茄是最著名的哈瓦那雪茄品牌之一。之所以这么说不仅仅是因为金特罗畅销全球，更因为金特罗雪茄在许多国家都有自己的骨灰级粉丝。

金特罗既非产自哈瓦那，也不是在哈瓦那生产。而是产自位于古巴南部沿海城市西恩富戈斯西部的雷梅迪奥斯种植区。20 世纪 20 年代中期，奥古斯特金特罗（Agustin Quintero）和他的四个兄弟在雷梅迪奥斯地区安家落户之后，创立了自己的手工雪茄作坊。金特罗的雪茄一定做得非常好，而且很畅销。这样金特罗才能在 1940 年的时候，把公司搬迁到首都，并在那里实现他制作哈瓦那顶级雪茄的伟大梦想。之后奥

由左至右依次为：
1. 特级伦敦 ″Londres Extra″
2. 国家 ″Nacionales″　3. 比华士 ″Brevas″
4. 宾利 ″Panetelas″　5. ″Puritos″

❶　❷　❸　❹　❺

L：123mm
$：31/ 支

L：140mm
$：32/ 支

L：140mm
$：31/ 支

L：127mm
$：31/ 支

L：106mm
$：8/ 支

古斯特和他的兄弟们一起建立了金特罗雪茄制造公司。并把该厂出产的雪茄冠以相同的名字。金特罗口感温和，这使得它从众多口感强烈的雪茄中脱颖而出，并一直秉承独特的品质。

时至今日，金特罗依然不属于口

感强烈的雪茄，这也是区别于其他哈瓦那雪茄的独到之处。该雪茄是想对古巴雪茄一探究竟的中级雪茄迷们的理想之选。

R Ramón Allones 拉蒙阿万斯

拉蒙阿万斯是除库巴纳斯以外继波尔加腊尼西亚（Por Larranaga）之后至今依然在产的最古老的哈瓦那品牌雪茄。19世纪20年代中期，著名的雪茄家族西富恩特斯接手

了该公司，同时获得了拉蒙阿万斯商标使用权。之后便开始在帕塔加斯工厂中生产这种雪茄。这里同时也是玻利瓦尔（Bolivar）雪茄和帕塔加斯雪茄的故乡，拉蒙阿万斯在当地非常畅销，因为和刚才提及的那两种雪茄一样，都含有很多的里格路烟草（Ligero），因此呈现出浓郁的芳香。

直到1837年，才开始使用当地人

RAMON ALLONES

拉蒙阿万斯的名字作为商标名字。拉蒙阿万斯不仅是一个出色的雪茄大师，同时也是一个深谙市场之道的营销大师，虽然那个时候人们可能还没听说过市场营销这个词。他开创行业的先河，在雪茄盒上印上金色的标签。除此之外他还引入了8-9-8包装，并为圆雪茄的生产开辟了道路（另见8-9-8）。

Romeo Y Julieta 罗密欧与朱丽叶

虽然这个雪茄已经诞生了整整一个半世纪（即诞生于1850年），但是真正开始使用这个商标还是1903年的

L : 110mm
$: 18/ 支

L : 125mm
$: 32/ 支

L : 124mm
$: 25/ 支

由左至右依次为：
1. 巨人 "Gigantes"
2. "Belvederes"
3. 小俱乐部皇冠 "Small Club Coronas"
4. 特别精选 "Specially Selected"

L : 194mm
$: 45/ 支

事。自 1875 年以来，Alvarez y Garcia 公司拥有罗密欧与朱丽叶商标的使用权，同时也生产雪茄，专供海外市场。1903 年，费尔南德斯罗德里格斯（Fernandez Rodriguez）（又叫作佩品，并以后者的名字更为著名）获得了该商标的使用权。

佩品接手该品牌后，罗密欧与朱丽叶雪茄的命运发生了翻天覆地的变化。

那时，费尔南德斯在库巴纳斯烟草公司担任经理，当时该公司是古巴最大的烟草公司之一。后来该公司被一家美国烟草公司收购，佩品以此为契机，从该公司辞职，开始另起炉灶，独自打拼。随后他马上买下了 Alvarez y Garcia 烟草公司以及罗密欧与朱丽叶商标使用

拉蒙阿万斯

商标名称	生产名称	长度（mm）（≈in）	环径（mm）	国际对应名称	品吸时长（min）
Belvederes	Belvederes	125（4 ½）	39（15.5）	Short Panatela	30~45
Bits of Havana	Chico	106（4 ⅛）	29（11.5）	Small Panatela	15
Gigantes	Prominente	194（7 ⅝）	49（19.5）	Double Corona	120~135
Mille Fleurs	Petit Corona	129（5 ⅛）	42（16.7）	Petit Corona	30~45
Small Club Coronas	Minuto	110（4 ⅜）	42（16.7）	Petit Corona	30
Specially Selected	Robusto	124（4 ⅞）	50（19.8）	Robusto	45~60

244

权，该公司只生产这种手工制造的罗密欧与朱丽叶雪茄。

之后所发生的一切，在雪茄领域称得上是前无古人，创历史之先河。当行家们都对罗密欧与朱丽叶雪茄的高品质赞誉有加时，佩品深知自己所掌管的

罗密欧与朱丽叶

商标名称	生产名称	长度（mm）（≈in）	环径（mm）	国际对应名称	品吸时长（min）
Belicosos	Campana	140 （5 ½）	52 （20.6）	Pyramid	75~90
Belvederes	Belvederes	125 （4 ⅞）	39 （15.5）	Short Panatela	30~45
Cazadores	Cazadores	162 （6 ⅜）	43 （17.1）	Long Corona	75~90
Cedros de Luxe No.1	Cervante	165 （6 ½）	42 （16.7）	Lonsdale	75~90
Cedros de Luxe No.2	Corona	142 （5 ⅝）	42 （16.7）	Corona	45~60
Cedros de Luxe No.3	Mareva	129 （5 ⅛）	42 （16.7）	Petit Corona	30~45
Churchills	Julieta No.2	178 （7）	47 （18.7）	Churchill	90~105
Coronas	Corona	142 （5 ⅝）	42 （16.7）	Corona	45~60
Coronitas en Cedro	Petit Cedro	129 （5 ⅛）	40 （15.9）	Petit Corona	30~45
Exhibicion No.3	Corona Gorda	143 （5 ⅝）	46 （18.3）	Grand Corona	60~75
Exhibicion No.4	Hermoso No.4	127 （5）	48 （19.1）	Robusto	45~60
Mille Fleurs	Petit Corona	129 （5 ⅛）	42 （16.7）	Petit Corona	30~45
Petit Coronas	Mareva	129 （5 ⅛）	42 （16.7）	Petit Corona	30~45
Petit Julietas	Entreacto	100 （3 ⅞）	30 （11.9）	Small Panatela	15
Petit Princess	Perla	102 （4）	40 （15.9）	Petit Corona	30
Prince of Wales	Julieta No.2	178 （7）	47 （18.7）	Churchill	90~105
Regalias de Londres	Coronita	117 （4 ⅝）	40 （15.9）	Petit Corona	30
Romeo No.1	Crema	140 （5 ½）	40 （15.9）	Corona	30~45
Romeo No.2	Petit Corona	129 （5 ⅛）	42 （16.7）	Petit Corona	30~45
Romeo No.3	Coronita	117 （4 ⅝）	40 （15.9）	Petit Corona	30
Sports Largos	Sport	117 （4 ⅝）	35 （13.9）	Short Panatela	15~30
Tres Petit Coronas	Franciscano	116 （4 ⅝）	40 （15.9）	Petit Corona	30

❶	❷	❸	❹	❺	❻	❼	❽
L：140mm	L：162mm	L：165mm	L：142mm	L：129mm	L：178mm	L：142mm	L：143mm
$：42/支	$：39/支	$：41/支	$：39/支	$：38/支	$：30/支	$：25/支	$：25/支

由左至右依次为：
1. 标力高 "Belicosos"
2. "Cazadores"
3. 雪松 1 号
"Cedros de Luxe No.1"
4. 雪松 2 号
"Cedros de Luxe No.2"
5. 雪松 3 号
"Cedros de Luxe No.3"
6. 丘吉尔 "Churchills"
7. 皇冠 "Coronas"
8. 展览 3 号
"Exhibicion No.3"

罗密欧与朱丽叶雪茄前景无限。不久之后佩品充分利用 90 年代一个顶级市场营销和广告公司所能利用的所有广告形式，如产品广告、直销、优惠活动，为自己的雪茄大张旗鼓地宣传造势。

几年之后，"罗密欧与朱丽叶"雪茄不仅走出了国门，更做到了无人不

知、无人不晓的地步，获得了能够和莎士比亚著作并驾齐驱的知名度。

所有的这些都要归功于永远富有激情的佩品先生。他奔走于世界的各个角落，为他的罗密欧与朱丽叶雪茄摇旗呐喊，摇鼓造势。比如说他给一只赛马取名为"罗密欧与朱丽叶"，并让

L : 127mm
$: 28/ 支

L : 129mm
$: 33/ 支

L : 100mm
$: 33/ 支

L : 117mm
$: 33/ 支

L : 140mm
$: 36/ 支

L : 129mm
$: 35/ 支

L : 117mm
$: 32/ 支

L : 116mm
$: 18/ 支

它去参加欧洲所有的大型赛马比赛，与世界顶级的赛马一决高下；还试图从意大利北部市长手里买下拥有著名阳台的朱丽叶之家（Casa Giulietta）。该建筑位于维罗纳老城帽子街（Via Cappello）23号，曾经上演过莎士比亚的戏剧。虽然这个要求被拒绝了，但是给每个到立有世界名著雕像景点参观的游客一支雪茄的想法，最

后得以成行（20世纪30年代末实行）。他的顾客遍及贵族、大公、部长大臣、银行家、花花公子、首相、皇上和国王，简而言之，所有上层社会的达官显贵，还有那些想要得到专属个性化雪茄标签的人都是他的顾客。当时每支雪茄上都贴有按照顾客形象设计的个性化彩色标签。此举产生了大量的印刷订单，更使得印刷店如雨

由左至右依次为：
1. 展览 4 号
″Exhibicion No.4″
2. 千里之花
″Mille Fleurs″
3. 罗密欧小统
″Petit Julietas″
4. 伦敦
″Regalias de Londres″
5. 铝管 1 号
″Romeo No.1″
6. 铝管 2 号
″Romeo No.2″
7. ″Sports Largos″
8. ″Tres Petit Coronas″

后春笋般不断涌现，从最初的几家发展到后来的上千家。但是当时哈瓦那几乎没有几家印刷店能制作高质量的彩色图片，所以工人们不得不加班加点。温斯顿·丘吉尔（Winston Churchill）正是众多顾客中的一位。因为这位政治家每

次都大量订购某些型号的雪茄，所以后来干脆把他订购的这种型号的雪茄命名为丘吉尔雪茄。

虽然没有一个古巴型号的雪茄使用丘吉尔这个名称，但是这并没有什么可遗憾的。是不是莎士比亚写的那对殉情爱侣的戏剧已经不重要，重要的是如果没有这部世界文学著作，这个雪茄不会这么有名。还有一点对于雪茄迷来说，重要的是他们知道有丘吉尔雪茄这个型号。

在"罗密欧与朱丽叶"雪茄成名后，生产雪茄的工厂也改为雪茄的名字，工厂的工人开始加班。最后随着对这种最著名的哈瓦那雪茄的需求不断攀升，公司不得不持续招人，最后雇员的

人数接近 1500 人，整个公司迁往新厂址。直至今日，那里还生产着一直备受欢迎的最著名的哈瓦那雪茄。

S Saint Luis Rey
圣路易斯·雷伊

这个产量相对较低的"圣路易斯·雷伊"（Saint Luis Rey）属于最好的的哈瓦那雪茄，茄体饱满。它在英国十分受欢迎，也许是因为它是在 20 世纪 30 年代末按照两个英国进口商的想法在古巴创造出来的，也可能是因为英国的许多雪茄客喜欢传统风格的哈瓦那雪茄强劲的口味。因此，有这方面追求的人应当偶尔期待一下"圣路易斯·雷伊"。

从左至右依次是:
1. 皇冠 "Coronas"
2. "Lonsdales"
3. 富豪 "Regios"
4. 丘吉尔 "Churchills"

L：127mm
$：39/ 支

L：142mm
$：25/ 支

L：165mm
$：38/ 支

L：178mm
$：42/ 支

圣路易斯·雷伊

商标名称	生产名称	长度（mm）（≈in）	环径（mm）	国际对应名称	品吸时长（min）
Churchills	Julieta No.2	178（7）	47（18.7）	Churchill	90~105
Coronas	Corona	142（5 ⅛）	42（16.7）	Corona	45~60
Lonsdales	Cervante	165（6 ½）	42（16.7）	Lonsdale	75~90
Petit Coronas	Mareva	129（5 ⅛）	42（16.7）	Petit Corona	30~45
Regios	Hermoso No.4	127（5）	48（19.1）	Robusto	45~60
Serie A	Corona Gorda	143（5 ⅝）	46（18.3）	Grand Corona	60~75

Samaná 萨马纳

它是多米尼加共和国生产的最温和的雪茄之一。在选择品牌名时，人们是否想到了萨马纳半岛或同名的萨马纳省，抑或是同名的省会城市萨马纳，还没人能发现。

名字的来源也不重要，因为如何命名根本无所谓。直到 1997 年才第一次出现的"萨马纳"不仅口味温和，质量也十分突出，因此带给爱好者一个纯净的品吸享受，对于喜欢在下午抽上一支雪茄的经验丰富的抽雪茄者来说也一样。

顺便说一下萨马纳半岛，在 12 月到 3 月份时，在萨马纳海港可以看到座头鲸，它们喜欢到这个港口来交配。

Sancho Panza
桑丘·潘沙

直到不久前，桑丘·潘沙还主要在西班牙销售，可能是因为它与西班牙诗人米盖尔·德·塞万提斯·塞维德拉（Miguel de Cervantes Saavedra）写的世界文学著作之一有关。这个雪茄是以堂·吉诃德（Don Quijote）机智的随从兼忠诚的同伴命名。堂·吉诃德是悲剧形象的骑士，他在一匹老马上勇敢地面对各种冒险，不畏惧与风车进行斗争。

L：142mm
$：15/ 支

从左至右依次是：
1. 皇冠"Coronas"
2. 巨人皇冠
"Coronas Gigantes"
3. 米尔斯"Molinos"
4. 桑丘"Sanchos"

L：178mm
$：20/ 支

L：165mm
$：23/ 支

L：235mm
$：26/ 支

250

桑丘·潘沙

商标名称	生产名称	长度（mm） （≈in）	环径 （mm）	国际对应名称	品吸时长 （min）
Bachilleres	Franciscano	116（4 ⅝）	40（15.9）	Petit Corona	30
Belicosos	Campana	140（5 ½）	52（20.6）	Pyramid	75~90
Coronas	Corona	142（5 ⅝）	42（16.7）	Corona	45~60
Coronas Gigantes	Julieta No.2	178（7）	47（18.7）	Churchill	90~105
Molinos	Cervante	165（6 ½）	42（16.7）	Lonsdale	75~90
Non Plus	Mareva	129（5 ⅛）	42（16.7）	Petit Corona	30~45
Sanchos	Gran Corona	235（9 ¼）	47（18.7）	Giant	150

这个口味完全中等强烈的哈瓦那雪茄有时也可以在欧洲其他国家买到，在说德语的区域有时也可以。

桑丘·潘沙的 "Belicosos"

L：140mm
$：30/ 支

San Cristóbal de La Habana
圣克里斯多

这个品牌于 1999 年末正式推出，也与古巴的同名首都有联系。但这个城市大多叫作 "La Habana"，而这个品牌人们常常简称为 "Cristobals" 或 "Cristobales"。

尽管不可否认在推出这个品牌时它已经具备一定潜力，但一些抽雪茄的人开始并不习惯 "圣克里斯多"（San Cristobal）。到现在它的潜力已经很好地发挥出来，选择了 "Cristobals" 或 "Cristobales" 的四个规格之一的人当然也没有选错。

从左至右依次是:
1. 埃尔莫罗
"El Morro"
2. 警队
"La Fuerza"
3. 王子
"El Principe"
4. 鱼雷
"La Punta"

另外，规格的名字来源于四个防御地点，16世纪产生的 "El Morro" 在古巴当时的首都——圣地亚哥海港的入口处，而其他在16世纪到18世纪期间出现的三个品牌则在如今首都的海港入口处。

L：110mm
$：36/ 支

L：141mm $：42/ 支

L：140mm $：41/ 支

L：180mm
$：50/ 支

圣克里斯多

商标名称	生产名称	长度（mm） （≈in）	环径 （mm）	国际对应名称	品吸时长 （min）
El Morro	Paco	180（7⅛）	49（19.5）	Double Corona	105~120
El Principe	Minuto	110（4⅜）	42（16.7）	Petit Corona	30
La Fuerza	Gordito	141（5½）	50（19.8）	Robusto	75~90
La Punta	Campana	140（5½）	52（20.6）	Pyramid	75~90

Santa Clara 1830
圣克拉拉 1830

这个品牌与"特阿莫"（Te-Amo）一起是墨西哥最著名和最受欢迎的雪茄品牌。在这个品牌上有两点有些特殊。这里说的不是对所有规格适用的"特纯"这个描述，因为众所周知墨西哥是一个使用自己国家内种植的烟草生产雪茄最多的国家。

这个品牌的特别之处在于两个规格。一个是"Bolero"，它使用了两种包叶，一个是 Claro 包叶，一个是 Maduro 包叶，这使它看起来茄体仿佛是用两种包叶轮流包裹起来的。另一个则是"Magnum"，它是世界范围内可以在贸易中购得的最长的雪茄，它的长度长达 19 英寸或者说 482.6 毫米，环径为 60（23.5 毫米）。

这里还要提一下，所有长茄芯雪茄都是手工卷制的，其特点是香气浓郁。对"Magnum"规格来说也一样（卷制它的卷烟师手一定要大）。

Santa Damiana
圣达米亚娜

尽管"圣达米亚娜"品牌直到 1992 年才被创造出来，如今这个多米尼加品牌已经在偏爱茄体相对适中但同时也不想失去一定香气层次的雪茄客中发展到拥有固定的客户群。

"圣达米亚娜"在位于首都圣多明各西部的拉罗马纳进行生产，完全手工卷制，它越来越受欢迎的原因，也是因为卓越的制作工艺，这是当地卷烟师对自己的工作提出的高质量要求的表现。对他们而言，品牌名称就是责任，最终这个名字成为一个著名的雪茄品牌。

S. T. Dupont 都彭

直到一个使用"都彭"这个名字的雪茄名牌出现在公众面前时，这当中经过了一个多世纪的时间。当 1872 年西蒙·迪索·都彭（Simon Tissot Dupont）开了一家运输公司时，他完全没有想到雪茄。但这只是序幕，因为当这个年轻公司的大楼在一场火灾中化为灰烬后，同年他果断地购买了一个拥有30个雇员的皮革制品工厂，为他如今享誉全球的奢侈品公司铺下了奠基石。

"二战"后，"都彭"（Dupont）只

生产一流的打火机，20世纪70年代初开始生产打字机，然后又开始生产皮革制品，20世纪80年代又增加了钟表生产，最后是雪茄剪和雪茄封套、烟灰缸和保湿雪茄盒。

之后公司（人们在生活中并不需要公司生产的奢侈品，只不过是美化生活的工具）的负责人是怎么想到以著名的"都彭"标签向市场上推出一个雪茄品牌的呢？雪茄既与金属和漆器无关，与皮革也没有联系，人们于是去寻找懂雪茄的专家。他们在加那利群岛上找到了，最终1998年以"都彭"为名开始生产质量优异的雪茄。

它的质量总是令人十分满意，但"都彭"雪茄产自多米尼加共和国，是手卷长茄芯雪茄，如今茄体比以前轻一些，强调烟草混合的均衡以及香气的纯净。

Tabacalera

这里说的是菲律宾的白金雪茄。有些人可能不会想到这个地方。不管怎样，它始终是值得欢迎的，因为"Tabacalera"雪茄由于其独特的风格很难与来自加勒比海的其他白金雪茄相比。

在一个具备雪茄生产手艺的古巴专家的领导下，"Compania General Tabacos de Filipinas"公司的一个工厂生产了口味十分温和，但香味纯净的雪茄，这种手卷雪茄的卷叶使用了本地种植的烟草（伊莎贝拉地区，Isabela），包叶来源于爪哇-巴苏基。

这样结果便显而易见了。这种雪茄带来一种有趣的品吸享受，价格则相对合理一些。

Te-Amo 特阿莫

"特阿莫"与1830年出现的"圣克拉拉"一起构成了墨西哥最著名以及最受欢迎的雪茄品牌。当然毫无例外，"特阿莫"的所有规格都是特纯。但人们是不是喜欢这个品牌的雪茄，正如它的名字要求的那样，还取决于人们偏好哪种强度的雪茄。

"特阿莫"的强度从温和直至中等强烈，不同的包叶会对强度产生影响，因为许多规格都既有 Colorado Claro 系列，又有 Colorado Maduro 系列，还有 Maduro 系列。因为墨西哥生产的雪茄在口味上和香气层次上都很难与其他非加勒比海雪茄相比，所以对"特阿莫"感兴趣的人必须自己判断它是不是适合自己。

The Griffin's 格里芬斯

在 20 多年前创造了这个品牌的人是日内瓦一所俱乐部的拥有者。俱乐部的名字叫"格里芬斯"（Griffin's），它的拥有者兼运营者是伯纳德·格罗贝（Bernard Grobet）。可以确定的还有第一批"格里芬斯"（Griffin's）雪茄是在哪个地方生产的，即多米尼加共和国的"Tabadom"（如今是奥汀·大卫杜夫集团的子公司）。如今"格里芬斯"雪茄还在那里生产，不过是在亨德里克·凯尔纳（Hendrik Kelner）的领导下，亨德里克·凯尔纳跟从前一样有主要混合师埃拉迪奥洛·迪亚兹（Eladio Diaz）的专业支持。

因为这个品牌名也是质量的同义

255

词，所以当一个雪茄客深入研究这个品牌卷制优秀的雪茄时根本不会发现什么错误。

如今对这个品牌感兴趣的人有三个系列可以选择。除了"古典系列"（Classic Line），"Maduro系列"外，还有"Griffin's Fuerte"系列，最新的产物。但是不管选择了哪个系列的哪种雪茄都无所谓，因为所有"格里芬斯"雪茄都配得起"白金雪茄"的称号。

亨德里克·凯尔纳。

Toscano

内行人会先把这个品牌的雪茄分为两半，然后再好好享受它。这听起来有点奇怪，但是"Toscano"雪茄是一种几乎每个方面都与众不同的雪茄。

首先是烟草，确切地说是烟草种子。它来自海外，但不是加勒比海地区，而是美国，这里就出现了第一个特别之处，这里使用的不是著名的康涅狄格烟草种子，因此烟卷只使用了在意大利——确切地说是托斯卡纳（Toskana）种植的烟草，也就是用肯塔基州烟草种子培植的烟草。包叶使用的也是肯塔基州烟叶，但这是从美国直接进口的。

茄芯烟草和包叶都一起经过了一个密集的发酵过程，之后是九个月之久的储存和干燥。由此产生了风味十分强烈的雪茄，紧绷干燥，同时还拥有无可比拟的香气。另外，"Toscano"雪茄都是百分之百烟草制成的长茄芯雪茄，同时也是机卷雪茄。只有一个例外，那就是"Toscano Originale"，它是完全手工卷制的。

但规格上则没有例外，所有的"Toscano"雪茄都是一样的。它们约155毫米长，点燃端与头部一样直径约10毫米，中部的直径达到约15毫

米，因此形成了一个肚子，通过这个人们可以立刻辨认出它。与其他雪茄不同，它的商标纸圈较松，这样人们就能轻松地将纸条取下。无论哪种情况人们都应该这么做，因为内行人在品吸雪茄前会在中间将它剪开。"Toscanallis"可以省去这个步骤，它早就已经被剪成两半了。

尽管说德语的区域对这个特殊雪茄的需求很大，但可惜不是每个店里都能买到它的。不过人们还可以订购。

Trinidad
特立尼达

1999年5月10日，"特立尼达"终于来了，1998年2月它在古巴首都建立，一年后才正式引进德国。约500个雪茄客聚集到那里，来品尝这个不久前还只有古巴领袖的国宾才能品吸到的传奇哈瓦那雪茄。

现存的传说记载了有关它的信息。它是在"高希霸"雪茄的故乡"El Laguito"工厂生产的，凭

从左至右依次是：
1. 创建
"Fundadores"
2. 贵族"Reyes"
3. 殖民地
"Coloniales"
4. 特制罗布图
"Robustos Extra"

L：192mm
$：60/支

L：110mm
$：39/支

L：132mm
$：44/支

L：155mm
$：66/支

特立尼达

商标名称	生产名称	长度（mm）（≈in）	环径（in）（mm）	国际对应名称	品吸时长（min）
Coloniales	Coloniales	133 (5 ¼)	44 (17.5)	Corona Extra	40~60
Fundadores	Trinidad No.1	192 (7 ½)	40 (15.9)	Giant Corona	90
Reyes	Reyes	110 (4 ⅜)	40 (15.9)	Petit Corona	30
Robusto Extra	Robustos Extra	155 (6 ⅛)	50 (19.8)	Toro	90

借"Fundadores"规格——唯一的规格——表现为一个非常优秀的哈瓦那雪茄。

2004年出现在市场上的另三个规格是不是能比得上第一个规格，还需要等待，因为开始时每个规格本身都出现了巨大的口味差异。等待的也就是外汇，无论如何，这三个规格具备达到"Fundadores"水平的潜力。

Troya 特罗亚

这个1932年创造的哈瓦那品牌的雪茄市面上很难找到。"Troya"雪茄只有两个规格，另外它们属于机卷雪茄规格。

不会被这个困难吓倒并喜欢相对温和的哈瓦那雪茄的人应当尝试一下。

Troya

商标名称	生产名称	长度（mm）（≈in）	环径（mm）	国际对应名称	品吸时长（min）
Coronas Club Tubulares	Standard	123 (4 ⅞)	40 (15.9)	Petit Corona	30~45
Universales	Universales	134 (5 ¼)	38 (15.1)	Short Panatela	30~45

V Vegas Robaina
维格斯罗宾纳

"Vegas Robaina"是在"高希霸"30周年，确切地说在1997年6月正式推出的，一开始在法国和西班牙出售，如今在许多国家都可以购买到。"Vegas Robaina"属于古巴雪茄制作者新的创造。

它的名字来源于古巴还存在的私人拥有的最后一批种植园之一。这个种植园拥有150多年的烟草种植历史，在每支"Vegas Robaina"雪茄的商标纸圈上都能看到"1845"这个数字便是证明，1845是种植园开创的时间，它生产了产于 Vuelta Abajo 的最好的包叶之一。

"Prominente"规格的名字也与这个历史悠久的烟农家族有关，它使用了

亚历杭德罗·罗宾纳（Alejandro Robaina）。

Vegas Robaina

商标名称	生产名称	长度（mm）（≈in）	环径（mm）	国际对应名称	品吸时长（min）
Clasicos	Cervante	165（6 ½）	42（16.7）	Corona Extra	75~90
Don Alejandro	Prominente	194（7 ⅝）	49（19.5）	Double Corona	120~135
Familiar	Corona	142（5 ⅝）	42（16.7）	Corona	45~60
Famosos	Hermoso No.4	127（5）	48（19.1）	Robusto	45~60
Unicos	Piramide	156（6 ⅛）	52（20.6）	Pyramid	90~105

现在家族领导人的名字，唐·亚历杭德罗（Don Alejandro），他85年来都与种植园一起，如今每天还能在烟草田里找到他。

L：142mm
$：26/支

L：165mm
$：31/支

从左至右依次是：

1. "Don Alejandro"
2. 经典 "Clasicos"
3. 家庭 "Familiar"
4. 鱼雷型 "Unicos"
5. 名人 "Famosos"

L：194mm
$：49/支

L：156mm
$：45/支

L：127mm
$：41/支

另外，补充进行规格描述的数字还表明了有关雪茄的环径信息。"Vegas Robaina"雪茄是遵循传统风格的哈瓦那雪茄，其特点是茄体粗大。但这个品牌的各个规格发展出了一种丰富、常常含乳脂的口味，特点是保持良好的均衡。

Vegueros 威吉洛

事实上这个1996年产生的"Vegueros"雪茄本来是作为机卷长茄芯雪茄用于满足国内市场的。但雪茄世界几乎渴望所有在古巴那些工厂里生产的雪茄，所以"Habanos S. A."的负责人决定满足进口商越来越强烈的需求，在世界范围内销售"Vegueros"雪茄。

从很久以前开始，"Vegueros"雪茄就在中欧地区销售，它们是真正的优质长茄芯雪茄，味道十分强烈，会令人有点想起哈瓦那传统风格。它们不像之前预定的那样是机卷的，而是配着

L：126mm
$：18/ 支

L：129mm
$：20/ 支

L：152mm
$：26/ 支

左至右依次是：
1. 特级一号 "Especiales No.1"
2. 特级二号 "Especiales No.2"
3. 塞奥娜 "Seoanes"
4. 马瑞瓦 "Marevas"

L：192mm
$：35/ 支

Vegueros

商标名称	生产名称	长度（mm） （≈in）	环径 （mm）	国际对应名称	品吸时长 （min）
Especiales No.1	Laguito No.1	192（7 ½）	38（15.1）	Long Panatela	75~90
Especiales No.2	Laguito No.2	152（6）	38（15.1）	Panatela	45~60
Marevas	Mareva	129（5 ⅛）	42（16.7）	Petit Corona	30~45
Seoanes	Seoane	126（5）	33（13.1）	Small Panatela	30

"Totalmente a mano – Tripa Larga" 的标签。

郡的 Ballaghaderreen、印度尼西亚爪哇岛东部的 Ngoro 工厂的大门，然后在世界许多国家进行销售。除此之外，在克拉科夫（Krakau）还有一个与波兰烟

Villiger 威利

它的原址在 Wynental，瑞士卢塞恩州的北部，100 多年前成立了如今叫做"Villiger Söhne A.G. Cigarrenfabriken"的公司，它属于欧洲雪茄世界的巨头。一些数据可能能证明。每年约有 3 亿支雪茄和小雪茄离开位于普费菲孔（Pfeffikon）、巴顿州瓦尔茨胡特田根（Waldshut-Tiengen）、威斯特法伦联邦以及爱尔兰 Roscommon

机器夺走了人们的工作……

262

草制品生产商"Polski Tyton"组成的合资企业。

让·威利（Jean Villiger）1888年建立了公司，他应该没想到之后的发展。当时，在工业化的进程中，建立一个雪茄工厂并不是什么特别的事。当时席卷中欧的经济繁荣使得工厂就像雨后春笋一样破土而出。几乎每个区域都有自己唯一一个起决定作用的经济分支。卢塞恩州的北部则是雪茄工业。

当时是那么容易，但之后又那么困难。在第一次世界大战期间和"一战"后以及20世纪20年代，对企业家来说，日子相当不好过。

对于还年轻的威利公司来说，艰难时期开始得还要更早，也就是从1902年开始，让·威利去世后。如果当时不是他年轻的遗孀露易丝（Louise）接管了公司并做出有远见的决定，那么这个公司就会跟其他许多公司一样不得不在上边所说的困难时期关门。

但当露易丝·威利（Louise Villiger）1910年在巴顿州的瓦尔茨胡特田根成立子公司并将其作为对未来的明确标志时，这不仅仅是一个有远见的决定，还是一个十分大胆的做法。

如今，当时的未来坚定地立足了下来。这个公司，现在已经到了由海因

……但不是所有，包叶还是在冲孔桌上手工卷制的。之后是机器卷制。

里希·威利（Heinrich Villiger）领导的第四代，对于它如今的地位还要感激指引方向的生产改革。

露易丝·威利在上世纪末本世纪初推出了"Villiger-Kiel"，这是一种拥有鹅毛笔套的雪茄。之后又与"Rio 6"系列一起推出了"Havana des kleinen Mannes"系列，直到现在它最主要的市场还是在瑞士。

顺便说一下哈瓦那雪茄。海因里希·威利于1989年与古巴生意伙伴一起成立了第一个世界范围内的哈瓦那雪茄进口和销售的合资公司。如今"5th

Avenue Products"进口约六百万支哈瓦那雪茄，并在德国进行销售。

Woermann Cigars
韦尔曼雪茄

从 1963 年开始它就与家族企业"Woermann Cigars"一起持续上升。这个时候海因茨-迪特尔·韦尔曼（Heinz-Dieter Woermann）加入了"H. Woermann"，并认识到德国对手卷雪茄的需求量很小。他购买了机器，大大提高了雪茄的产量，东威斯特法伦州的工厂 20 世纪 60 年代初才生产 10000 支雪茄，到 20 世纪 90 年代已生产约 30 万支。

公司名中的"H"指的并不是"Heinz-Dieter"，而是"海因里希"（Heinrich）。因为 Heinrich Woermann 于 1890 年在"雪茄之城"中建立了公司，那时德国的雪茄生产增长率每年都居第二位。

如今这样的数据当然不再常见，尽管这个从 1997 年 4 月开始由彼得·韦尔曼（Peter Woermann）担任公司领导人的传统公司（之后是 Thomas Strickrock 担任相同职位）在过去的几年里，不仅仅在经济方面，还在年产量上持续发展。1998 年罗丁豪森（Rödinghausen-Ostkilver）的工厂生产了近九百万支雪茄。

搬到靠近联邦州的地点已经迫在眉睫，因为原址实在太小了。人们对新的生产地是这样构想的，它要完全满足一个现代化雪茄工厂的要求，拥有未加工烟草仓库、烟卷卷制车间、包叶卷制车间以及物流。

这个具有 100 多年历史的公司的顶尖产品是"La Grandeza"，一支到点燃端逐渐变细的"Panatela"。跟这个雪茄一样，所有传统公司"Woermann Cigars"（如今的名字）生产的产品都是百分之百烟草制成的。这对这个公司专门进口的加勒比海雪茄品牌也一样。

Wuhrmann Cigars

在瑞士的莱茵费尔登（Rhe in felden），阿尔高州的一个小城市，高莱茵的左岸，19世纪末期有五个工厂生产雪茄，对于一个才有10000居民的地方来说数量十分可观。如今，这里只剩下一个"Wuhrmann Cigars AG"，瑞士最后一个家族拥有的雪茄工厂。

这个已经发展到第五代的公司仍然十分传统，因为只有拥有康采恩留下的小企业，才能保障未来的生存。因此，在瑞士还能买到一个曾经司空见惯的"古董"，即"Bündli"，带茄帽的十支装雪茄，包在纸里。但莱茵费尔登除了生产雪茄外，还销售"Krumme Hunde – Havana"，一个令人想起遥远过去的特殊雪茄。两个产品（与其他一样）都是百分之百烟草制成的，这也令人联想起当卷烟机器上还没有卷叶烟草的时代。

Z Zino 季诺

当季诺·大卫杜夫和恩斯特·施奈德（Ernst Schneider）20世纪70年代中期寻求通过何种方式将"大卫杜夫"引进美国的解决方案时，他们想到了洪都拉斯（见"大卫杜夫"词条）。一方面这个国家在雪茄生产上拥有悠久的历史，另一方面，中美洲国家的土地和气候仅次于Vuelta Abajo地区的条件。这不完全正确，因为还有尼加拉瓜，许多专家认为尼加拉瓜是"雪茄之国"，但当时那里的政治环境不利于在这个国家建立长时间的产业。事实

恩斯特·施奈德。

证明这个评价应当是正确的。

　之后"季诺"品牌在洪都拉斯进行生产，烟卷只使用本土烟草，包叶使用的是 Colorado Claro 使用的康涅狄格荫植烟叶，该品牌的雪茄都是长茄芯雪茄。这个品牌的雪茄 1977 年引进市场，然后在哈瓦那爱好者中引起巨大反

响，他们认为"大卫杜夫"雪茄可与古巴生产的雪茄媲美。但不管怎样，他们在"季诺"雪茄上看到了对大卫杜夫雪茄的亵渎。但季诺·大卫杜夫和恩斯特·施奈德博士所做的一切都是正确的，洪都拉斯生产的"季诺"雪茄茄体始终香气完整，很快就在美国雪茄客中热销起来。

　如今只有一个系列还在洪都拉斯生产。当大卫杜夫从前为菲律宾男爵德·罗斯切尔德（Baronin Philippine de Rothschild）创造的"Zino Mouton Cadet"系列于 1983 年第一次引进市场时，带来了巨大的成功。直到今天中等强度的"Mouton Cadet"还在大量雪茄客中间深受欢迎，但这里指的是一等白

金雪茄。

从2003年末开始，雪茄客可以在保湿雪茄盒中加入别的"季诺"雪茄了，也就是一支"Zino Plantinum Crown"和一支"Zino Platinum Scepter"，这两个系列的雪茄茄体饱满，由于其和谐的均衡，散发出纯净的香气。新产品，新产地。"大卫杜夫"的负责人经过考虑决定与亨德里克·凯尔纳（Hendrik Kelner）和埃拉迪奥洛·迪亚兹（Eladio Diaz）一起发展这两个系列。除了产自厄瓜多尔（包叶）和康涅狄格（卷叶）的烟草以及San Vicente和Piloto Cubano（茄芯）外，还增加了一种到当时为止还没在雪茄生产中使用的烟草，即产自秘鲁的烟草（它为保证烟卷的和谐做出了有利的贡献）。

如今也有其他领先工厂采用秘鲁烟草，多亏了"大卫杜夫"这个先驱，这里大卫杜夫公司再次展示了自己的创新能力。

长时间以来，购买"季诺"雪茄时都会附上一个标注，这个标注来源于鼎盛时期的罗马帝国，与原来只有一个字母不同，"…in Zino veritas"。

本来不需要再加任何东西的。但因为这是本书的最后一个关键词了，所以还要对雪茄总结一下。简而言之，葡萄种植与雪茄烟草种植在某些方面十分相似，因此当人们理解雪茄，享受雪茄，并准备好与之交往时，雪茄也会展示出许多真理。

Ar	阿拉皮拉卡（Arapiraca）
Ba	巴伊亚（Bahia）
Br	巴西（Brasilien）
Ca	喀麦隆（Kamerun）
Co	荫植烟草（Corojo）
CoBr	康涅狄格阔叶烟草（Connecticut Broadleaf）
CoCuSe	康涅狄格古巴烟草种子（Connecticut Cuba Seed）
Conn	康涅狄格（Connecticut）
CoRi	哥斯达黎加（Costa Rica）
CoSe	康涅狄格烟草种子（Connecticut Seed）
CoSh	康涅狄格荫植烟草（Connecticut Shade）
Cr	阳植烟草（Criollo）
Cu	古巴（Kuba）
CuSe	古巴烟草种子（Cuba Seed）
Db	包叶
DoOlor	多米尼加奥罗（Dominican Olor）
Dom.Rep.	多米尼加共和国
Ec	厄瓜多尔
El	茄芯
Ha2000	哈瓦那 2000（Havana 2000）
Ho	洪都拉斯
In	印度尼西亚
Ja	爪哇
JaBe	爪哇巴苏基（Java Besuki）

Ko	哥伦比亚（Kolumbien）
Lf	长茄芯雪茄（Longfiller）
Ma	深褐色（Maduro）
MaFi	玛塔菲纳（Mata Fina）
Me	墨西哥
MeSe	墨西哥烟草种子（Mexiko Seed）
Mf	中茄芯雪茄（Medium Filler）
Ni	尼加拉瓜
NiSe	尼加拉瓜烟草种子（Nicaragua Seed）
Ph	菲律宾
PiCu	皮洛托·古巴里格路（Piloto Cubano）
SaVi	圣维森特（San Vicente）
Sf	短茄芯雪茄（Shortfiller）
Su	苏门答腊（Sumatra）
SuDe	苏门答腊德里（Sumatra Deli）
SuGr	阳植（Sun Grown）
SuSa	苏门答腊沙烟叶（Sumatra Sandblatt）
SuSe	苏门答腊烟草种子（Sumatra Seed）
Ts	卷烟台残渣（Table Scrape）
Ub	卷叶
ViSe	维森特烟草种子（Vicente Seed）
ViSuGr	纯阳植（Virgin Sun Grown）
Vola	福斯顿兰登（Vorstenlanden）

品牌 / 系列	产地	茄芯
1881（Lf）	菲律宾	菲律宾 + 巴西
艾斯（Acid）（Lf）	尼加拉瓜	尼加拉瓜
阿拉米达（Alameda）（Lf）	多米尼加共和国	多米尼加共和国（PiCu + DoOlor）
阿罕布拉（Alhambra）（Lf）	菲律宾	菲律宾
阿隆索·梅内德斯（Alonso Menendez）（Lf）	巴西	特纯：所有烟草都是在巴西种植的（Db: MaFi）
Ambiente（Lf）	多米尼加共和国	多米尼加共和国
圣安德鲁斯香气（Aromas de San Andres）（Lf）	墨西哥	特纯：所有烟草都是在墨西哥圣安德鲁斯山谷种植的
阿图罗·富恩特（Arturo Fuente） ·酒庄系列（Chateau）（Lf） ·古典系列（Classic Line）（Lf） ·限量版系列（Lf） ·Opus X（Lf）	 多米尼加共和国 多米尼加共和国 多米尼加共和国 多米尼加共和国	 Dom.Rep. + Br + Me + Ni Dom.Rep. + Br + Me + Ni Dom.Rep. + Br + Me + Ni 特纯：所有烟草都是在多米尼加共和国种植的
阿什顿（Ashton） ·雪茄柜精选系列（Cabinet Selection）（Lf） ·古典系列（Classic Line）（Lf） ·纯阳植系列（Virgin Sun Grown）（Lf）	 多米尼加共和国 多米尼加共和国 多米尼加共和国	 多米尼加共和国 多米尼加共和国 多米尼加共和国
阿沃（Avo） ·多迈纳（Domaine）（Lf） ·典藏小雪茄系列（Puritos Classic）（Lf） ·典藏多迈纳系列（Puritos Domaine）（Lf） ·签名系列（Signature）（Lf） ·XO 系列（Lf）	 多米尼加共和国 多米尼加共和国 多米尼加共和国 多米尼加共和国 多米尼加共和国	 Dom.Rep.（SaVi + PiCu + DoOlor） 多米尼加共和国 多米尼加共和国 Dom.Rep.（PiCu + SaVi） Dom.Rep.（SaVi + DoOlor）
贝卡曼（Backgammon）（Sf）	德国	不同的出产地
巴伊亚（Bahia） ·蓝色系列（Blue）（Lf） ·金色系列（Gold）（Lf） ·特立尼达系列（Trinidad）（Lf）	 尼加拉瓜 哥斯达黎加 哥斯达黎加	 特纯：所有烟草都是在尼加拉瓜种植的 多米尼加共和国 尼加拉瓜（CuSe）
巴伊亚诺斯（Bahianos）（Sf）	瑞士	巴西（Ba）+ 古巴 + 多米尼加共和国
巴尔博亚（Balboa）（Lf）	巴拿马	纯巴拿马：所有烟草都产自巴拿马
金堡垒（Balmoral） ·多米尼加精选系列（Lf）（Dominican Selection） ·Rich & Light 系列（Sf） ·皇家精选系列（Royal Selection）（Lf） ·Maduro 皇家精选系列（Royal Selection Maduro）（Lf） ·苏门答腊精选系列（Sumatra Selection）（Sf）	 多米尼加共和国 荷兰 多米尼加共和国 多米尼加共和国 荷兰	 多米尼加共和国 + 巴西 + 古巴 古巴 + 巴西 + 印度尼西亚（爪哇） Dom.Rep.（DoOlor + PiCu）+ Br（Ba） 多米尼加共和国 + 巴西（Ba） 古巴 + 巴西 + 印度尼西亚（爪哇）
Bandera（Mf）	尼加拉瓜	特纯：所有烟草都是在尼加拉瓜种植的
博萨（Bauza）（Lf）	多米尼加共和国	多米尼加共和国 + 尼加拉瓜
贝琳达（Belinda）（Sf）	古巴	特纯：所有烟草都是在古巴种植的
贝轮船（Bering）（Lf）	洪都拉斯	多米尼加共和国 + 墨西哥 + 洪都拉斯
伯尔穆德兹（Bermudez）（Lf）	多米尼加共和国	多米尼加共和国（PiCu）
波克·y·Ca.（Bock y Ca.）（Lf）	多米尼加共和国	多米尼加共和国（PiCu）+ 尼加拉瓜（CuSe）

卷叶	包叶	强度
菲律宾	印度尼西亚（JaBe）	3
尼加拉瓜	Ca/Conn/In	3 – 4
多米尼加共和国（PiCu + DoOlor）	CoSh	1 - 2
菲律宾	印度尼西亚（JaBe）	1 – 2
		3 - 4
多米尼加共和国	康涅狄格	2 – 3
		3 – 4
多米尼加共和国	CoSh/Ca	3
多米尼加共和国	CoSh/Ca	4 – 5
墨西哥	喀麦隆	3 – 4
		3 – 4
多米尼加共和国	CoSh	3 – 5
多米尼加共和国	CoSh	3 – 4
多米尼加共和国	厄瓜多尔（CoSe）	4 – 5
多米尼加共和国（SaVi）	厄瓜多尔（CoCuSe）	4 – 5
厄瓜多尔	厄瓜多尔（CoCuSe）	3
厄瓜多尔	厄瓜多尔（CoCuSe）	4
多米尼加共和国（SaVi）	厄瓜多尔（CoCuSe）	5
多米尼加共和国（SaVi）	康涅狄格	3 – 4
印度尼西亚（JaBe）	印度尼西亚（苏门答腊）	3 – 4
多米尼加共和国	厄瓜多尔（CoSe）	3
厄瓜多尔（SuSe）	厄瓜多尔（SuSe）	3 – 4
		4 – 5
印度尼西亚（爪哇）	巴西（Ba）	4 - 5
		2 – 4
多米尼加共和国	厄瓜多尔（CoSe）	2 – 3
印度尼西亚（爪哇）	古巴	2
多米尼加共和国（DoOlor）	厄瓜多尔（CoSe）	2 – 4
多米尼加共和国	巴西（Ba）	2 – 3
印度尼西亚（爪哇）	印度尼西亚（苏门答腊）	3
		3 – 4
墨西哥	厄瓜多尔（CoSe）	3 - 4
		2 – 4
洪都拉斯	CoSh/Ho/Me/Ni	2 - 3
印度尼西亚	厄瓜多尔（CoSe）	3 – 4
印度尼西亚	厄瓜多尔（CoSe）	2 – 4

品牌 / 系列	产地	茄芯
玻利瓦尔（Bolivar）（Lf + Sf）	古巴	特纯：所有烟草都是在古巴种植的
博斯纳（Bossner） · 多米尼加精选系列（Dominican Selection） · 尼加拉瓜精选系列（Nicaraguan Selection） · Rolando 系列	多米尼加共和国 尼加拉瓜 多米尼加共和国	多米尼加共和国 尼加拉瓜 多米尼加共和国（PiCu）
潘尼夫（Braniff） · 顶级巴西 Panetela 系列（Gran Panetela Brasil）（Sf） · 顶级苏门答腊 Panetela 系列（Gran Panetela Sumatra）（Sf）	德国 德国	不同的生产地 不同的生产地
Brazil Trüllerie（Sf）	德国	巴西 + 古巴
丰收（Buena Cosecha）（Lf）	尼加拉瓜	特纯：所有烟草都是在尼加拉瓜种植的
Bundles（Lf）	多米尼加拉共和国	多米尼加拉共和国 + 巴西
Bundles Best Buy（Lf）	多米尼加拉共和国	尼加拉瓜（CuSe）
卡瓦纳斯 H-2000（Cabanas H-2000）（Lf）	多米尼加拉共和国	多米尼加拉共和国
Cabita（Lf）	多米尼加拉共和国	多米尼加拉共和国（PiCu）
卡马乔（Camacho） · 荫植烟草系列（Corojo）（Lf） · 阳植烟草系列（Criollo）（Lf）	洪都拉斯 洪都拉斯	特纯：所有烟草都是在洪都拉斯 使用荫植烟草种子种植的 特纯：所有烟草都是在洪都拉斯 使用阳植烟草种子种植的
喀麦隆传说（Cameroon Legend）（Lf）	多米尼加拉共和国	多米尼加拉共和国
C.A.O. · 黑色系列（Black Line）（Lf） · 巴西系列（Brazilia Line）（Lf） · 喀麦隆（Cameroon）（Lf） · 阳植烟草系列（Criollo Line）（Lf）	洪都拉斯 洪都拉斯 尼加拉瓜 尼加拉瓜	尼加拉瓜 + 洪都拉斯 + 墨西哥（CuSe） 尼加拉瓜 尼加拉瓜 尼加拉瓜（Cr´98）
Caparodo（Lf）	多米尼加拉共和国	Dom.Rep.（DoOlor + PiCu）+ Brasilien
卡洛斯·托拉诺（Carlos Torano） · 尼加拉瓜精选系列（Nicaraguan Selection）（Lf） · 精选限量系列（Reserva Selecta）（Lf） · 签名收藏系列（Signature Collection）（Lf）	尼加拉瓜 洪都拉斯 多米尼加拉共和国	尼加拉瓜 多米尼加拉共和国 + 洪都拉斯 + 尼加拉瓜 多米尼加拉共和国（PiCu）+ 尼加拉瓜
卡门（Carmen） · 西班牙系列（Brasil）（Sf） · 苏门答腊系列（Sumatra）（Sf）	奥地利 奥地利	印度尼西亚（爪哇）+ 古巴 + 巴西 印度尼西亚（爪哇）+ 古巴 + 巴西
卡萨德·托伦斯（Casa de Torres）（Lf）	尼加拉瓜	尼加拉瓜（PiCu）
切尔丹（Cerdan）（Lf）	多米尼加共和国	特纯：所有烟草都是在多米尼加共和国 使用 Piloto-Cubano 种植的
塞万提斯（Cervantes）（Lf）	多米尼加共和国	多米尼加共和国（PiCu + DoOlor）
查拉坦（Charatan）（Lf）	尼加拉瓜	尼加拉瓜（CuSe）

卷叶	包叶	强度
		3 – 6
多米尼加共和国	康涅狄格	2 – 3
尼加拉瓜	厄瓜多尔（CoBr）	3 – 4
多米尼加共和国（DoOlor）	CoBr	2 - 3
印度尼西亚（JaBe）	墨西哥	3
印度尼西亚（JaBe）	印度尼西亚（苏门答腊）	3
商业秘密	巴西（MaFi）	2 - 3
		3 – 4
尼加拉瓜（CuSe）	尼加拉瓜	2 - 3
印度尼西亚	厄瓜多尔（CoSe）	2 - 4
多米尼加拉共和国	尼加拉瓜（Ha2000）	3 - 4
多米尼加拉共和国（DoOlor）	CoSh	1 - 3
		3 – 6
		2 - 5
多米尼加拉共和国	喀麦隆	3 - 4
尼加拉瓜（CuSe）	厄瓜多尔（SuSe）	4
尼加拉瓜	巴西（Brasilien）（Ar）	3
尼加拉瓜	喀麦隆	3 – 4
尼加拉瓜（CuSe）	尼加拉瓜（CuSe）	4
多米尼加拉共和国	厄瓜多尔（CoSe）	2 - 3
尼加拉瓜	洪都拉斯 /CoSh	3 – 4
印度尼西亚	CoSh/ 哥斯达黎加	2 – 4
CoBr	巴西	3 - 5
印度尼西亚（爪哇）	巴西	3 – 4
印度尼西亚（爪哇）	印度尼西亚（苏门答腊）	3 – 4
尼加拉瓜（PiCu）	CoSh	1 - 3
		4 - 5
多米尼加共和国	CoSh	2 - 3
印度尼西亚（JaBe）	印度尼西亚（爪哇）	3 - 4

品牌 / 系列	产地	茄芯
查尔斯·费尔蒙（Charles Fairmon）	多米尼加拉共和国	多米尼加拉共和国（PiCu）
·贝尔莫尔喀麦隆精选（Belmore Cameroon Selection）（Lf）	多米尼加拉共和国	多米尼加拉共和国（DoOlor + PiCu）+ Ni
·贝尔莫尔古典系列（Belmore Classic Line）（Lf）	多米尼加拉共和国	多米尼加拉共和国（DoOlor + PiCu）
·贝尔莫尔 E.R.P. 精选（Belmore E.R.P. Selection）（Lf）	多米尼加拉共和国	多米尼加拉共和国（DoOlor）+ 尼加拉瓜
·科罗拉多系列（Colorado）（Lf）	多米尼加拉共和国	多米尼加拉共和国（PiCu）
·马杜罗系列（Maduro）（Lf）	尼加拉瓜	尼加拉瓜（CuSe）
·尼加拉瓜特纯雪茄系列（Puros de Nicaragua）（Lf）	洪都拉斯	洪都拉斯 + 尼加拉瓜
·洪都拉斯包叶系列（Tradition Honduras Wrapper）（Lf）	洪都拉斯	尼加拉瓜 + 洪都拉斯
·特纯菲诺斯系列（Tradition Puros Finos）（Lf）		
Chinchalero（Lf）	尼加拉瓜	尼加拉瓜 + 洪都拉斯
丘吉尔（Churchill）（Lf）	尼加拉瓜	尼加拉瓜
Cibao（Lf）	多米尼加拉共和国	多米尼加拉共和国 + 古巴
香布莱尔（Cigare de Chambrair Privee）（Lf）	多米尼加拉共和国	多米尼加拉共和国
Cimero Exactos（Lf）	多米尼加拉共和国	多米尼加拉共和国
俱乐部画廊版系列（Club Galerie Edition）（Lf）	印度尼西亚	In（爪哇）+ 多米尼加拉共和国 +Br
C．门多萨（C.Mendoza）	德国	多米尼加拉共和国 + Br + Cu +In（Ja）
·巴西系列（Brasil）（Lf）	德国	多米尼加拉共和国 + Br + Cu +In（Ja）
·苏门答腊系列（Sumatra）（Lf）		
高希霸（Cohiba）	古巴	特纯：所有烟草都是在古巴种植的
·经典系列（Clasica）（Lf）	古巴	特纯：所有烟草都是在古巴种植的
·Linea 1492（Lf）		
孔达尔（Condal）（Lf）	加那利群岛	古巴 + 多米尼加拉共和国 + 巴西
烟草之心（Corazon del Tabaco）（Lf）	尼加拉瓜	特纯：所有烟草都是在 Ni 种植的（Db: CuSe）
Corps Diplomatique（Sf）	比利时	巴西 + 古巴 + 印度尼西亚（爪哇）
库阿巴（Cuaba）（Lf）	古巴	特纯：所有烟草都是在古巴种植的
奎斯塔 - 雷伊（Cuesta-Rey）	多米尼加拉共和国	多米尼加拉共和国
·经典系列（Classic Line）（Lf）	多米尼加拉共和国	多米尼加拉共和国
·Centenario Coleccion 系列（Lf）		
麻花（Culebras）	瑞士	西班牙（Ba）+ 古巴 + 多米尼加共和国
·巴西（Sf）	瑞士	Cu+Dom.Rep.+In（Su）
·哈瓦那（Sf）		
Cumpay（Lf）	尼加拉瓜	特纯：所有烟草都是在尼加拉瓜种植的
丘比特（Cupido）（Lf）	尼加拉瓜	尼加拉瓜
丹纳曼（Dannemann）	尼加拉瓜	特纯：所有烟草都是在尼加拉瓜种植的
·HBPR 艺术家（Artist Line HBPR）（Lf）	巴西	特纯：所有烟草都是在巴伊亚地区种植的
·玛塔菲纳艺术家（Artist Line Mata Fina）（Lf）	瑞士	巴西（Ba）+ 印度尼西亚（爪哇）
·巴西鲜香型雪茄（Espada Brasil）（Sf）	瑞士	Br（Ba）+ In（Ja）+ Cu
·苏门答腊鲜香型雪茄（Espada Sumatra）（Sf）	德国	Br（Ba）+ Dom.Rep. + In（Ja）
·纯巴西系列（Tubes Brasil）（Sf）	德国	古巴
·哈瓦那系列（Tubes Havana）（Sf）	德国	Br（Ba）+ Dom.Rep. + In（Ja）
·苏门答腊系列（Tubes Sumatra）（Sf）		

卷叶	包叶	强度
多米尼加拉共和国（PiCu）	喀麦隆	4
多米尼加拉共和国（DoOlor）	CoSh	3 – 4
多米尼加拉共和国（DoOlor）	厄瓜多尔（CoSh）	3 – 4
多米尼加拉共和国（DoOlor）	尼加拉瓜（Cr´98）	4 – 5
印度尼西亚（爪哇）	CoBr	3
多米尼加拉共和国（DoOlor）	厄瓜多尔（CoSe）	3 – 4
厄瓜多尔	洪都拉斯（Ha2000）	4 – 5
洪都拉斯（CuSe）	厄瓜多尔（CoSe）	3 - 4
洪都拉斯	CoSh	1 - 2
尼加拉瓜	印度尼西亚（苏门答腊）	2 - 3
多米尼加拉共和国	CoBr	3 - 5
多米尼加拉共和国	CoSh	3 – 4
多米尼加拉共和国	康涅狄格	2 - 3
印度尼西亚（JaBe）	印度尼西亚（JaBe）	2
印度尼西亚（爪哇）	巴西（MaFi）	2 – 3
印度尼西亚（爪哇）	印度尼西亚（苏门答腊）	2 - 3
		3 – 5
		4 - 5
墨西哥	CoSh	3 - 4
		2 - 3
印度尼西亚（爪哇）	印度尼西亚（苏门答腊）	1 – 3
		2 - 3
多米尼加拉共和国	喀麦隆／康涅狄格	2 – 3
多米尼加拉共和国	CoSh	5
印度尼西亚（爪哇）	巴西（Ba）	4
印度尼西亚（爪哇）	古巴	2 - 3
		3 - 5
尼加拉瓜	印度尼西亚	3
		3 - 4
印度尼西亚（爪哇）	巴西（Ba）	4
印度尼西亚（爪哇）	印度尼西亚	4
印度尼西亚（爪哇）	巴西（Ba）	3
古巴	印度尼西亚（苏门答腊）	4
印度尼西亚（爪哇）	印度尼西亚	5
		3

品牌 / 系列	产地	茄芯
大卫杜夫（Davidoff）	多米尼加共和国	多米尼加共和国（Savi + PiCu + DoOlor）
·庆典系列（Aniversario）（Lf）	多米尼加共和国	多米尼加共和国（Savi + PiCu + DoOlor）
·古典系列（Classic）（Lf）	多米尼加共和国	多米尼加共和国（Savi）
·吉士图系列（Exquisitos）（Lf）	多米尼加共和国	多米尼加共和国（Savi + PiCu + DoOlor）
·顶级系列（Grand Cru）（Lf）	多米尼加共和国	多米尼加共和国（Savi + PiCu + DoOlor）
·千里系列（Mille）（Lf）	多米尼加共和国	多米尼加共和国（Savi + PiCu + DoOlor）
·千禧系列（Millennium Blend）（Lf）	多米尼加共和国	多米尼加共和国（Savi + PiCu + DoOlor）
·典藏系列（Special）（Lf）		
De Heeren van Ruysdael（Sf）	荷兰	印度尼西亚 + 巴西 + 古巴
De Huifkar（Sf）	荷兰	印度尼西亚（爪哇）+ 巴西 + 古巴
Delgados	德国	Cu + Dom.Rep. + In（Ja）+ Br
·巴西系列（Brasil）（Sf）	德国	Cu + Dom.Rep. + In（Ja）+ Br
·苏门答腊系列（Sumatra）（Sf）		
De Olifant（Sf）	荷兰	印度尼西亚（爪哇）+ 巴西 + 古巴
钻石皇冠（Diamond Crown）（Lf）	多米尼加共和国	多米尼加共和国（PiCu）
迪布洛麦蒂科斯（Diplomaticos）（Lf）	古巴	特纯：所有烟草都是在古巴种植的
多米尼加（Dominican）	多米尼加共和国	多米尼加共和国
·古典系列（Lf）	多米尼加共和国	Dom.Rep.（DoOlor + PiCu）+ Ni
·圣地亚哥精选系列（Lf）		
Dominico（Lf）	多米尼加共和国	多米尼加共和国
唐安东尼奥（Don Antonio）	多米尼加共和国	不同的出产地
·西班牙系列（Brasil）（Sf）	多米尼加共和国	古巴
·哈瓦那系列（Havana）（Sf）	多米尼加共和国	Br + Dom.Rep. + Cu + In（Ja）
·长茄芯雪茄系列（Longfiller）	多米尼加共和国	不同的出产地
·苏门答腊系列（Sumatra）（Sf）		
唐迭戈（Don Diego）	多米尼加共和国	多米尼加共和国
·庆典系列（Aniversario）（Lf）	多米尼加共和国	多米尼加共和国
·古典系列（Classic Line）（Lf）		
Don Juan Urquijo（Lf）	菲律宾	多米尼加共和国 + 巴西（MaFi）
唐利诺（Don Lino）	多米尼加共和国	多米尼加共和国（CuSe）
·Colorado 系列（Lf）	多米尼加共和国	多米尼加共和国（CuSe）
·哈瓦那限量版系列（Havana Reserva）（Lf）	多米尼加共和国	特纯：所有烟草都是在多米尼加共和国由荫植烟草种植的
·Oro 系列（Lf）		
唐桑丘（Don Sancho）（Lf）	加那利群岛	巴西 + 多米尼加共和国
唐塞巴斯蒂安（Don Sebastian）（Lf）	多米尼加共和国	多米尼加共和国 + 墨西哥
唐斯特凡诺（Don Stefano）	多米尼加共和国	多米尼加共和国 + 尼加拉瓜
·大皇冠系列（Corona Grande）（Lf）	洪都拉斯	尼加拉瓜 + 洪都拉斯 + 多米尼加共和国
·洪都拉斯长茄芯雪茄系列		
多斯·赫曼诺斯（Dos Hermanos）（Lf）	印度尼西亚	In（JaBe + Vola）+ Dom.Rep. + Br
Dos Rios（Lf）	尼加拉瓜	尼加拉瓜 + 多米尼加共和国

卷叶	包叶	强度
多米尼加共和国（Savi）	康涅狄格	4 - 5
多米尼加共和国（Savi）	厄瓜多尔（CoSe）	2 - 3
多米尼加共和国（DoOlor）	厄瓜多尔（CoCuSe）	3
多米尼加共和国（Savi）	厄瓜多尔（CoSe）	4
多米尼加共和国（Savi）	康涅狄格	3 - 4
多米尼加共和国（Savi）	厄瓜多尔（CoCuSe）	5
多米尼加共和国（Savi）	康涅狄格	4
印度尼西亚（JaBe）	印度尼西亚（SuSa）	3 - 4
印度尼西亚（爪哇）	印度尼西亚（苏门答腊）	2
印度尼西亚（爪哇）	巴西	3 - 4
印度尼西亚（爪哇）	印度尼西亚（苏门答腊）	3 - 4
印度尼西亚（苏门答腊）	印度尼西亚（苏门答腊）	3 - 4
多米尼加共和国（PiCu）	康涅狄格	3 - 4
		3 - 5
巴西	康涅狄格	2 - 3
多米尼加共和国（PiCu）	厄瓜多尔（CoSe）	3
印度尼西亚	厄瓜多尔（CoSe）	3 - 4
印度尼西亚（爪哇）	巴西	1 - 3
多米尼加共和国（DoOlor）	古巴	1 - 3
印度尼西亚（爪哇）	康涅狄格	2 - 3
印度尼西亚（爪哇）	印度尼西亚（苏门答腊）	1 - 3
多米尼加共和国	CoSh	3 - 4
多米尼加共和国（CuSe）	CoSh	2 - 4
多米尼加共和国	CoSh	3 - 4
多米尼加共和国	印度尼西亚（苏门答腊）	2 - 4
多米尼加共和国	CoSh	2 - 3
		5
多米尼加共和国	CoSh	3 - 4
墨西哥	CoSh	1 - 2
多米尼加共和国	CoSh	2
洪都拉斯	CoSh	3
印度尼西亚（JaBe）	印度尼西亚（SuDe）	2
尼加拉瓜	厄瓜多尔（NiSe）	3 - 4

品牌 / 系列	产地	茄芯
登喜路（Dunhill）		
·陈年雪茄系列（Aged Cigars）（Lf）	多米尼加共和国	Dom.Rep.（PiCu + DoOlor）+ 巴西
·洪都拉斯精选系列（Honduran Selection）（Lf）	洪都拉斯	Dom.Rep.（PiCu）+ 墨西哥 + 巴西
·柔和口味雪茄系列（Mild Cigars）（Lf）	荷兰	巴西（Ba）+ 印度尼西亚（爪哇）
·签名系列雪茄（Signed Range Cigars）（Lf）	多米尼加共和国	多米尼加共和国（PiCu）+ 哥伦比亚
埃尔·克雷蒂特（El Credito）（Lf）	多米尼加共和国	多米尼加共和国 + 尼加拉瓜
埃尔·普拉多（El Prado）（Sf）	瑞士	Dom.Rep. + In（Su）+ Br + Cu
埃尔雷伊·德尔蒙多（El Rey Del Mundo）（Lf）	古巴	特纯：所有烟叶都是在古巴种植的
埃克萨利博（Excalibur）（Lf）	洪都拉斯	洪都拉斯 + 尼加拉瓜 + 多米尼加共和国
费利佩·格雷戈里奥（Felipe Gregorio）		尼加拉瓜（CuSe）
·多米尼加精选系列（Dominican Selection）（Lf）	多米尼加共和国	特纯：所有烟草都是在洪都拉斯
·洪都拉斯精选系列（Honduran Selection）（Lf）	洪都拉斯	使用古巴种子种植的
庆典（Festividad）	多米尼加共和国	多米尼加共和国
P302　P303		
Fire by Indian Tabac（Lf）	洪都拉斯	尼加拉瓜 + 洪都拉斯
科潘之花（Flor de Copan）		
·古典系列（Classic Line）（Lf）	洪都拉斯	洪都拉斯 + 尼加拉瓜
·特纯系列（Linea Puros）（Lf）	洪都拉斯	特纯：所有烟草都是在洪都拉斯种植的
约翰·洛佩慈之花（Flor de Juan Lopez）（Lf）	古巴	特纯：所有烟草都是在古巴种植的
拉斐尔·冈萨雷斯之花（Flor de Rafael Gonzales）（Lf + Sf）	古巴	特纯：所有烟草都是在古巴种植的
塞尔瓦之花（Flor de Selva）（Lf）	洪都拉斯	洪都拉斯（CuSe）
Flor Real（Lf）	哥斯达黎加	纯尼加拉瓜：所有烟草都是尼加拉瓜种植的
丰塞卡（Fonseca）（Lf + Sf）	古巴	特纯：所有烟草都是在古巴种植的
创建（Fundadores）（Lf）	牙买加	牙买加 + 多米尼加共和国 + 墨西哥
Furore（Lf）	多米尼加共和国	多米尼加共和国（DoOlor + PiCu）
俾斯麦公爵（Fürst Bismark）（Lf）	多米尼加共和国	多米尼加共和国（CuSe）+ 巴西 + CoBr
Gilberto Oliva（Lf）	尼加拉瓜	尼加拉瓜 + 多米尼加共和国
基斯伯（Gispert）（Sf）	古巴	特纯：所有烟草都是在古巴种植的
戈雅（Goya）（Lf）	加那利群岛	古巴
Grenadier（Sf）	法国	多米尼加共和国
关塔那摩（Guantanamera）（Sf）	古巴	特纯：所有烟草都是在古巴种植的
Guaranteed Jamaica（Lf）	牙买加	牙买加 + 多米尼加共和国 + 墨西哥
庄园（Hacienda）（Lf）	加那利群岛	加那利群岛 + 古巴 + 印度尼西亚（爪哇）
哈耶纽斯（Hajenius）		
·Grand Finale 系列（Sf）	荷兰	印度尼西亚（Su + Ja）+ 巴西 + 古巴
·HBPR 系列（Lf）	尼加拉瓜	特纯：所有烟草都是在尼加拉瓜种植的
·苏门答腊系列（Sumatra Serie）（Lf）	荷兰	印度尼西亚（Su + Ja）+ 巴西 + 古巴
Hardy Rodenstock（Lf）	多米尼加共和国	多米尼加共和国
Harvill（Lf）	牙买加	牙买加 + 多米尼加共和国

卷叶	包叶	强度
多米尼加共和国	CoSh	2 – 4
墨西哥	印度尼西亚	3 – 5
印度尼西亚（爪哇）	印度尼西亚（苏门答腊）	2
CoBr	厄瓜多尔（康涅狄格）	2 – 3
尼加拉瓜	厄瓜多尔（SuSe）	4 - 6
印度尼西亚（爪哇）	印度尼西亚（苏门答腊）	2 – 3
		1 – 3
CoBr	CoSh	3 - 4
多米尼加共和国（PiCu）	CoSh	4
		3 - 4
多米尼加共和国	CoSh	1 – 2
尼加拉瓜	洪都拉斯	3 – 5
洪都拉斯	厄瓜多尔（CoSe）	3 – 4
		3 – 4
		3 – 4
		2 – 4
尼加拉瓜 / 洪都拉斯	CoSh	3 - 4
		2 – 4
		2 – 3
墨西哥	CoSh	2 – 4
多米尼加共和国	CoSh	2 – 3
多米尼加共和国（CuSe）	CoSh	2 – 4
厄瓜多尔	厄瓜多尔（CoSe）	3 - 5
		2
古巴	厄瓜多尔（CuSe）	4 – 5
多米尼加共和国	喀麦隆 /CoBr/CoSh	1 – 2
		1
墨西哥	康涅狄格	2
印度尼西亚（爪哇）	CoSh	2 - 3
印度尼西亚（爪哇）	印度尼西亚（SuSa）	2 – 3
印度尼西亚（爪哇）	印度尼西亚（SuSa）	3 – 4
		1 - 4
多米尼加共和国	CoSh	3 – 4
墨西哥	CoSh	3

品牌 / 系列	产地	茄芯
哈瓦那（Havana） ·手卷系列（Handrolled）（Sf） ·Seed 系列（Sf）	 瑞士 瑞士	 古巴 + 多米尼加共和国 + 印度尼西亚（Su） 古巴 + 多米尼加共和国 + 巴西
H. de Cabanas y Carbajal（Sf）	古巴	特纯：所有烟草都是在古巴种植的
亨利·克莱（Henry Clay） ·古典系列（Classic Line）（Lf） ·H-2000（Lf）	 多米尼加共和国 多米尼加共和国	 多米尼加共和国 多米尼加共和国
Hommage 1492 ·古典系列（Classic Line）（Lf） ·Vintage 系列（Lf）	 多米尼加共和国 多米尼加共和国	 多米尼加共和国（DoOlor + PiCu） 秘鲁 + 多米尼加共和国
Hoyo de la Romana	多米尼加共和国	多米尼加共和国
奥约·德·蒙特雷（Hoyo de Monterrey） ·古典系列（Clasica）（Lf） ·Le Hoyo 系列（Lf）	 古巴 古巴	 特纯：所有烟草都是在古巴种植的 特纯：所有烟草都是在古巴种植的
乌普曼（H. Upmann）（Lf + Sf）	古巴	特纯：所有烟草都是在古巴种植的
Hurricanos（Lf）	洪都拉斯	洪都拉斯
Impulso（Sf）	瑞士	印度尼西亚（Su）+ 多米尼加共和国 + 巴西
印度烟草雪茄（Indian Tabac Cigar） ·喀麦隆传说系列（Cameroon Legend）（Lf） ·古典系列（Classic Line）（Lf） ·Tubos 系列（Lf）	 多米尼加共和国 洪都拉斯 洪都拉斯	 多米尼加共和国 尼加拉瓜 + 洪都拉斯 + 哥斯达黎加 尼加拉瓜 + 洪都拉斯 + 哥斯达黎加
Industrial Press（Lf）	尼加拉瓜	尼加拉瓜
约瑟夫·贝尼托（Jose Benito）（Lf）	多米尼加共和国	多米尼加共和国 + 厄瓜多尔 + 洪都拉斯
比雅达（Jose L. Piedra）（Sf）	古巴	特纯：所有烟草都是在古巴种植的
Jose Llopis（Lf）	巴拿马	多米尼加共和国 + 尼加拉瓜
何塞·马蒂（Jose Marti）（Lf）	尼加拉瓜	尼加拉瓜 + 洪都拉斯 + 多米尼加共和国
Joya de la Romana（Lf）	多米尼加共和国	多米尼加共和国
尼加拉瓜珍宝（Joya de Nicaragua）（Lf）	尼加拉瓜	特纯：所有烟草都是在 Ni 种植的
胡安·克莱门特（Juan Clemente） ·古典系列（Classic Line）（Lf） ·俱乐部精选系列（Club Selection）（Lf） ·限量版（Reserve）（Lf）	 多米尼加共和国 多米尼加共和国 多米尼加共和国	 多米尼加共和国 + 巴西 多米尼加共和国 + 巴西 多米尼加共和国（PiCu + DoOlor）
尤斯图斯·冯·马里克（Justus van Maurik）（Sf）	荷兰	Br + Cu + In（Ja）+ Ph
Krumme Hunde ·巴西系列（Brasil）（Sf） ·哈瓦那系列（Havana）（Sf）	 瑞士 瑞士	 巴西（Ba）+ 古巴 + 多米尼加共和国 古巴 + 多米尼加共和国 + 印度尼西亚（Su）

卷叶	包叶	强度
印度尼西亚（爪哇）	古巴	2
印度尼西亚（爪哇）	CoBr	3 - 4
		5 – 6
多米尼加共和国	CoSh	3 – 4
多米尼加共和国	尼加拉瓜（Ha2000）	4 - 5
多米尼加共和国（CuSe）	印度尼西亚（Vola）	3 – 4
多米尼加共和国	洪都拉斯（Co）	2 – 4
多米尼加共和国	CoSh	2 - 3
		1 – 3
		3 – 5
		1 – 3
洪都拉斯	厄瓜多尔（SuGr）	5
印度尼西亚（爪哇）	印度尼西亚（苏门答腊）	2 – 3
多米尼加共和国	喀麦隆	3 – 5
尼加拉瓜（MeSe）	尼加拉瓜（CuSe）	4 – 5
尼加拉瓜	尼加拉瓜	4 – 5
尼加拉瓜	厄瓜多尔（ViSuGr）	4 - 5
多米尼加共和国	CoSh	2 - 3
		3 – 5
多米尼加共和国	厄瓜多尔	4
尼加拉瓜	厄瓜多尔（SuSe）	3 - 4
多米尼加共和国	CoSh	2 – 3
(El: CuSe; Ub: CoSe; Db: CuSe)		2 – 4
多米尼加共和国（DoOlor）	CoSh	2 – 3
多米尼加共和国（DoOlor）	CoSh	2 – 3
多米尼加共和国（DoOlor）	CoSh	3 - 4
印度尼西亚（Vola）	印度尼西亚（SuSa）	4 – 5
印度尼西亚（爪哇）	巴西（Ba）	4
印度尼西亚（爪哇）	古巴	2 – 3

品牌 / 系列	产地	茄芯
拉·奥罗拉（La Aurora）		
·古典系列（Classic Line）（Lf）	多米尼加共和国	多米尼加共和国
·宠爱古典系列（Preferidos Classic）（Lf）	多米尼加共和国	多米尼加共和国
·宠爱金色系列（Preferidos Gold）（Lf）	多米尼加共和国	喀麦隆 + 巴西 + 多米尼加共和国
·宠爱马杜罗奢华系列（Preferidos Maduro de Luxe）（Lf）	多米尼加共和国	多米尼加共和国
·宠爱白金系列（Preferidos Platinum）（Lf）	多米尼加共和国	多米尼加共和国
·宠爱蓝宝石系列（Preferidos Sapphire）（Lf）	多米尼加共和国	多米尼加共和国
La Casa de Nicaragua（Lf）	尼加拉瓜	特纯：所有烟草都是在尼加拉瓜种植的
拉科罗纳（La Corona）（Lf）	多米尼加共和国	多米尼加共和国
La Diva（Lf）	多米尼加共和国	多米尼加共和国
卡诺之花（La Flor de Cano）（Sf）	古巴	特纯：所有烟草都是在古巴种植的
La Flor de Ynclan（Lf）	多米尼加共和国	多米尼加共和国（PiCu）+ 尼加拉瓜（CuSe）
多米尼加之花（La Flor Dominicana）		
·古典系列（Classic Line）（Lf）	多米尼加共和国	多米尼加共和国（PiCu）+ 尼加拉瓜（CuSe）
·Double Ligero 系列（Lf）	多米尼加共和国	多米尼加共和国（PiCu）+ 尼加拉瓜（CuSe）
拉·冯塔纳（La Fotana）（Lf）	洪都拉斯	洪都拉斯（CuSe）
古巴荣耀（La Gloria Cubana）（Lf）	古巴	特纯：所有烟草都是在古巴种植的
La Hoja Tribal（Lf）	洪都拉斯	尼加拉瓜 + 多米尼加共和国
La Intimidad de A. Caruncho（Lf）	洪都拉斯	尼加拉瓜（CuSe）+ 洪都拉斯
La Libertad（Lf）	洪都拉斯	洪都拉斯 + 尼加拉瓜
La Meridiana		
·喀麦隆精选系列（Cameroon Selection）（Lf）	尼加拉瓜	尼加拉瓜（CuSe）
·古典系列（Classic Line）（Lf）	尼加拉瓜	特纯：所有烟草都是在 Ni 种植的
La Paz		
·科罗娜（Corona）（Sf）	荷兰	纯印度尼西亚：所有烟草产自 In
·Wilde Brasil 系列（Sf）	荷兰	巴西（MaFi）
·Wilde Cigarros 系列（Sf）	荷兰	纯印度尼西亚：所有烟草产自 In
La Regenta（Lf）	加那利群岛	古巴 + 巴西（MaFi）
拉黎加（La Rica）（Lf）	尼加拉瓜	尼加拉瓜
Las Cabrillas（Lf）	洪都拉斯	洪都拉斯 + 尼加拉瓜
La Unica（Lf）	多米尼加共和国	多米尼加共和国
劳拉柴文（Laura Chavins）		
·古典系列（Classic Line）（Lf）	多米尼加共和国	Dom.Rep.（DoOlor + PiCu）
·Concours des meilleurs Conn.（Lf）	多米尼加共和国	多米尼加共和国
·Pur Sang（Lf）	多米尼加共和国	多米尼加共和国
La Vencedora（Lf）	尼加拉瓜	尼加拉瓜 + 多米尼加共和国
La Villa de Chavon（Lf）	多米尼加共和国	多米尼加共和国
狮王（Leon Jimenes）		
·传统系列（Classic Line）（Lf）	多米尼加共和国	多米尼加共和国
·马杜罗系列（Maduro）（Lf）	多米尼加共和国	多米尼加共和国

卷叶	包叶	强度
多米尼加共和国（PiCu）		3
多米尼加共和国（PiCu）	喀麦隆	5
多米尼加共和国（PiCu）	喀麦隆	4
多米尼加共和国（PiCu）	多米尼加共和国（Co）	3
多米尼加共和国（PiCu）	巴西	3
多米尼加共和国（PiCu）	喀麦隆	2
多米尼加共和国（PiCu）	康涅狄格	
		1 - 2
多米尼加共和国（PiCu）	CoSh	2 - 3
多米尼加共和国	CoSh	3
		2 – 3
印度尼西亚	厄瓜多尔（CoSe）	2 – 4
多米尼加共和国（DoOlor）	CoSh	2 – 3
多米尼加共和国（DoOlor）	CoSh	6
墨西哥	洪都拉斯（CoSe）	2 – 3
		2 – 3
洪都拉斯	厄瓜多尔	2 – 3
洪都拉斯（CoSe）	印度尼西亚	2 – 3
洪都拉斯	洪都拉斯（CuSe）	4 – 5
尼加拉瓜（CuSe）	喀麦隆	4 – 5
(El: CuSe; Ub: CoSe; Db: CuSe)		3 – 5
		5
印度尼西亚（JaBe）	巴西（MaFi）	5
		5
多米尼加共和国	CoSh	2 - 3
印度尼西亚（爪哇）	厄瓜多尔（CoSe）	3
墨西哥	CoSh	3 – 4
多米尼加共和国	康涅狄格	1 – 2
墨西哥	CoSh	2 – 3
无资料	无资料	4
无资料	无资料	3 – 4
厄瓜多尔	厄瓜多尔（CoSe）	2 – 4
多米尼加共和国	CoSh	1
多米尼加共和国（PiCu）	CoSh	2 – 4
多米尼加共和国（PiCu）	巴西（MaFi）	2 – 3

品牌 / 系列	产地	茄芯
Longchamp（Sf）	法国	纯哈瓦那：所有烟草都由 Cu 生产
奢华斯塔图（Los Statos de Luxe）（Sf）	古巴	特纯：所有烟草都是在古巴生产的
马卡努多（Macanudo） · Café 系列（Lf） · Gold 系列（Lf） · Maduro 系列（Lf） · Robust 系列（Lf） · Vintage Cabinet Selection 系列（Lf）	多米尼加共和国 多米尼加共和国 多米尼加共和国 多米尼加共和国 多米尼加共和国	多米尼加共和国 + 墨西哥 多米尼加共和国 + 墨西哥 多米尼加共和国 + 墨西哥 多米尼加共和国 + 墨西哥 多米尼加共和国 + 墨西哥
玛利亚·曼奇尼（Maria Mancini）（Lf）	洪都拉斯	特纯：所有烟草都产自 Ho
Marques · 科罗娜系列（de Coronas）（Lf） · Habana 系列（de Habana）（Lf） · Leon 系列（Lf） · Montego 系列（Lf） · Moran 系列（Lf）	多米尼加共和国 多米尼加共和国 多米尼加共和国 多米尼加共和国 多米尼加共和国	古巴 纯哈瓦那：所有烟草都产自古巴 多米尼加共和国 + 古巴 + 尼加拉瓜 Dom.Rep. + Cu + Br + Ni 多米尼加共和国
Maxima Reserva（Lf）	洪都拉斯	巴西 + 多米尼加共和国 + 尼加拉瓜
玛雅（Maya）（Lf）	洪都拉斯	洪都拉斯（CuSe）+ 尼加拉瓜（CuSe）
蒙特克里斯托（Montecristo）（Lf）	古巴	特纯：所有烟草都是在古巴种植的
Monte Palma（Lf）	加那利群岛	印度尼西亚（爪哇）+ 加那利群岛
蒙特罗（Montero） · Conn. Broadleaf Maduro（Lf） · Ecuador Connecticut . Shade（Lf）	多米尼加共和国 多米尼加共和国	多米尼加共和国（SaVi + DoOlor + PiCu） 多米尼加共和国（SaVi + DoOlor + PiCu）
蒙特西诺（Montesino）（Lf）	多米尼加共和国	多米尼加共和国
My own Blend（Lf）	多米尼加共和国	Dom.Rep.（PiCu + DoOlor）+ 巴西
Mythos Solitude（Lf）	哥斯达黎加	纯尼加拉瓜：所有烟草都产自 Ni
Navefador（Lf）	多米尼加共和国	多米尼加共和国 + 古巴
Nicaragua by Drew Estate（Lf）	尼加拉瓜	有 24 个不同产地
Nostalgia（Lf）	洪都拉斯	洪都拉斯 + 墨西哥 + 印度尼西亚
Orient Express（Lf）	多米尼加共和国	多米尼加共和国（PiCu）
Ortolan（Lf）	洪都拉斯	洪都拉斯 + 尼加拉瓜
Oud Kampen（Sf）	荷兰	巴西 + 加勒比海 + 印度尼西亚
帕德龙（Padron） · 1964 庆典系列（1964 Anniversario）（Lf） · 古典系列（Classic Line）（Lf）	尼加拉瓜 尼加拉瓜	特纯：所有烟草都是在尼加拉瓜种植的 特纯：所有烟草都是在尼加拉瓜种植的
Palmar Arriba（Lf）	多米尼加共和国	多米尼加共和国（DoOlor + PiCu）
Palmarito（Lf）	多米尼加共和国	多米尼加共和国（DoOlor + PiCu）+ Ni
帕塔加斯（Partagas）（Lf + Sf）	古巴	特纯：所有烟草都是在古巴种植的
Partageno y Cia · 巴西系列（Brasil）（Sf） · 苏门答腊（Sumatra）（Sf）	德国 德国	Dom.Rep. + Br + Cu + In（Ja） Dom.Rep. + Br + Cu + In（Ja）
Particulares（Lf）	多米尼加共和国	多米尼加共和国（PiCu）+ 尼加拉瓜（CuSe）

卷叶	包叶	强度
		4
		4 – 5
墨西哥	CoSh	1 – 2
墨西哥	CoSh	1 – 2
CoSh	CoBr	1 – 3
多米尼加共和国（CuSe）	CoSh	3 – 4
墨西哥	CoSh	1 – 2
（El: CuSe; Db: Ha2000）		1 - 3
古巴	CoSh	1 – 2
多米尼加共和国	印度尼西亚	5 – 6
多米尼加共和国	印度尼西亚	2 – 4
多米尼加共和国	印度尼西亚	2 – 4
		1 – 2
厄瓜多尔	厄瓜多尔	3 – 5
洪都拉斯（CuSe）	洪都拉斯（CuSe）	2 – 4
		3 – 6
印度尼西亚（爪哇）	印度尼西亚（苏门答腊）	2 – 4
多米尼加共和国（PiCu）	CoBr	2
多米尼加共和国（PiCu）	厄瓜多尔（CoSe）	3 – 4
多米尼加共和国	厄瓜多尔 / CoBr/ CoSh	2 – 3
喀麦隆	康涅狄格	1 – 2
		2 – 4
多米尼加共和国	印度尼西亚	2 – 4
喀麦隆 /ConnMe		2 – 4
尼加拉瓜（CuSe）	洪都拉斯（CoSh）	2 – 3
多米尼加共和国（PiCu）	CoSh	3 - 4
厄瓜多尔	CoSh	3 – 4
印度尼西亚（爪哇）	印度尼西亚（苏门答腊）	2 – 3
		5
		3 – 5
多米尼加共和国	CoSh	2 – 3
多米尼加共和国	CoSh	3 – 4
		4 – 6
印度尼西亚（爪哇）	巴西（MaFi）	2
印度尼西亚（爪哇）	印度尼西亚（苏门答腊）	2
多米尼加共和国（PiCu）	厄瓜多尔（CoSe）	3 – 4

品牌 / 系列	产地	茄芯
Longchamp（Sf）	法国	纯哈瓦那：所有烟草都由 Cu 生产
Perdomo the Cigar（Lf）	尼加拉瓜	特纯：所有烟草都是在尼加拉瓜种植的
佩特鲁斯（Petrus） · 古典系列（Classic Line）（Lf） · 特别精选系列（Special Selection）（Lf）	尼加拉瓜 洪都拉斯	特纯：所有烟草都是在尼加拉瓜种植的 （Ub: CoSeSuGr）洪都拉斯
Placeres（Lf）	洪都拉斯	特纯：所有烟草都是在洪都拉斯用古巴烟草种子种植的
Plasencia（Lf）	尼加拉瓜	尼加拉瓜
Playboy by Don Diego（Lf）	多米尼加共和国	多米尼加共和国（CuSe）
普莱亚迪斯（Pleiades）（Lf）	多米尼加共和国	多米尼加共和国
波尔·拉腊尼亚加（Por Larranaga）（Lf + Sf）	古巴	特纯：所有烟草都是在古巴种植的
Pride of Jamaica（Lf）	牙买加	牙买加 + 多米尼加共和国 + 墨西哥
私藏经典（Private Stock） · 长茄芯系列（Long Filler） · 中茄芯系列（Medium Filler）	多米尼加共和国 多米尼加共和国	多米尼加共和国（SaVi + DoOlor + PiCu） 多米尼加共和国（SaVi + DoOlorTs + PiCuTs）
西拉教授（Professor Sila）（Lf）	多米尼加共和国	多米尼加共和国 + 古巴
庞奇（Punch）（Lf + Sf）	古巴	特纯：所有烟草都是在古巴种植的
Puros Indios · 古典系列（Classic Line）（Lf） · Maxima Reserva（Lf）	洪都拉斯 洪都拉斯	巴西 + 多米尼加共和国 + 尼加拉瓜 尼加拉瓜 + 巴西 + 多米尼加共和国
Puros Irene（Lf）	墨西哥	纯洪都拉斯：所有烟草都是在洪都拉斯用古巴烟草种子种植的
Quai d´Orsay（Lf）	古巴	特纯：所有烟草都是在古巴种植的
Quevedo（Lf）	厄瓜多尔	特纯：所有烟草都是在厄瓜多尔种植的
金特罗（Quintero）（Sf）	古巴	特纯：所有烟草都是在古巴种植的
Quisquea · Bundle 系列（Mf） · Forte Bundle 系列（Mf）	多米尼加共和国 多米尼加共和国	多米尼加共和国 + 尼加拉瓜（Fr + Ts） 多米尼加共和国（PiCu Fr + Ts）
Quorum Toro（Lf）	尼加拉瓜	特纯：所有烟草都是在尼加拉瓜种植的
拉蒙·阿万斯（Ramon Allones）（Lf + Sf）	古巴	特纯：所有烟草都是在古巴种植的
Rattray´s（Lf）	尼加拉瓜	尼加拉瓜
R.C. Bundles（Lf）	尼加拉瓜	尼加拉瓜 + 洪都拉斯
Regalia Fina · 长茄芯系列（Longfiller） · 短茄芯系列（Shortfiller）	巴西 德国	特纯：所有烟草都是在巴西种植的（Db: MaFi） 巴西 + 古巴
Remedios（Lf）	尼加拉瓜	尼加拉瓜（CuSe）+ 多米尼加共和国（CuSe）
Rey de Reyes（Lf）	多米尼加共和国	多米尼加共和国（CuSe）
Rocky Patel Vintage 1990（Lf）	洪都拉斯	特纯：所有烟草都是在洪都拉斯种植的（Db: 阔叶烟草）
罗密欧 - 朱丽叶（Romeo Y Julieta）（Lf）	古巴	特纯：所有烟草都是在古巴种植的
皇家巴巴多斯（Royal Barbados）（Lf）	巴巴多斯	古巴
皇家牙买加（Royal Jamaica）（Lf）	牙买加	牙买加 + 多米尼加共和国
圣路易斯·雷伊（Saint Luis Rey）（Lf）	古巴	特纯：所有烟草都是在古巴种植的

卷叶	包叶	强度
		4
		3 – 4
洪都拉斯	康涅狄格	2 – 3
		2 – 3
		2 – 4
尼加拉瓜	厄瓜多尔	3 – 4
多米尼加共和国	CoSh	2 – 3
多米尼加共和国	CoSh	2 – 3
		2 – 4
墨西哥	喀麦隆	4
CoSh	厄瓜多尔（CoSe）	2 – 4
CoSh	康涅狄格	2
多米尼加共和国	CoSh	2 – 4
		2 – 5
厄瓜多尔	厄瓜多尔	2 – 3
尼加拉瓜	厄瓜多尔	4 – 5
		2 – 3
		2 – 3
（El: SuSe + CuSe; Ub + Db: SuSe）		3 - 4
		3 – 4
印度尼西亚	CoSh	3
多米尼加共和国（DoOlor）	厄瓜多尔（CoSe）	4 - 5
		2 – 3
		4 – 5
尼加拉瓜（CuSe）	厄瓜多尔（CoSe）	1 – 2
尼加拉瓜	厄瓜多尔（SuSe）	2 – 3
巴西	巴西（MaFi）	2 – 4
		2 – 4
尼加拉瓜（CuSe）	CoSh	3 – 4
多米尼加共和国（DoOlor）	康涅狄格	4 – 5
		3 – 5
		1 – 6
喀麦隆	厄瓜多尔	3 – 5
印度尼西亚（爪哇）	喀麦隆	2 – 3
		4 – 5

287

品牌／系列	产地	茄芯
萨马纳（Samana）（Lf）	多米尼加共和国	多米尼加共和国（DoOlor + PiCu）
桑丘·潘沙（Sancho Panza）（Lf）	古巴	特纯：所有烟草都是在古巴种植的
圣克里斯多（San Cristobal de La Habana）（Lf）	古巴	特纯：所有烟草都是在古巴种植的
圣费尔南多（San Fernando）（Lf）	洪都拉斯	洪都拉斯
圣冈萨罗（San Gonzalo）（Sf）	瑞士	巴西（Ba）+ 古巴 + 多米尼加共和国
圣马丁（San Martin）（Lf）	洪都拉斯	洪都拉斯（CoSe）
圣克拉拉 1830（Santa Clara 1830）	墨西哥	特纯：所有烟草都是在墨西哥圣安德鲁斯山谷种植的
圣达米亚娜（Santa Damiana）（Lf）	多米尼加共和国	多米尼加共和国 + 墨西哥
Savinelli		
· 古典系列（Classic Line）（Lf）	多米尼加共和国	多米尼加共和国
· Oro 系列（Lf）	多米尼加共和国	多米尼加共和国（CuSe）
Sillem′s（Lf）	多米尼加共和国	多米尼加共和国（PiCu）
Star Clippers（Sf）	多米尼加共和国	多米尼加共和国 + 古巴
都彭（S. T. Dupont）（Lf）	多米尼加共和国	多米尼加共和国（PiCu + DoOlor + Ha2000）
Tabacalera（Lf）	菲律宾	菲律宾
特阿莫（Te-Amo）		
· Clasico 系列（Lf）	墨西哥	特纯：所有烟草都是在墨西哥圣安德鲁斯山谷种植的
· Maduro 系列（Lf）	墨西哥	特纯：所有烟草都是在墨西哥圣安德鲁斯山谷种植的
坦普尔·霍尔（Temple Hall）（Lf）	多米尼加共和国	牙买加 + 多米尼加共和国 + 墨西哥
Tesoros de Copan（Lf）	洪都拉斯	洪都拉斯
The Cigar（Lf）	尼加拉瓜	特纯：所有烟草都是在 Ni 用古巴烟草种子种植的
格里芬斯（The Grinffin′s）		
· 古典系列（Classic Line）（Lf）	多米尼加共和国	多米尼加共和国（SaVi + DoOlor）
· Fuerte 系列（Lf）	多米尼加共和国	多米尼加共和国（SaVi + DoOlor）
· Maduro 系列（Lf）	多米尼加共和国	多米尼加共和国（SaVi + DoOlor）+ CoBr
Thomas Hinds（Lf）	洪都拉斯	洪都拉斯
Tobajara		
· Importados（Sf）	巴西	特纯：所有烟草都是在巴西种植的
· Panetela Brasil（Sf）	德国	古巴 + 巴西（50：50）
· Panetela Sumatra（Sf）	德国	古巴 + 巴西（50：50）
· Premium No.1（Sf）	巴西	特纯：所有烟草都是在巴西种植的
· Presidente Brasil（Sf）	瑞士	古巴 + 巴西（50：50）
· Presidente Sumatra（Sf）	瑞士	古巴 + 巴西（50：50）
Toscano（Lf）	意大利	美国肯塔基州烟草（Db）+ 在意大利种植（没有 Ub）
特立尼达（Trinidad）（Lf）	古巴	特纯：所有烟草都是在古巴种植的
Troya（Sf）	古巴	特纯：所有烟草都是在古巴种植的
Val Condega（Lf）	尼加拉瓜	特纯：所有烟草都是在洪都拉斯用古巴烟草种子种植的

卷叶	包叶	强度
多米尼加共和国	CoSh	1 – 2
		3 – 4
		2 – 3
	康泽狄怡	2 – 3
	巴西（Ba）	4
		3 – 4
		2 – 3
		2 – 3
	CoSh	2 – 3
多米尼加共和国	印度尼西亚	3
	尼瓜多尔（CoSe）	2 – 3
		1 – 2
哈及隆	尼加拉瓜（Ha2000）	2 – 4
	印度尼西亚（JaBe）	2 – 3
		2 – 4
		2 – 3
	CoSh	1 – 2
	康泽狄怡	2 – 3
		3 – 4
		2 – 3
	CoBr	4 – 5
多米尼加共和国（SaVi）	CoBr	3
	尼瓜多尔	3 – 4
		2
		3
	印度尼西亚（苏门答腊）	3
	巴西	2
印度尼西亚（JaBe）	印度尼西亚（苏门答腊）	3
		3
		5 – 6
		3 – 4
		2 – 3
		2 – 4

品牌 / 系列

Vargas（Lf）	加那利群岛	加那利群岛
Vasco da Gama		
· Fina Corona Brasil（Sf）		
· Fina Corona Capa de Kuba（Sf）	德国	
· Fina Corona Sumatra（Sf）	德国	古巴 + 多米尼加共和国
Vega Dominicana（Lf）		
Vegafina（Lf）	多米尼加共和国	多米尼加共和国（DoCol + ...）
5 Vegas（Lf）	尼加拉瓜	尼加拉瓜 + 多米尼加共和国
Vegas Robaina（Lf）	古巴	特纯：所有烟草都是在古巴种植的
Vegueros（Lf）	古巴	特纯：所有烟草都是在古巴种植的
Villa Dominicana（Lf）	多米尼加共和国	多米尼加共和国（PiCu）
Villiger		
· Long（Sf）	德国	古巴
· Noblesse（Sf）	瑞士	古巴
· Perfecto（Sf）	瑞士	古巴
· Premium A（Sf）	爱尔兰	不同的产地
· President（Sf）	瑞士	不同的产地
· Tubos（Sf）	德国	不同的产地
Wallstreet		
· Broker（Lf）	加那利群岛	尼加拉瓜（ViSe）
· 古典科罗娜系列（Classic Coronas）（Sf）	奥地利	古巴 + 印度尼西亚（爪哇）+ 巴西
· Double Coronas 系列（Lf）	加那利群岛	多米尼加共和国 + 巴西（MaFi）
· Especiales（Lf）	加那利群岛	尼加拉瓜
· Panetelas（Sf）	奥地利	古巴 + 印度尼西亚（爪哇）+ 巴西
· Pyramides（Lf）	加那利群岛	多米尼加共和国 + 巴西（MaFi）
· Robustos（Lf）	加那利群岛	多米尼加共和国 + 巴西（MaFi）
季诺（Zino）		
· Mouton Cadet（Lf）	洪都拉斯	洪都拉斯
· Platinum Crown 系列（Platinum Crown Serie）（Lf）	多米尼加共和国	多米尼加共和国（SaVi + PiCu）+ Peru
· Platinum Scepter 系列（Platinum Scepter Serie）（Lf）	多米尼加共和国	多米尼加共和国（SaVi + PiCu）+ Peru

卷叶	包叶	强度
加那利群岛	CoSh	2 – 4
印度尼西亚（JaBe）	巴西	2
印度尼西亚（JaBe）	古巴	2
印度尼西亚（JaBe）	印度尼西亚（SuSa）	2
多米尼加共和国（DoOlor）	厄瓜多尔（CoSe）	2 – 3
厄瓜多尔	厄瓜多尔（CoSe）	2 – 3
尼加拉瓜	印度尼西亚	5
		4 – 5
		4 – 5
印度尼西亚	厄瓜多尔（CoSe）	3 – 4
厄瓜多尔	古巴	4
印度尼西亚（Vola）	古巴	4
印度尼西亚（JaBe）	古巴	4
印度尼西亚（JaBe）	印度尼西亚（苏门答腊）	3
印度尼西亚（JaBe）	古巴	3
印度尼西亚（JaBe）	印度尼西亚（苏门答腊）	3
尼加拉瓜	康涅狄格	3
无资料	印度尼西亚（苏门答腊）	2
多米尼加共和国	CoSh	2
尼加拉瓜	康涅狄格	3
无资料	印度尼西亚（苏门答腊）	2
尼加拉瓜	CoSh	2
尼加拉瓜	CoSh	2
洪都拉斯	厄瓜多尔（CoCuSe）	3 – 4
CoSh	厄瓜多尔（CoSe）	5
CoSh	厄瓜多尔（CoSe）	4 - 5

图书在版编目（CIP）数据

雪茄圣经／（德）维尔茨著；冒晨晨译．—2版．
—南昌：江西科学技术出版社，2012.11（2023.3重印）
ISBN 978-7-5390-4626-6

Ⅰ.①雪… Ⅱ.①维… ②冒… Ⅲ.①雪茄－基本知识 Ⅳ.① TS453

中国版本图书馆 CIP 数据核字（2012）第 266399 号

版权登记号：14-2011-650

国际互联网（Internet）地址：http://www.jxkjcbs.com
选题序号：ZK2011225　　　　图书代码：D11096-205

监　　　制／黄利　万夏
责任编辑／魏栋伟
营销支持／曹莉丽
审　　　校／于笑　任凯
项目策划／设计制作／紫图图书 ZITO®

雪茄圣经（第二版）

（德）迪特·H.维尔茨／著
冒晨晨／译

出版发行	江西科学技术出版社
社　　址	南昌市蓼洲街 2 号附 1 号　邮编 330009
	电话:(0791) 86623491　86639342（传真）
印　　刷	天津联城印刷有限公司
经　　销	各地新华书店
开　　本	787 毫米 ×1092 毫米　1/16
印　　张	18.5
字　　数	150 千字
印　　数	10001 -12000 册
版　　次	2012 年 12 月第 2 版　2023 年 3 月第 5 次印刷
书　　号	ISBN 978-7-5390-4626-6
定　　价	599.00 元

赣版权登字 -03-2012-124　　版权所有　侵权必究
（赣科版图书凡属印装错误，可向承印厂调换）

《150 种 LOFT 户型设计创意》

一本实用的 LOFT 设计参考指南
从图纸到实景，揭开空间创意的更多可能

　　本书展示了大量由杰出国际建筑师和设计师打造的 LOFT 案例。在这本丰富的案例集中，您将浏览到详尽的设计方案、精美的彩图，以及蕴藏灵感的文字介绍，它们都体现着当代 LOFT 设计的最新趋势。本书重点介绍了各种实用且极具创意的解决方案，无论您的 LOFT 空间结构、大小如何，都能在本书中找到完美的设计方案，帮您设计出一套令您满意的 LOFT。

出版社：科学技术文献出版社
定价：259 元

《150 种把小户型越住越大的设计创意》

汇集全球设计师的得意之作
看遍多国 52 种理想的生活环境

　　本书囊括了众多面积小于 50 平方米的实用、新颖且卓越的空间设计范例，均出自经验丰富的国际知名建筑师和设计师之手。从台北小公寓到不列颠哥伦比亚省的岛屋，书中呈现了小空间设计的流行趋势和新兴创意，以及精美的案例图片和建筑图纸，为世界各地设计师、室内装潢师、建筑师以及房主提供了灵感来源。无论您想如何改造，都能在本书中找到丰富的解决方案，打造一个不受空间约束、真正宜居的家。

出版社：科学技术文献出版社
定价：259 元

《Think：新摩登》

让家更时尚，成为永不退色的经典
出版社：科学技术文献出版社
定价：399 元

《Think：乡村》

让家更自然，焕发勃勃生机
出版社：科学技术文献出版社
定价：399 元

《Think：折中主义》

找回你内心的平静，让家美出多元化
出版社：科学技术文献出版社
定价：399 元

《Think：复古》

让家留住记忆，并且更优雅
出版社：科学技术文献出版社
定价：399 元

出版社：科学技术文献出版社
定价：399 元

《有花为伴》

园艺爱好者插花教程，鲜花里的生活美学
一年四季、各类场景，用花儿点亮人生每一天

花就像一个过滤器，它能筛除掉一切杂物，让你专心致志于周遭的自然世界，甚至自然界以外的点点滴滴，享受花为生活所带来的美好，让花儿点亮人生的特别时刻和生活的每一天。

本书提供了庆祝性植物装置艺术和插花的想法和指导，包括美丽的季节性花束、送给朋友的花、餐桌上的插花以及特殊场合的插花。书中的指导非常简单，涵盖了完美的"花配花瓶"的尺寸和如何打造头顶上方得花卉装置艺术等一切内容。

《大卫·奥斯汀 迷人的英国玫瑰》

一本享誉全球的当代玫瑰圣经
100种世界顶级英国玫瑰，234幅纤毫毕现的高清大图
出版社：天津人民出版社
定价：399 元

《绣球全书：全球 54 种名品绣球图鉴大全》

国内首部完整讲解绣球历史、种植方式、单品养护的实用指南
出版社：天津人民出版社
定价：299 元

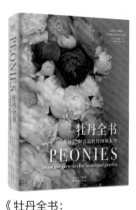

《牡丹全书：全球 53 种名品牡丹图鉴大全》

兼具艺术性与专业性的牡丹花卉园艺指南
零基础可上手的花卉栽培和养护建议
出版社：天津人民出版社
定价：299 元

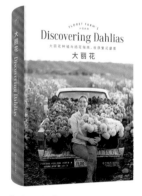

《大丽花》

种植、养护技巧、花艺设计指导全书
从新手进阶到高手，与你分享有关大丽花的一切
出版社：科学技术文献出版社
定价：299 元

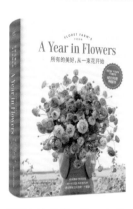

《所有的美好，从一束花开始》

与美好生活之间，只差一束花的距离
让花艺更贴近你我的日常生活
出版社：科学技术文献出版社
定价：299 元

《英国皇家园艺学会小花园园艺指南》

全球顶级园艺机构、花卉园艺的最高诠释
献给园艺爱好者的零基础进阶全书
出版社：广东人民出版社
定价：299 元